敏捷開發
實踐指南

讓團隊取得亮麗成果
團隊合作的開發技術
實戰知識書

常松 祐一 [著] 川口 恭伸、松元 健 [監修]
吳嘉芳 [譯]・余中平 [審校]

序

這是一本什麼樣的書？

拿起這本書的你，認為「成功完成產品開發」的關鍵是什麼呢？你可能會想到「優秀的商業模式」、「團隊成員的技能高超且經驗豐富」、「投入市場的時機正好」、「運氣好」等各種因素吧！筆者深信關鍵在於**「快速實驗，從經驗中學習並不斷改進」**。產品開發除了機器、軟體之外，還必須與眾人合作，是很複雜的工作，而且競爭對手強勁，也沒有絕對的致勝方法。**「掌握現況，朝著目標邁出一小步，根據經驗中學到的知識不斷改進」**這種思維稱作「敏捷（Agile）」，並且已經被廣泛接受。

「敏捷（Agile）」一詞首次出現在 2001 年的《敏捷軟體開發宣言》（※1）。由一群不斷嘗試，想從傳統繁瑣的開發流程中，找出更精簡、更優秀方法的人聚在一起討論，最後歸納出彼此想法的共通點。

圖　敏捷軟體開發宣言

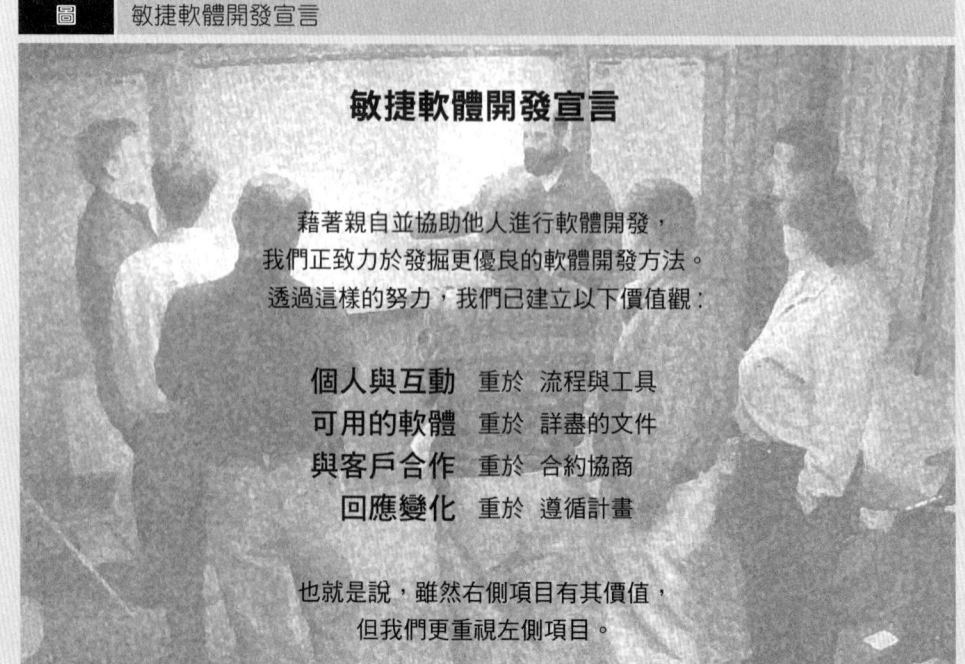

敏捷軟體開發宣言至今經過二十餘年，現已整理出敏捷開發所需的各種知識與實踐（習慣性作法），使其變得容易學習。例如，定義面對複雜問題的角色與事件的框架「Scrum」、培養自我組織團隊的領導力與團隊管理、定期整合團隊成員的想法並反省改善。這些都是與「流程及團隊運作」有關，藉由團隊合作達成目標的實踐。另一方面，**敏捷開發是以因應變化為前提，因此「技術及工具」方面的技術實踐對於穩定、快速地進行開發極為重要。**

至今開發人員仍在許多工作現場尋求、摸索敏捷實踐。每種實踐都有其背景、重視的價值與原則。例如「為了與團隊成員合作」、「為了快速取得學習成果」、「避免降低開發速度」等。一旦忽略這些重點，發生「只著重實踐，並將其視為目標」的情況時，可能無法達到預期的效果，甚至出現負面影響。

這本書是在軟體開發現場進行過敏捷開發的筆者，為了天天努力尋找、摸索敏捷實踐的開發人員所撰寫的指南，**以系統化方式解說技術實踐的知識，並穿插背景說明與具體案例**。本書介紹的實踐方法不僅適用於 3 到 10 人的小型團隊開發，也適合有 50 名成員，分成多個團隊進行的大型開發工作。這些都是筆者自己的實戰經驗，從中篩選出各位在工作現場遇到狀況時，一定可以派上用場的內容，請確實瞭解目標與實踐的關係，培養可以持續進行敏捷開發的能力。

※1　出處：https://agilemanifesto.org/iso/ja/manifesto.html

本書的目標讀者

本書的目標對象包括以下類型的讀者。

在組織內負責推動敏捷開發的人員

- 與之前的作法相比，覺得只有名稱改變，沒有突破
- 看不到提升產品價值或縮短交付時間等實際成果
- 沒有發現阻礙敏捷開發的問題

團隊開發經驗尚淺的新手工程師

- 參與業務開發的時間還不長
- 不瞭解實踐衍生的背景與使用目的

負責開發現場或團隊的技術主管、資深工程師

- 不清楚有哪些實踐方法
- 不知道如何選擇、導入適合狀況的實踐
- 雖然正在進行實踐，卻無法證明作法是否適當

本書的閱讀方法

本書的第 1 章將說明與敏捷實踐有關的基本概念。第 2～4 章將介紹技術實踐及其應用。接著第 5～6 章要講解牽涉到其他團隊及利害關係人的廣泛實踐。先從頭開始大致看過一遍，就能掌握在開發現場導入實踐的流程。如果目前已經發生令你困擾的問題，也可以直接從相關章節開始閱讀。希望這本書對各位讀者而言，能成為導入敏捷開發技術實踐並擴大應用的指南。

以下將詳細介紹每一章的內容。

第 1 章 推動敏捷開發的實踐

這一章將介紹敏捷開發的目標與實踐的關係,以及有助於理解實踐的思考方法。

第 2 章 可以應用在「實作」的實踐

這一章將介紹實作方針、分支策略、程式碼審查、建立測試階段所需的規則,以及讓團隊成員之間密切溝通的技術實踐。

第 3 章 可以應用在「CI/CD」的實踐

這一章將介紹在整個開發流程中持續整合與自動化以維持、改善產品品質的方法。

第 4 章 可以應用在「運作」的實踐

這一章將介紹讓系統穩定運作並持續進行敏捷開發的相關技術實踐。

第 5 章 可以應用在「達成共識」的實踐

這一章將介紹讓開發團隊內外人員取得共識的實踐,以及在開發過程中重新審視計畫的實踐。

第 6 章 可以應用在「團隊合作」的實踐

這一章將介紹適合交付客戶價值的團隊組成方法、讓團隊之間順利溝通的實踐、納入利害關係人並取得共識的實踐。

結語

最後將介紹一些網站與資料來源,你可以從中找到本書沒有介紹的實踐方法。

序

在每一章與每個主題的開頭，都以說故事的方式介紹開發現場面臨的狀況與難題。結合後面的說明，可以更容易瞭解開發結構的變化以及解決問題的方法。

關於本書介紹的實踐

本書依照以下分類，在每個項目的開頭介紹實踐的內容。

有出處的實踐

這是指來源清楚且廣為人知的實踐，例如曾在知名的書籍中介紹過。

普遍為人熟知的實踐

這是指雖然出處不清楚，卻可以在許多工作現場觀察到實際應用的實踐。

本書建議的實踐

這是除了上述實踐之外，根據筆者個人的經驗所介紹的實踐。

在說明這些實踐時，已盡力避免必須依靠特定程式設計語言或工具的內容，以及只適用於特定行業的開發內容。此外，有幾個主題特別邀請在該領域有著豐富知識與經驗的專家撰寫專欄，以涵蓋超出筆者經驗的案例。

開發流程與術語

本書介紹了在開發流程及開發期間都可以應用在多數工作現場的實踐。例如，團隊的開發流程是在兩週內重複「規劃、實作、測試、發布」的循環，預計在約三個月的期間內，開發出一定功能的專案。與開發有關的術語會隨著工作現場而有不同的稱呼，本書將其歸納如下：

產品是由企業銷售、提供給客戶的製品或商品，由多個系統構成。例如，電子商務網站是由網頁應用程式、智慧型手機應用程式等多種系統構成。**系統**是

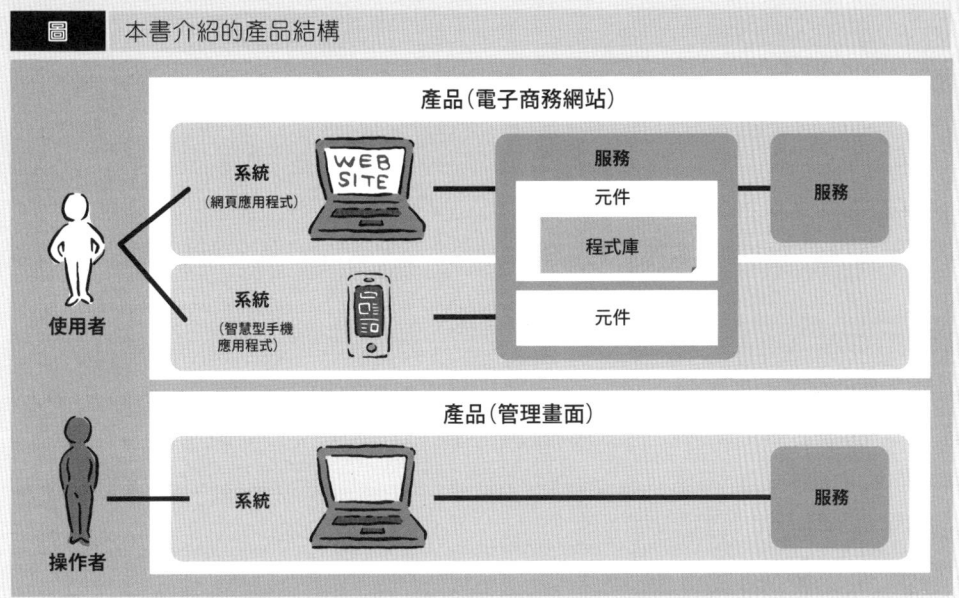

圖 本書介紹的產品結構

結合多種服務來運作。一個簡單的管理畫面系統可能是由一個服務提供多種功能，而多功能的智慧型手機應用程式可能依照下單、傳送、搜尋、結帳等目的分成不同服務。**服務**是在內部使用整合功能或構成元素的**元件**，以及可以重複利用特定功能的**程式庫**。

以使用者的觀點，簡潔整理新增至產品的功能或需求稱作**使用者故事**（※2）。每個使用者故事都含有獨立的使用者價值，並以適合當作產品使用的規模來描述。實際進行開發時，會從使用者故事中找出所需的工作，拆解成多個**任務**，由團隊著手執行。

開發時，會增加或修改服務的功能，把這些功能放在使用環境中的步驟稱作**部署**。在部署過程，將系統反映在生產環境中，形成客戶可以使用的狀態則稱作**發布**。透過部署與發布將價值傳遞給使用者就稱作**交付**。

※2　一般會採用使用者故事來表示產品實現的價值與功能，本書也使用了這個名詞。使用者故事原本是寫在卡片（Card）上，透過對話（Conversation）傳達，利用確認（Confirmation）確定完成與否，類似利害關係人之間的對話記錄，用來導出對敏捷開發的需求或規格的各種意見。最有名的格式是「作為＜使用者＞，我想要＜某個東西＞，因為＜原因、目的＞」，也簡稱為故事。

監修者序

一直以來，我們都是以軟體開發為主。敏捷開發是在 2009 年左右從 Scrum 開始嘗試，之後把重心轉移到推動敏捷開發的活動上，至今已經過了十年。根據過去的經驗，我們瞭解到「以整個團隊」學習技術實踐是讓敏捷開發徹底融入組織內的重要關鍵。

當收到監修本書的邀請時，我想「這本書是由身為管理者且實際將技術實踐導入組織內的常松先生寫的，應該可以幫助許多為此苦惱的組織內成員」，因而接下了這個工作。可是，每位敏捷開發的專家們對技術實踐有著不同的見解，倘若出版內容不夠完善，必定會招來嚴厲批判（開轟）。在此狀況下，我認為我們的貢獻在於，如何製作出初學者能接受且敏捷實踐者也可以認同的內容。因此，我們邀請在敏捷社群中有實戰經驗的人來審查這本書。根據他們提供的嚴謹回饋進行了許多修正，而且有幾篇專欄也是出自他們之手。我們的目標是讓基於作者經驗的主要故事線維持簡潔，同時加上各種實戰專欄，提供有助於讀者的「廣度」。我認為這些內容都值得一讀，敬請期待。名單請見後記。

聽到「敏捷技術實踐」，可能多數人會想到 TDD（測試驅動開發）或 clean code（乾淨的程式碼）。可是，這本書重視的是清楚瞭解整體情況而不是深入研究特定手法。整體情況會隨著組織或產品而改變，請將書中的說明當作「基於作者實戰經驗的一種範例」。更具體的手法請確認參考文獻。希望你可以根據身處的環境，學習、導入技術實踐。

這本書還介紹了系統運作的內容。相信很多人都聽過 2009 年推出的 DevOps 領域。DevOps 的核心是讓軟體開發人員（Dev）與系統維運人員（Ops）合作無間並互補的工具與文化。為了讓這個領域更具體，本書也加入開發、經營公有雲，引領世界的專家所寫的專欄。

本書一併介紹了團隊合作需要的溝通方法與建立組織的實踐。敏捷是自我學習、自我進化的過程。適應隨時變化的狀況，逐一嘗試新事物，採用有效的技術，累積信任，才是所謂的敏捷，而且這個循環會一直重複下去。

最後，本書試圖向煩惱不已的管理者與開發人員說明敏捷開發及其相關的技術實踐。專家之間的看法不一，沒有正確答案。況且，在現在的環境中，正確答案也會隨時改變。每位讀者必須「檢查與適應」，才能提供穩定的服務或業務。希望這本書可以幫助你找到解決日常問題的新靈感。

監修
川口恭伸・松元健
Agilergo Consulting（股）公司 資深敏捷教練

序

初次見面！

「我想嘗試敏捷開發，
可是……」

我叫做「優生」。
27 歲，是一名軟體工程師。
一畢業就進入這間公司，至今已經工作五年。

到目前為止，參與過各種專案，現在負責這間公司的主力產品「寵物用品網購系統」的開發工作。我本身也有養狗，於公於私我都很喜歡我們公司的服務，而且共事的同事也很優秀，我每天都希望公司與服務能愈來愈好。

這樣的我因為過去的經驗獲得賞識，最近被指派為新「貴賓狗團隊」的領導者！公司對這個新團隊寄予厚望，而且團隊成員大多比我年輕，身為領導者，我認為自己有責任帶領好大家。

其實，接下來才是正題。雖然貴賓狗團隊採取了敏捷開發，但是無論是我或團隊成員，都對我們從事的開發工作「隱約感到有些不對勁」。

我參與過一些敏捷開發專案，當時的領導者與前輩們都全力支援我，開發工作也得到顯著的成果，至少身為新人的我很少感到迷惘與不安。可是當我成為領導者，帶領新團隊進行開發時，卻常產生「這個敏捷開發真的有效果嗎？」的疑慮。

尤其，為了敏捷開發，我們積極地進行了各式各樣的「實踐」，卻無法擺脫每種實踐「只是流於形式」的感覺。我認為團隊成員的組成與凝聚力應該是不錯的，但是一旦實際進行開發，就無法掌握好方法、技術、工具而在原地踏步。

有沒有選擇適合我們的實踐？實踐方法是否適當？無論是團隊成員或身為領導者的我都沒有十足的把握。

我藉由看書與參加研討會來學習，也請教了前輩，結果發現最重要的似乎是「自己親自嘗試」。可是，在不曉得哪條路才正確的情況下，像瞎子摸象一樣繼續開發會讓大家覺得身心俱疲吧！如果有像路標一樣的東西，可以在黑暗中指引我們摸索方向該有多好……。

當我還在為這些問題煩惱時，轉眼貴賓狗團隊已經成立三個月了。如果繼續毫無頭緒，只會白白浪費時間。今天是團隊成員一起召開例行會議的日子，我想鼓起勇氣，試著和大家坦誠地交換意見！

序

序

另一方面……

新團隊請求支援！

你好，說起來有點不好意思，但是大家都叫我「老手」。我轉職進入這家公司，不知不覺已經工作兩年。

這兩年內，我在「吉娃娃團隊」參與了商品出貨系統的升級專案。長期參與敏捷開發專案的過程中，我嘗試了各種實驗性的方法來改善開發流程。

吉娃娃團隊的出貨系統升級專案已經告一段落，我的工作也交給其他成員負責，現在公司希望我可以「支援貴賓狗團隊」。聽說這個新團隊的成員大多很年輕，他們似乎不曉得該如何進行敏捷開發，團隊的領導者優生傳來這樣的訊息。

> 【請教】能否請您幫助我的團隊！
>
> TO：老手
>
> 我是貴賓狗團隊的領導者，優生。
> 我的團隊正在進行敏捷開發，卻一直不曉得開發方法是否正確……。
> 為了這些努力工作的成員們，我想改善這個問題，不知道老手您願不願意幫助我們？
>
> 現在我們嘗試了以下這些實踐……

收到這則訊息，我也必須拿出幹勁才行。面對新環境與新成員，能不能改善團隊，對我來說也是一種挑戰。我期待用自己的經驗與知識，帶領大家打造出更優秀的團隊，與大家互相切磋琢磨。

凡事都從「形式」開始著手的團隊成員。根據過去的開發經驗，發現了很多事情而提出了各種疑問。

行世

經驗豐富的技術主管，運用過去在其他團隊的敏捷開發經驗，提供優生等人各種建議。

貴賓狗團隊的成員

老手

這個故事的主角。剛成為領導者，比任何人都關心產品的事情。最大的願望是團隊成員都可以開心地進行開發工作。

優生

興趣是讓開發變得更方便，最喜歡使用新工具的團隊成員。

欣守

恭俱

團隊中最年輕的成員。個性積極，喜歡嘗試新事物。由於經驗不足，偶爾會感到迷惘，是團隊的開心果。

XV

CONTENTS

序 ii
這是一本什麼樣的書？ ii
本書的目標讀者 iv
本書的閱讀方法 iv
關於本書介紹的實踐 vi
監修者序 viii
初次見面！ x
另一方面…… xiv

第 1 章　推動敏捷開發的實踐

1-1 進行實踐 4
　　敏捷的「左翼」與「右翼」 5
　　透過技術實踐讓文化紮根 6

1-2 快速且步步為營 8
　　及早察覺 9
　　分成小單位完成 9
　　持續審視 10

1-3 廣為人知的敏捷開發手法與實踐 11
　　Scrum 12
　　極限程式設計 13
　　Kanban 14

1-4 有助於理解實踐的思考方法 16
　　限制同時進行的任務數量 17
　　　P WIP 限制 17

📄 資源效率與流程效率 18
　　分成小單位完成任務並重視整體平衡 21
　　　📄 增量式 21
　　　📄 迭代 22
　　維持運作狀態並持續調整 23

第 2 章　可以應用在「實作」的實踐

2-1　實作方針 32
　　實作前先討論方針避免重工 33
　　　📄 實作前先討論方針 33
　　將使用者故事拆解成任務 35
　　　📄 拆解任務 36
　　　📄 Kanban 36
　　明定完成標準 42
　　　📄 準備就緒的定義（Definition of Ready） 42
　　　📄 完成的定義（Definition of Done） 43
　　　📄 驗收標準（Acceptance Criteria） 44
　　　📄 未完成的工作（Undone Work） 45
　　利用註解準備實作指南 46
　　　📄 虛擬碼程式設計 46

2-2　分支策略 48
　　同時開發並進行修改的使用準則 49
　　　📄 分支策略 49
　　累積頻繁的小規模提交來進行開發 52
　　　📄 主幹開發 52
　　保持運作狀態並進行小規模合併的機制 55

xvii

CONTENTS

   🅟 功能旗標 ·· 55
  需要長生命週期的分支 ··· 57
   🅐 定期合併至長生命週期的分支 ································ 57

2-3 提交（commit） ·· 59
  撰寫標準的提交訊息 ·· 60
   🅟 考量到閱讀者的提交訊息 ····································· 60
  不同目的的修正別合併成一個提交 ································· 61
   🅟 依目的分別寫出提交 ·· 61
   🅟 在提交加上前綴 ·· 62
  修改提交歷史記錄的方法 ··· 64
   🅟 修改提交歷史記錄 ··· 64
  依照想讓閱讀者理解的順序排列提交 ····························· 71
   🅟 像故事一樣排列提交 ·· 71

2-4 程式碼審查 ··· 73
  程式碼審查的目的 ··· 74
   🅟 共同擁有原始碼 ·· 74
  程式碼審查的作法 ··· 75
   🅐 積極參與程式碼審查 ·· 75
   🅟 檢視整個原始碼進行程式碼審查 ····························· 76
   🅐 在團隊內指派審查者 ·· 77
   🅟 程式碼所有者的設定 ·· 77
  工具找到的問題就交給工具處理 ··································· 78
   🅟 運用 linter、formatter ·· 78
   🅟 在拉取請求提交工具的輸出結果 ····························· 81
  盡早準備可以確認工作的環境 ····································· 82
   🅟 開始實作同時建立拉取請求 ································· 82
   🅐 使用了父分支的程式碼審查與合併 ························· 83
  進行建設性溝通的準備工作 ·· 84
   🅐 審查者與被審查者努力溝通 ································· 84

P 拉取請求範本 85
　　　透過共同合作改善原始碼 86
　　　P 調整程式碼審查的作法 87
　　　P 在註解加入語氣委婉的回饋 88
　　　克服在程式碼審查時想不到註解的狀態 88
　　　P 透過提問來學習 89

2-5　共同合作 91
　　將多位利害關係人納入一個使用者故事中 92
　　　P Swarming 92
　　兩人合作開發 95
　　　P 結對程式設計 95
　　　P 使用有即時共同編輯功能的開發環境 98
　　多人合作開發 100
　　　P 群體程式設計、群體工作 100

2-6　測試 107
　　驗證（Verification）與有效性確認（Validation）的觀點 ... 108
　　　P 驗證（Verification）與有效性確認（Validation）........... 108
　　　P 和利害關係人一起進行有效性確認 109
　　與自動化測試有關的技術實踐差異 110
　　　P 自動化測試 110
　　　P 測試先行 112
　　　P 測試驅動開發 113
　　如何才能長期使用測試程式碼 114
　　　P 編寫容易閱讀的測試程式碼 114
　　　P 表格驅動測試 115
　　保持適當的測試程式碼分量 117
　　　P 準備必要且足夠的測試程式碼 117
　　　P 變異測試 119

2-7 可以長期開發 / 運作的原始碼 ……………………………………… 122
在日常開發中就開始注意原始碼的品質 …………………………… 123
- 🅟 可以長期開發 / 運作的原始碼 ……………………………………… 123
讓原始碼變得可以長期開發 / 運作 ………………………………… 125
- 🅟 重構 ………………………………………………………………… 125
- 🅟 架構重組 …………………………………………………………… 125
變得比原本的原始碼更乾淨 ………………………………………… 126
- 🅟 童子軍規則 ………………………………………………………… 126
- 🅐 學會取消功能的方法 ……………………………………………… 127
重新檢視軟體的相依性 ……………………………………………… 127
- 🅟 自動更新相依性 …………………………………………………… 129

第 3 章　可以應用在「CI / CD」的實踐

3-1 持續整合 ……………………………………………………………… 138
重複構建與測試，及早發現問題 …………………………………… 139
- 🅟 持續整合 …………………………………………………………… 139
在本機環境頻繁檢查 ………………………………………………… 141
- 🅟 鉤子腳本（Hook Script）………………………………………… 141
持續更新文件 ………………………………………………………… 144
- 🅟 利用工具自動生成文件 …………………………………………… 144

3-2 持續交付 ……………………………………………………………… 146
讓系統隨時保持可部署狀態 ………………………………………… 147
- 🅟 持續交付 …………………………………………………………… 147
建置 CI / CD 管道 …………………………………………………… 148
- 🅟 CI / CD 管道 ……………………………………………………… 148
連結使用環境與分支策略進行自動更新 …………………………… 150

P 連結分支策略與使用環境 152
　　設定分支保護功能，維持可發布狀態 156
　　　P 分支保護功能 156

3-3 持續測試 159
　　自動測試的理想測試量 160
　　　P 測試金字塔 160
　　模擬使用者環境的整體系統測試 162
　　　P E2E 測試自動化 162
　　在所有開發階段進行測試 165
　　　P 持續測試 165

第 4 章　可以應用在「運作」的實踐

4-1 部署 / 發布 172
　　部署策略的選擇 173
　　　P 滾動更新 174
　　　P 藍綠部署 175
　　　P 金絲雀發布 176
　　資料庫綱要（Database schema）的管理與遷移 177
　　　P 資料庫綱要的定義與管理 177
　　準備任何人都可以部署 / 發布的狀態 178
　　　P 部署工具 178
　　　P ChatOps 179
　　定期發布的發布火車 180
　　　P 發布火車 180

4-2 監控 182
　　指標 / log / 追蹤 183

xxi

CONTENTS

    📖 指標 …………………………………………………… 183
    📖 log …………………………………………………… 183
    📖 追蹤 …………………………………………………… 184
  監控與可觀測性 …………………………………………… 185
    📖 監控、可觀測性 ……………………………………… 185
  輸出有用的 log …………………………………………… 187
    📖 log 等級 ……………………………………………… 187
    📖 以 JSON 格式輸出 log ……………………………… 188

4-3 文件 …………………………………………………… 192
  為了團隊而撰寫文件 ……………………………………… 193
    💡 團隊內部溝通用的文件 ……………………………… 193
    📖 README 檔案 ………………………………………… 194
    📖 Playbook / Runbook ………………………………… 195
  依目的撰寫文件 …………………………………………… 195
    📖 Diátaxis 框架 ………………………………………… 195

第 5 章　可以應用在「達成共識」的實踐

5-1 與利害關係人達成共識 ………………………………… 204
  召集利害關係人，統一目標和範圍 ……………………… 205
    📖 找齊利害關係人 / 統一目標 / 統一範圍 …………… 205
    📖 通用語言 ……………………………………………… 210
    📖 需求規格實例化 ……………………………………… 211
    💡 每天討論直到減少問題 ……………………………… 213
  對開發方向達成共識 ……………………………………… 214
    📖 從不確定性高的事項開始著手 ……………………… 215
    💡 盡早決定可以控制的事項 …………………………… 215
    💡 無法控制的事項盡量延後下決定 …………………… 215

對進度達成共識 216
　詢問利害關係人的期待值以達成共識 216
　統一報告的格式 217
　確保有餘力進行技術實踐 219

5-2 在開發過程中達成共識 221
事先協商設計 222
　事先討論設計 222
有風險的使用者故事要進行「探針調查」 223
　探針調查 223
大型開發要用 Design Doc 統一觀點 225
　Design Doc 225

5-3 持續檢討計畫 227
將使用者故事分解成小部分 228
　分解使用者故事 228
　INVEST 229
整理使用者故事以提高透明度 230
　定期盤點使用者故事 230

第 6 章 可以應用在「團隊合作」的實踐

6-1 團隊的基本單位 238
由團隊負責工作 239
　特性團隊 242
特性團隊常見的疑問與誤解 244
　任命元件導師 245
　公司組織與團隊體制的整合方法 246

xxiii

CONTENTS

6-2 消除對特定人員的依賴 — 248
- 避開危險警訊「追蹤號碼＝1」— 249
  - P 追蹤號碼 — 249
- 建立技能地圖，確認依賴特定人員的技能 — 250
  - P 技能地圖 — 250

6-3 衡量績效 — 253
- 避免產生過度追求指標最大化的驅動力 — 254
  - 檢視多組相關的指標組合 — 254
- 以「Four Keys Metrics」衡量團隊績效 — 255
  - P Four Keys Metrics — 255

6-4 溝通順暢的方法 — 257
- 有必要就直接溝通 — 258
  - P 直接開口 — 258
- 跨團隊的旅行者 — 259
  - P 旅行者 — 259
- 大聲工作 — 261
  - P Working Out Loud — 261
- 以遠距工作為前提的機制 — 262
  - P 彈性加入同步溝通 — 262
  - P 工作協議 — 263
  - P 現場與遠距的條件一致 — 264
  - P 運用協作工具 — 265

6-5 透過工作坊取得共識 — 267
- 以使用者的立場確認優先順序 — 268
  - P 使用者故事對照 — 268
- 短期估算並根據實績顯示進度 — 274
  - P Silent Grouping — 274
  - P 燃起圖（Burn up Chart）— 275

xxiv

縮短產生構想到交付的時間 276
   P 價值流程圖 276

結語 286
專欄作家簡介 294
監修者簡介、作者簡介 296

索引 298

專欄

■ 由團隊逐一完成每個工作
   椎葉光行 26

■ 結對程式設計的效果與影響
   安井 力 104

■ 測試驅動開發的 TODO List 比測試還優先
   大谷和紀 121

■ 技術負債 ── 向業務端說明到發現問題為止的時間與風險
   川口恭伸 133

■ 基礎架構自動化
   吉羽龍太郎 158

■ Logging as API contract
   牛尾 剛 191

■ 撰寫 AI 友善文件
   服部佑樹 198

■ 你是否將開發與運作分開思考？── 儀表板的未來 ──
   河野通宗 199

■ 讓開發項目保持簡潔的乾淨程式碼
   大谷和紀 234

■ 為團隊注入活力的目標設定
   天野祐介 247

■ 以漸進性思考 12 年的敏捷實踐
   きょん 292

XXV

第 1 章

推動敏捷開發的實踐

敏捷開發無法一蹴可幾，需要清楚瞭解敏捷開發的目標，持續以適當的方式進行實踐才行。因此，第 1 章將介紹敏捷開發的目標與實踐的關係，以及有助於瞭解實踐的思考方法。

第 1 章
推動敏捷開發的實踐

1-1 進行實踐

敏捷的「左翼」與「右翼」

簡而言之，敏捷開發是**「踏出一小步，根據經驗中學到的知識，不斷改進的開發方法」**。我們很難在開發初期就完美規劃出產品，必須實際向使用者提供價值，再從中學習，隨時調整產品方向。

那麼，如何實現這種開發呢？要進行敏捷開發，不僅需要管理團隊，還得改善開發流程與工具。這裡將廣為人知的機制與實踐整理成下圖，說明「敏捷開發的『左翼』與『右翼』」**1-1**（圖 1-1）。在這張圖中，歸納了實現敏捷開發目標的兩種手法，包括**與「改善團隊環境」有關的左翼（涉及流程與團隊管理的實踐）**，以及**與「技術／工具」有關的右翼（技術實踐）**。這張圖不是要表達「成員或團隊必須選擇左邊或右邊其中一條道路」，而是**團隊成員要視狀況同時兼顧兩者以達到敏捷開發的目標**。在此分類方法中，技術實踐是邁向敏捷開發目標的關鍵之一。如果想在不降低生產力的狀態下持續開發，增加功能，向使用者傳遞價值，絕對不能缺少技術實踐。

圖 1-1　敏捷開發的「左翼」與「右翼」

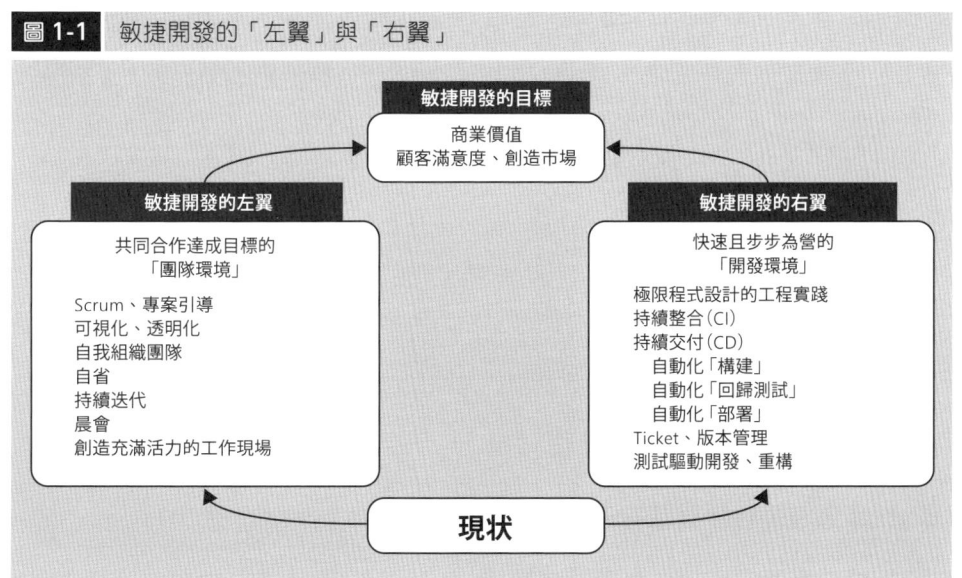

第 1 章
推動敏捷開發的實踐

透過技術實踐讓文化紮根

上面的圖 1-1 列舉了幾種技術實踐。光是本書介紹的技術實踐就包括以下幾種,其實世上還有更多技術實踐存在。

- 持續整合
- 持續交付
- 版本管理
- 測試驅動開發
- 重構

對開發人員來說,導入技術實踐不僅可以改善產品與開發流程,也能獲得新的想法與知識,是一個有趣且有意義的工作,還可以輕易想像採用技術實踐後的狀態,讓工作變得容易處理。

不過,過程中也可能遇到與現有開發流程衝突而難以導入,或即使導入也無法發揮技術實踐效果的情況。只增加開發規則,反而可能降低實際產生商業價值的速度,造成負面影響。技術實踐有其產生背景,**並非所有情況都適用,也不見得有效**。有時也可能出現以下把導入技術實踐變成目的的情況。

- 使用專案管理工具,不論多小的任務都想管理
- 想為所有原始碼準備測試碼

想避免上述情況,就得重新審視按照敏捷開發目標導入技術實踐的方法。導入技術實踐直到產生效果的流程應如下所示:

1. 思考本章介紹的基本想法
2. 意識到導入技術實踐的目的
3. 即使感到不安或懷疑也要認真實驗

1-1 進行實踐

在「技術實踐對敏捷開發的重要性」 1-2 一文中，Robert C. Martin 提到「文化是價值的表現，實踐是文化的展現」（※1-1）。這句話有點難懂，不過這是指「所有人都要深入理解以敏捷開發為目標時，追求的價值是什麼。接著尋找可以達成該目標的技術實踐並學習」按照這樣的順序就能產生效果。然而，培養文化需要時間，我們必須認真進行技術實踐並學習，相信文化會逐漸形成且向下紮根。**「學習每個技術實踐的意圖，隨時調整自己的開發方法，直到形成一種文化」**的意識，才是敏捷團隊應有的態度，而不是「從技術實踐中，只挑選出可能適合的部分導入」。建立隨機應變，持續改善的文化才是本書的目的。

※1-1 原文是「You can't have a culture without practices; and the practices you follow identify your culture.」。

1-2 快速且步步為營

1-2 快速且步步為營

在前面介紹的「敏捷開發的『左翼』與『右翼』」中,右翼列出了「快速且步步為營」(※1-2)。敏捷開發希望達成的狀態是「**不破壞運作中的系統,快速且穩定地增加產品**(※1-3)」。相信你從自身的經驗也能瞭解,大幅更動很難一步到位。在此限制下,想達成目標狀態,就得接受產品的變化,確保開發的生產力與產品的品質不會在變化的過程中降低。因此,「**及早察覺**」、「**分成小單位完成**」、「**持續審視**」這三點很重要,必須逐一進行實踐以分別落實每一點。

及早察覺

敏捷開發重視在執行工作時,及早發現問題並改善。因此,團隊必須盡快對開發方針達成共識,避免後續的問題或重工。此外,團隊共同合作可以在發生問題時快速處理。將測試與審查自動化並不斷重複,能早點發現原始碼的問題與服務的錯誤。

分成小單位完成

敏捷開發不會一次完成大型成品,而是拆解成小單位,再依序完成。一點一點地開發,徹底確認能否正常運作,隨時整合已開發的內容並發布。透過這種方式進行開發,即使失敗也可以將影響降至最低。

※1-2 內文中介紹了「『右翼』是以 CI 為主的技術實踐。『快速且步步為營』是最近我從天野涼那裡聽到的一句話,因為非常貼切,所以借用於此。換句話說,這是『不破壞運作中的系統,快速且穩定地增加產品』的技術,而敏捷開發正需要這些技術。」

※1-3 增量:這是指產品增加的部分,也就是可以檢查的結果。

三 持續審視

敏捷開發要隨時審視並改善，逐步修正原始碼、設計、開發流程，這樣就能持續開發／運作，也能避免工作依賴特定成員的問題。同時，還要確認提供的價值是否符合目標，產品的開發方向是否正確，並將提供價值的流程視覺化，使其更完善。

1-3 廣為人知的敏捷開發手法與實踐

在增加技術實踐之前,先複習一下包括 Scrum 在內的相關知識吧!

我看書學過 Scrum,但是仍有很多不懂的地方

這與其他實踐有什麼關係?

大家熟知的實踐有很多源自 Scrum、極限程式設計、Kanban 喔

Kanban 是一種使用看板管理任務的手法。我們先一起複習一下,以便瞭解敏捷開發的目的吧!

Kanban?

第 1 章
推動敏捷開發的實踐

本書介紹的實踐有部分是來自現行的敏捷開發手法，其中有三種具代表性的開發手法，包括 Scrum、極限程式設計、Kanban。

☰ Scrum

「Scrum」是用來面對複雜問題的框架，屬於一種敏捷開發手法。以 Sprint（一個月內的固定期間）為單位來劃分開發流程，在有限的時間內，用小單位創造價值，並透過每次回饋重新審視產品或計畫以進行開發。「Scrum 指南」**1-3** 定義了 Scrum 的三種產物、三種角色、五個事件等規則。

「三種產物」

1. **產品待辦清單（Product Backlog）**
   這是把產品要實現的價值與功能整理成項目並依序排列成清單。

2. **Sprint 待辦清單（Sprint Backlog）**
   這是團隊在 Sprint 要進行的任務與工作計畫要點。

3. **增量**
   這是 Sprint 的產出物，也就是可以執行的軟體。

「三種角色」

1. **產品負責人**
   負責確定產品待辦清單中的每個項目並決定優先順序，讓團隊創造出最大價值。

2. **ScrumMaster**
   支援整個團隊或組織，讓 Scrum 發揮作用。

3. **開發人員**
   進行開發並準備 Sprint 結束時可以判斷能否發布的增量。

「五個事件」

1. **Sprint**
   這是指開發週期。透過重複固定的週期,創造有價值的增量。

2. **Sprint Planning（Sprint 計畫）**
   選擇在 Sprint 要達成的目標與項目,並建立工作計畫。

3. **Daily Scrum（每日站會）**
   團隊每天一起審查 Sprint 目標的進度,並調整計畫以達成目標。

4. **Sprint Review（Sprint 檢視）**
   檢視 Sprint 的成果並取得回饋。

5. **Sprint Retrospective（Sprint 自省）**
   回顧這次的 Sprint,找出下一個 Sprint 要改進的地方。

源自 Scrum 且廣為人知的實踐包括以下項目。

- 產品待辦清單
- Sprint 待辦清單
- 產品負責人
- Sprint
- Sprint Planning（Sprint 計畫）
- Daily Scrum（每日站會）
- Sprint Review（Sprint 檢視）
- Sprint Retrospective（Sprint 自省）
- 完成的定義

極限程式設計

「極限程式設計（XP：eXtreme Programming）」 1-4 也是一種敏捷開發手法。以極端（eXtreme）的程度來進行實踐,目的是提高軟體品質與加強對客戶要求的應變能力。實踐涵蓋技術、團隊、商業等多種領域,也包括測試驅動開發、重構、持續整合等本書介紹的內容（圖 1-2）。

第 1 章
推動敏捷開發的實踐

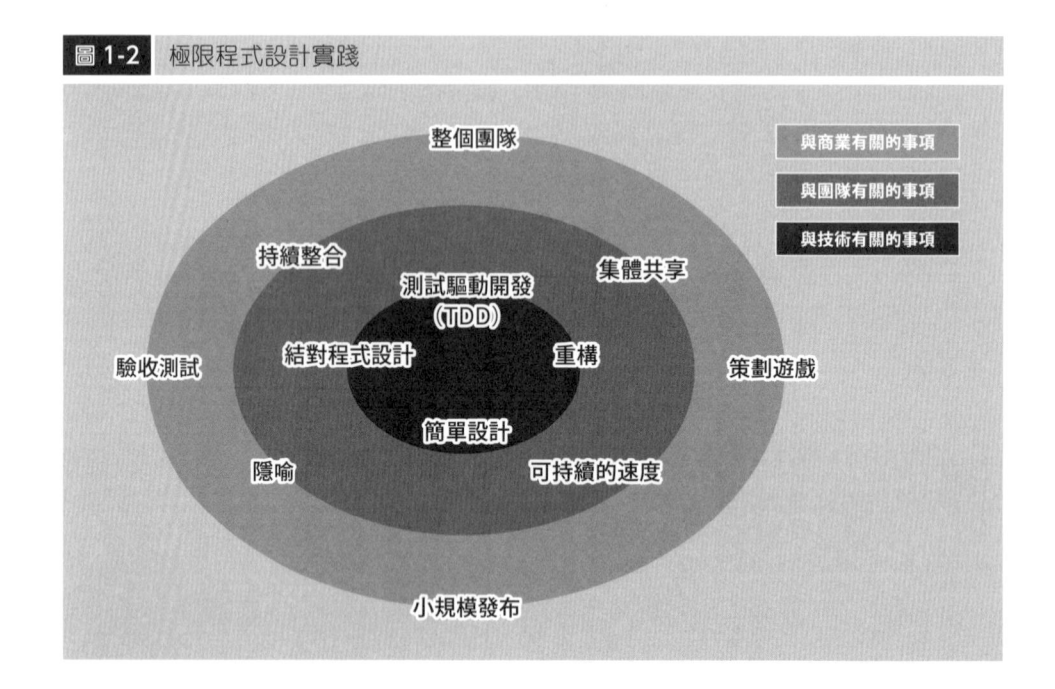

圖 1-2 極限程式設計實踐

```
                        整個團隊
                                            與商業有關的事項
                                            與團隊有關的事項
                                            與技術有關的事項

        持續整合        測試驅動開發      集體共享
                         (TDD)
   驗收測試   結對程式設計      重構      策劃遊戲

                        簡單設計
        隱喻            可持續的速度


                        小規模發布
```

源自極限程式設計的實踐包括以下項目。

- 結對程式設計
- 測試驅動開發
- 重構
- 持續整合

- 集體共享
- 驗收測試
- 使用者故事

☰ Kanban（看板）

「Kanban」 1-5 是從 Toyota 的生產方式得到啟發的軟體開發手法，包括當作方法論的 Kanban，以及當作工具的 Kanban（Kanban 系統）（圖 1-3）。

14

1-3　廣為人知的敏捷開發手法與實踐

- **當作方法論的 Kanban**
  將工作流程視覺化，限制同時進行的任務數量（WIP：Work In Progress），並且持續改善工作流程。

- **Kanban 系統**
  這是將工作流程視覺化並管理開發流程的工具。

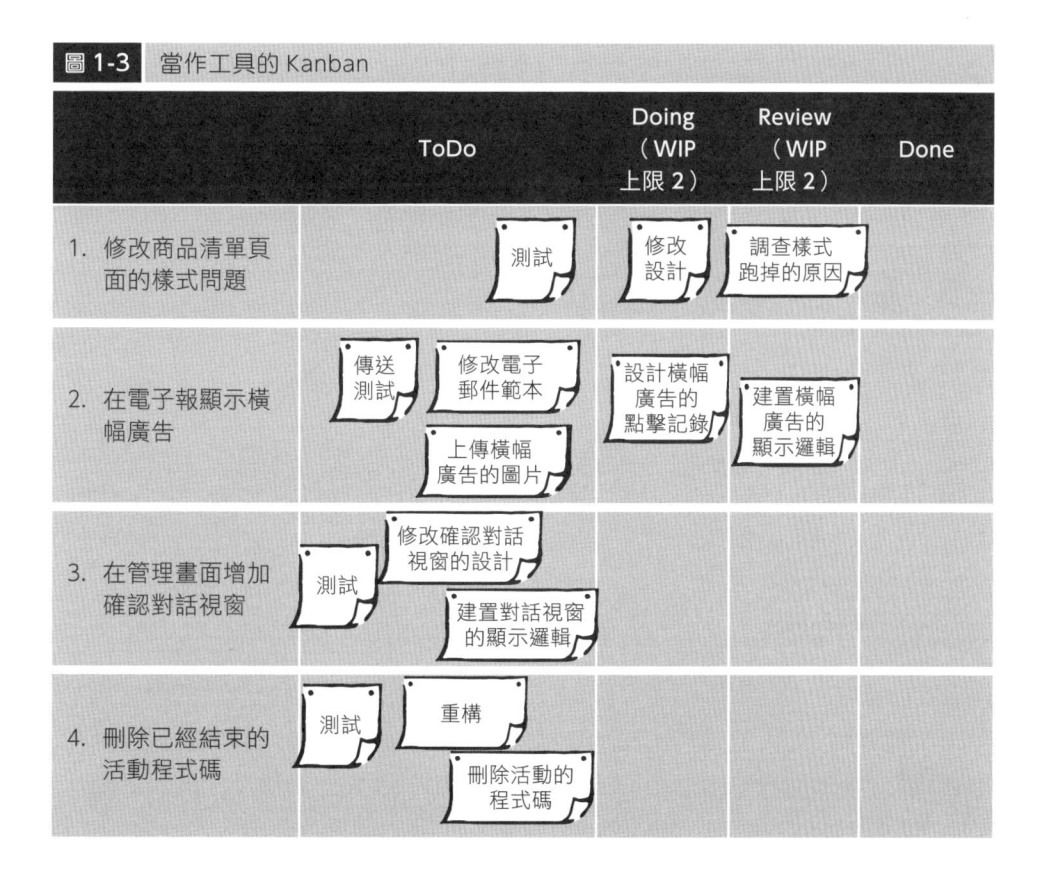

圖 1-3 當作工具的 Kanban

	ToDo	Doing （WIP 上限 2）	Review （WIP 上限 2）	Done
1. 修改商品清單頁面的樣式問題		測試	修改設計	調查樣式跑掉的原因
2. 在電子報顯示橫幅廣告	傳送測試	修改電子郵件範本 上傳橫幅廣告的圖片	設計橫幅廣告的點擊記錄	建置橫幅廣告的顯示邏輯
3. 在管理畫面增加確認對話視窗	測試	修改確認對話視窗的設計 建置對話視窗的顯示邏輯		
4. 刪除已經結束的活動程式碼	測試	重構 刪除活動的程式碼		

源自 Kanban 的實踐有以下兩項。

- **WIP 限制**
- **當作工具的 Kanban**

1-4 有助於理解實踐的思考方法

部分實踐的基本概念是一樣的,以下將介紹三種可以幫助你理解實踐的思考方法。

限制同時進行的任務數量

對同時進行的任務數量加上嚴格的限制(圖 1-4)。限制同時進行的任務數量有以下幾個優點:

- 全神貫注在單一任務上,花費的時間會比同時進行多個任務短。
- 透過合作解決瓶頸,可以讓整個流程變順暢。

圖 1-4 限制同時進行的任務數量

限制同時進行的任務數量　　　　　同時處理多個任務

WIP 限制

限制同時進行的任務數量也稱作「**WIP 限制**」 1-6 。設定限制的方法有很多種,最好試著摸索出適合自己團隊的方法。如果是對個人設定限制,可以將

一個人同時進行的任務數量限制在一到兩個之間。這對於傾向同時進行多個任務的成員非常有效。如果要依照任務目前的狀態設定限制，可以設定在每個狀態中能同時進行的任務，例如實作最多三個，審查最多兩個等。有時也會採取在後續工作空出來之前，禁止進行前置作業。這樣可以避免專注在實作上而堆積審查工作的問題。若要對整個團隊設定限制，可以限制團隊同時進行的任務數量為兩到三個。這樣能在開始新任務之前，讓團隊成員一起努力完成正在進行的任務，促進團隊合作。

> **Q&A 關於限制任務數量的疑問**
>
> 我們同時進行了許多任務，每個任務都有預定完成的時間。這些任務都有用處，所以我想把進行到一半的狀態先保留下來。
>
> 一旦優先順序出現變化，可能就沒有用了，而且重新開始時，也需要花時間回想，所以就一個一個完成吧！

P 資源效率與流程效率

如果想為使用者提供價值並從中學習，隨時修正方向，哪怕只是產品的一部分，只要能提早發布，就非常有價值。學習必要的技術實踐並加以運用的觀點，對於盡可能縮短到發布為止的前置時間（Lead Time）非常重要。

重視**「資源效率」**的手法可以提高開發人員等資源的稼動率，而重視**「流程效率」**的手法能縮短完成工作並附加價值的前置時間。圖 1-5 是兩位開發人員在執行 A 與 B 兩個工作時，分別採取不同手法的結果 **1-7**。如果重視的是資源效率，決定每個人負責的工作時，會盡量減少工作轉換與管理上的額外成本，避免開發人員閒置。例如，兩個人分別負責 A 與 B 的工作，而不是共同分擔，這兩個工作可以在三週內完成，整個工作的前置時間就會是三週。倘若目標是同時發布這兩個工作，可以選擇這個方法。

不過，盡早發布 A 的優點是，使用者可以早一步使用，更快獲得回饋，降低開發風險。如果重視的是流程效率，透過合作完成 A 與 B 工作，可以在兩週內先完成 A 工作。只不過，如果需要學習或跟上進度當作準備工作，甚至要交接工作，就會增加額外的成本，拉長整個工作的前置時間。事實上，流程效率大多會導致整體的前置時間變長。

有效運用資源固然重要，但是如果因此延長前置時間，就必須以縮短前置時間為優先。重視資源效率同時又想縮短前置時間時，可能因為資源有限而壓縮了改善空間。**另一方面，只重視流程效率比較容易縮短前置時間，因為不用考慮資源限制，可以直接解決瓶頸，所以比較簡單。**前置時間變短之後，再重新檢視同時進行的任務數量，思考資源效率。不論要提高哪一種，處理順序都很重要。

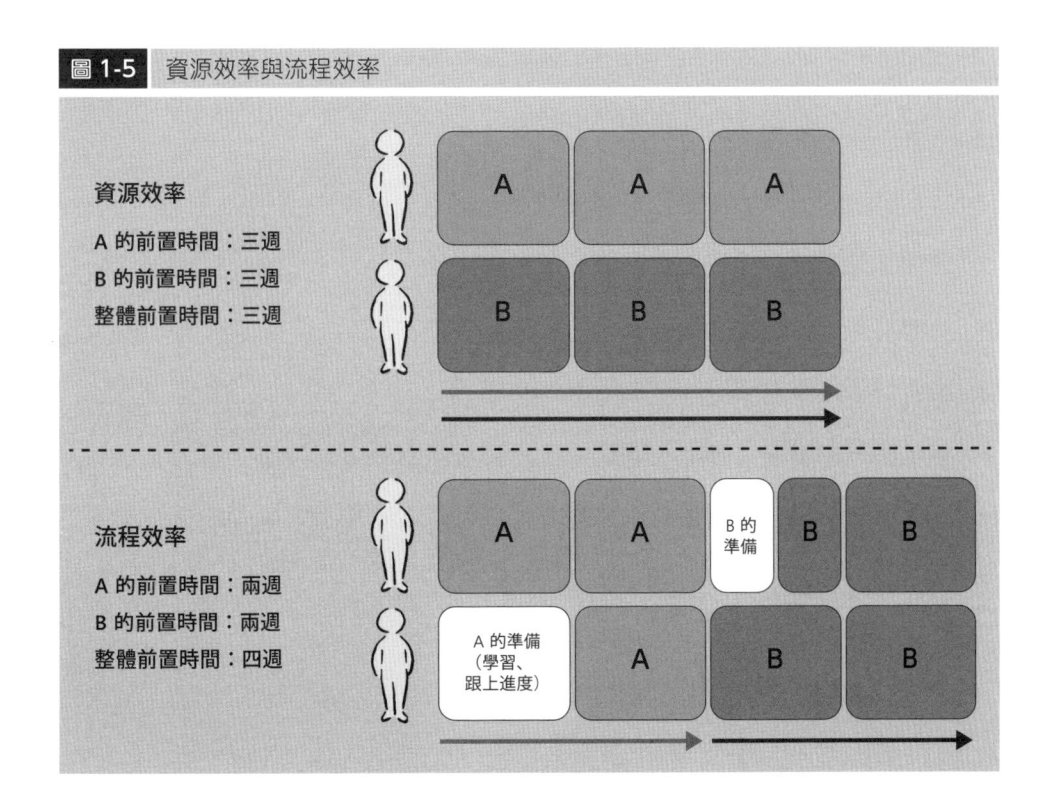

圖 1-5 資源效率與流程效率

資源效率
A 的前置時間：三週
B 的前置時間：三週
整體前置時間：三週

流程效率
A 的前置時間：兩週
B 的前置時間：兩週
整體前置時間：四週

A 的準備（學習、跟上進度）

B 的準備

第 1 章
推動敏捷開發的實踐

以下將介紹在重視資源效率與重視流程效率的意見或想法中,比較常見的部分。請利用這些方法確認團隊的想法是否無意間被影響。

【與資源效率有關的意見與想法】

- 擔心無法完成所有任務而想增加人手
- 必須從能做的地方開始立即動手
- 全都需要開發,所以從容易處理的部分開始著手
- 只要先準備詳細的任務,就可以避免人力閒置
- 讓更瞭解狀況的人負責開發工作
- 如果無法完成計畫的所有內容,就無法發布

【與流程效率有關的意見、想法】

- 希望快速、小規模地發布並從中學習
- 獲得意見之後,條件與優先順序會產生變化
- 不應該讓工作停滯
- 將使用者故事拆解成小任務並共同完成
- 集中精神在單一任務上,團隊成員比較容易合作
- 多人專注在單一任務上可以更快完成

> **Q&A** 關於流程效率的擔憂
>
> 團隊人手不足不是更應該重視資源效率嗎?
>
> 全心投入在產品的重要部分,讓整體順利進行比較重要。請試著仔細思考,能不能透過分工合作來縮短前置時間吧!

分成小單位完成任務並重視整體平衡

敏捷開發是以小單位來完成開發工作。我們會把開發期間分成短週期,將開發功能拆解成小部分,藉此提高完成度。聽到這種說法,你可能會想像是準備小零件再組裝成整體。可是如果要獲得回饋,**必須將功能拆解成即使很小,使用者也能確認價值的單位**,而不只是純粹分成小元件。

增量式

假設要開發管理商品的畫面,只完成資料庫設計,使用者也無法使用系統,沒辦法確認功能是否正確執行,必須結合輸入資料的 UI 與處理接收資料的服務來確認運作狀態。商品管理需要的功能包括瀏覽、新增、編輯、刪除等,但是不用等到所有功能都完成,只要新增功能做好,就可以先使用。即使只有部分功能,只要確實開發,也能獨立進行測試與確認,不必等到全都做完,這樣做有助於及早發現問題。**將每次處理的工作維持在小範圍內,以能出貨的品質創造價值就稱作「增量式(Incremental)」**(圖 1-6)。

圖 1-6　以能得到回饋的單位拆解開發工作

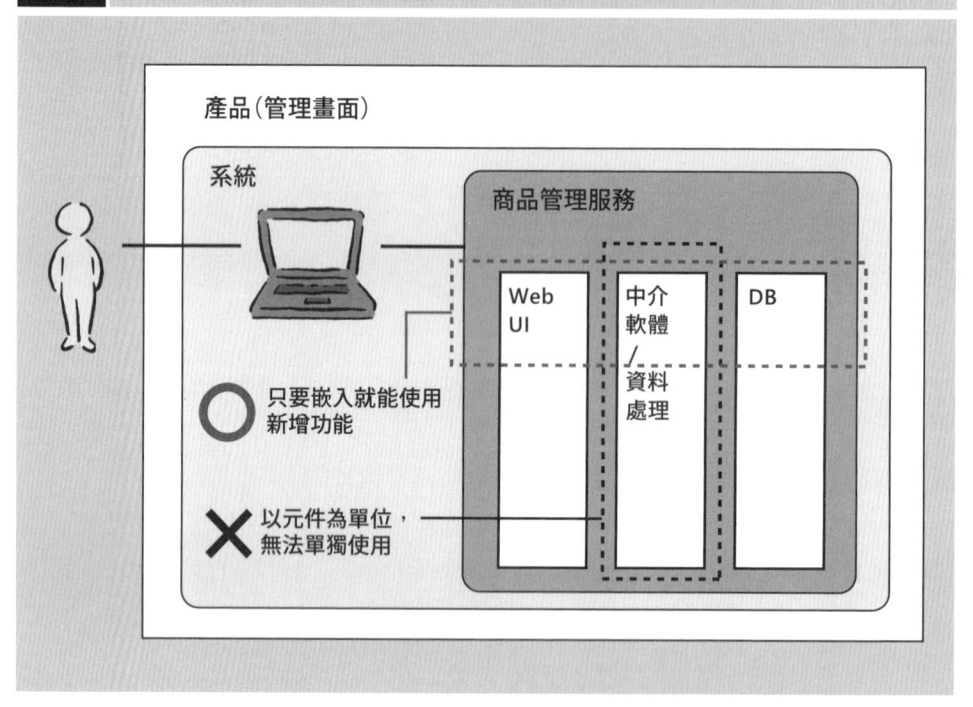

產品（管理畫面）
系統
商品管理服務
Web UI
中介軟體／資料處理
DB

○ 只要嵌入就能使用新增功能

✗ 以元件為單位，無法單獨使用

🅟 迭代

然而，以小單位建置產品時，可能讓整個成品變得不協調，因此必須定期檢視整體狀態以維持平衡。**檢視整體的平衡狀態並反覆建置就稱作「迭代（Iterative）」**。我們無法一開始就規劃出完善的計畫，但是在初期階段，廣泛審視整體狀態可以在進行部分細節時，注意到可能破壞整體平衡或導致功能不一致的問題。

在確認產品或系統是否協調時，應該注意整體狀態並仔細製作每個細節 **1-8**。進行開發工作時，建議切換這兩種角度，穩定累積每個短週期的價值。

> **Q&A 對增量式與迭代開發的擔憂**
>
> 我認為最好一開始就完成整體設計，總不能盲目進行吧？
>
> 當然要先考慮整體設計。只不過，很難事先設計到面面俱到，必須妥善拿捏。要注意的是，無論部分或整體都要持續設計，而非不設計。

維持運作狀態並持續調整

「快速且步步為營」是指「不破壞運作中的系統，快速且穩定地增加產品」。「運作中」不是指暫時運作，而是必須符合可以發布的品質。因此，**要維持可以當作產品發布的狀態，並快速進行修改。**

要快速更改產品需要符合各種條件。例如，靈活的架構設計、開發人員與團隊擁有高超的技術能力，以及發布和監控等操作方面的準備。可是，**最重要的是在整個開發期間內，主分支**（※1-4）**始終保持在隨時可以發布的狀態。**因為主分支停止運作的時間愈長，要調查原因的範圍就愈廣，修改所需的工時也愈多。如果能及時發現系統停止運作，就可以用較少的工時進行調查與修正。（圖 1-7）

※1-4 主分支：處理開發最新版本的主要分支。

第 1 章
推動敏捷開發的實踐

圖 1-7 產品隨時保持在可發布狀態

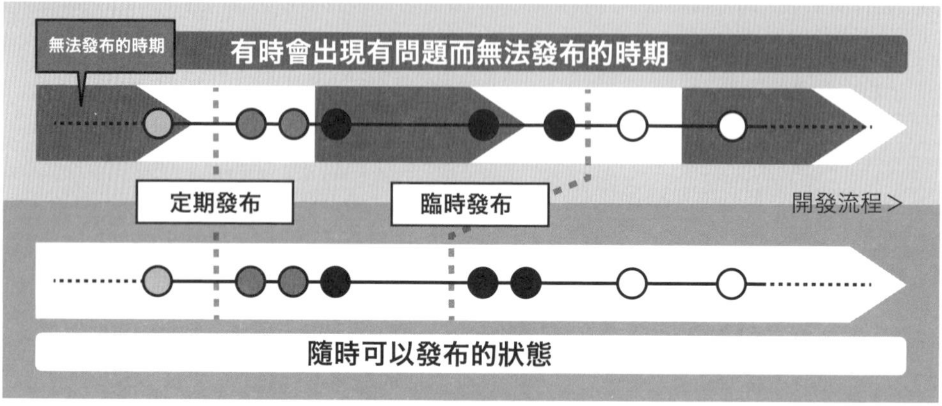

隨時整合開發過程中出現的修正,維持產品構建成功且通過所有測試的狀態。如果構建與測試不成功就停止開發,優先進行可以通過構建與測試的修正。當這種作法成功且團隊感受到生產力提高之後,就可以思考維持可發布狀態的方法與機制。這種想法在改變開發流程時,可以成為正面的限制,幫助我們採取落實敏捷開發的技術實踐。

下一章將介紹與實作有關的具體技術實踐。這裡所謂的實作並非單指編寫原始碼,實作的概念也包括設計、程式碼審查、測試等創造傳遞給終端使用者價值的各種活動。此外,還會說明如何制定讓團隊在工作現場共同合作的必要規則,以及讓團隊成員之間緊密溝通的實踐。

References

1-1 「アジャイルの『ライトウィング』と『レフトウィング』」平鍋健児（2012，Alternative Blog）

https://blogs.itmedia.co.jp/hiranabe/2012/09/rightwing-and-leftwing-of-agile.html

1-2 「The Importance of Technical Practices in Agile」Ben Linders（2014，InfoQ）

https://www.infoq.com/news/2014/10/technical-practices-agile/

1-3 「Scrum指南」Ken Schwaber、Jeff Sutherland（2020，葛仲安、李奇霖、蘇於登、王泰瑞、王晶、周建成、林偉弘 譯）

https://scrumguides.org/docs/scrumguide/v2020/2020-Scrum-Guide-Chinese-Traditional.pdf

1-4 《Extreme Programming Explained: Embrace Change, 2nd Edition》Kent Beck、Cynthia Andres（2004，Addison Wesley）

1-5 『カンバン仕事術』Marcus Hammarberg・Joakim Sunden（2016、原田騎郎・安井力・吉羽龍太郎・角征典・高木正弘 訳、オライリージャパン）

1-6 同上

1-7 「フロー効率性とリソース効率性について」黒田樹（2017，slideshare）

https://www.slideshare.net/i2key/xpjug

1-8 「モナリザを使ったインクリメンタル（漸進的）とイテレーティブ（反復的）の説明」川口恭伸（2011，kawagutiの日記）

https://kawaguti.hateblo.jp/entry/20111030/1319926043

第 1 章
推動敏捷開發的實踐

由團隊逐一完成每個工作

Kakehashi（股）公司
軟體工程師
椎葉光行
Mitsuyuki Shiiba

我在前公司擔任改善工程師，支援過許多不同的團隊。有一次有人找我商量「我們的專案每次都延宕，希望可以得到支援。」在我詳細詢問之後，發現狀況如下：

- 程式碼審查要花很多時間，而且也常被退件。
- 技術主管忙於審查造成瓶頸。
- 結果每次專案都會延遲。

觀察了一陣子之後，我發現圖 A 左側的情況。多個專案同時進行，每個專案都有負責人。這些負責人把工程師的時間像拼圖一樣排列組合，制定計畫並分配工作，最後由技術主管審查所有程式碼。

我從這種情況中也同時瞭解到，所有團隊成員都很努力改善現狀。負責人嚴格管理進度，及時發現進度落後，並協助工程師解決問題。工程師則專注在自己的任務上，全力以赴「希望盡快完成開發工作」。曾當過工程師的主管也投入審查程式碼的工作以減輕技術主管的負擔。看到這種情況，我覺得「這真是一個全體目標一致的好團隊」，並提出了兩個改善重點。

第一點是專案一體化。一個團隊同時進行多個專案，迫使團隊只能分開行動。我建議把同時進行的專案整合成一個。儘管這只是初步的提案，卻得重新修改全年度的專案計畫。這個改變十分困難，但是專案負責人認為「這樣能讓團隊變得更好」，因而仔細向團隊說明狀況，業務團隊也理解了這一點。

第二點是開發方法。我建議把注意力放在團隊的產出而不是個人的產出上。我告訴負責人，他們應該關注團隊的進度而不是每個工程師的進度。我對工程師說「整個團隊成員一起完成待辦事項清單中的第一個項目吧！」並導入結對程式設計（Pair programming）與群體程式設計（Mob Programming）。

這些改善很快見效。工程師開始彼此交換意見，互相幫助，進行開發。而且技術主管在早期階段就參與開發工作，大幅減少了重工的風險，幾乎不需要花時

1-4 有助於理解實踐的思考方法

間審查程式碼。在互相學習技能和思考方式下不斷成長。

由團隊逐一完成每個任務的機制，整合成員們原本就有的積極心態，彼此支援，持續開發，建立了一個非常優秀的團隊，使得之後的專案都能穩定發布。

改善後的結構如圖 A 右側所示。專案負責人分成產品負責人與 ScrumMaster。針對整合後的專案，產品負責人以結隊方式思考產品，而包含技術主管在內的工程師們一起投入開發工作。ScrumMaster 負責支援團隊活動。ScrumMaster 與產品經理共同合作，就連組織方面的觀點也能輕易改善。

同時進行多個專案或任務可以看到進度，非常吸引人。可是這樣會讓團隊內部不易合作，無法充分發揮團隊的實力而陷入困境。別被同時進行多項工作的誘惑所吸引，應該讓團隊逐一完成每個工作。

圖 A　團隊的狀況變化

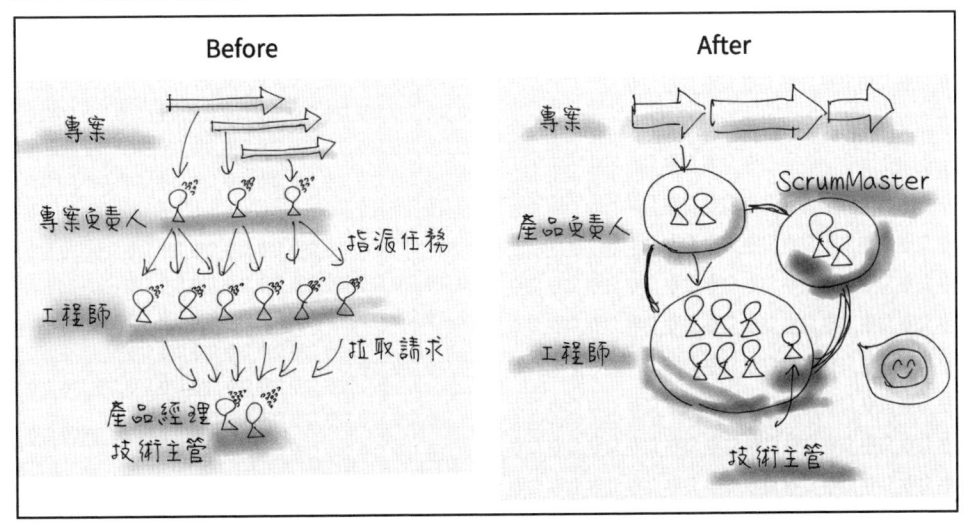

27

第 1 章
推動敏捷開發的實踐

第 2 章

可以應用在「實作」的實踐

聽到「敏捷開發的技術實踐」，第一個想到的應該是與實作有關的實踐。例如分支策略、提交、程式碼審查、測試等，這些大規模的技術實踐已經普遍使用於日常開發中。然而，實作過程中遵循的開發流程或規則可能與「踏出一小步，根據經驗中學到的知識不斷改進」的敏捷開發目標有所不同。因此，第 2 章將介紹團隊合作開發功能時，每個階段可以採用的技術實踐。

第 2 章
可以應用在「實作」的實踐

31

2-1 實作方針

… 2-1 實作方針

實作前先討論方針避免重工

開發之前先討論方針，讓所有成員達成共識再展開實作是非常重要的關鍵。這樣可以減少重工，提高開發效率。以下將介紹可以達成這個目標的有效實踐。

實作前先討論方針

即使時間短，也要在開始實作之前先討論方針。筆者曾看過在完成實作後，使用拉取請求（※2-1）進行設計、實作、確認並討論功能的情景。無論方針是否正確，完成實作後才開始討論，就可能出現開發重工的風險。重工所花費的時間、已經付出的開發費用與時間都無法收回。雖然有人認為「實作很簡單，完成後再討論比較快」，不過這是假設沒有發生重工的情況。如果只花兩個小時進行實作，或許可以容許重工，但是時間拉長到一天、幾天，重工耗費的時間、開發費用和工時也會大幅增加，而這些成本將由公司或團隊承擔。

團隊之中，或許有人已經找到更好方法來開發功能。透過討論，還能發現一個人想不到的作法。與別人溝通可以避免重工，提高找到最佳方法進行實作、測試、運作的機會。

除了有避免重工的優點，**長期來看，還能保持設計的一致性**。透過拆解服務或儲存庫，限制可修改原始碼的部分或範圍，能讓每個區域內的設計更容易保持一致性。但是有時整個產品或系統會逐漸偏離原本的設計方針，導致生產力降低。當負責人離開或團隊解散時，可能因為沒有交接，或採用不同的設計方針而破壞設計的一致性，使得偏差逐漸擴大。為了保持整體的一致性，請在實作之前持續討論設計方針並盡快取得共識再開始實作。確認方針時，建議先討論以下幾點。

※2-1 拉取請求（Pull Request）：這是 GitHub 最早提供的功能，允許請求其他開發人員導入修改後的原始碼。拉取請求會清楚顯示原始碼的更動部分與差異，與程式碼審查有關的溝通（變更評論、變更簽核、變更請求）也會記錄在系統中。GitLab（合併請求功能）等主要的 Git 託管服務也已經採用了這個功能。

第 2 章
可以應用在「實作」的實踐

- 原始碼中使用的名稱該如何命名？
- 系統中的哪個部分負責什麼功能？
- 要修改原始碼的哪個部分？又該寫出何種處理？
- 是否需要支援與合作，例如一起工作、分擔實作等？
- 是否有應該先假設的錯誤處理或故障模式？
- 之後是否有可能修改方針？如果有的話，會在何時？
- 是否注意到現在還有不瞭解的事？
- 知道不瞭解的事情後，需要做出什麼判斷和決定？

如果你覺得很難在開始實作之前討論出方針，就可能有妨礙溝通的阻礙存在。以下根據筆者看過的開發現場特徵，列出幾個可能的阻礙（表 2-1）。請與你本身的狀況做對照。

表 2-1 無法討論方針的開發現場特徵與妨礙溝通的阻礙

開發現場的特徵	妨礙溝通的阻礙
由一個人執行實作，設計與開發都是同一個人負責	沒有機會與其他成員溝通
在程式碼審核時受到嚴厲的批評	覺得在方針確定前先討論會受到嚴厲的批評
只以「實作」、「測試」、「發布」等概略方式拆解任務	認為可以邊執行任務邊討論，因而延誤了具體的討論
團隊成員的技能有落差	新手工程師對實作方針感到迷惘時，認為「這樣會占用別人的時間」、「必須自行思考、做決定」，而猶豫是否要請教資深工程師
以開放原始碼的開發風格為目標	認為若有想修改的地方，只要完成實作再提交拉取請求即可。覺得拉取請求是用來討論設計的方法

開始實作前先討論方針不等於「要在實作前就決定好所有設計」。實際瀏覽、編寫原始碼時，難免會出現因深入理解而需要重新制定方針的情況。至少要

確保在實作之前,先讓團隊成員瞭解目前已知的狀況及花點時間溝通就能明白的事情。

將使用者故事拆解成任務

團隊會從優先順序較高的使用者故事開始著手開發。此時,並不是直接由(任務)負責人員管理使用者故事,而是拆解成幾個小時到半天,最長一天就可以完成的小任務。如果團隊成員在進行各個任務時,可以瞭解該做什麼,就能順利進行開發(圖 2-1)。

圖 2-1 使用者故事與拆解任務

✗

ID	使用者故事	(任務)負責人員
1	修改商品清單頁面的樣式問題	欣守
2	在電子報顯示橫幅廣告	優生
3	在管理畫面增加確認對話視窗	老手
4	刪除已經結束的活動程式碼	行世

○

	ToDo	Doing (WIP 上限 2)	Review (WIP 上限 2)	Done
1. 修改商品清單頁面的樣式問題		測試	修改設計	調查樣式跑掉的原因
2. 在電子報顯示橫幅廣告	傳送測試 / 修改電子郵件範本 / 上傳橫幅廣告的圖片		設計橫幅廣告的點擊記錄	建置橫幅廣告的顯示邏輯
3. 在管理畫面增加確認對話視窗	測試	修改確認對話視窗的設計 / 建置對話視窗的顯示邏輯		
4. 刪除已經結束的活動程式碼	測試	重構 / 刪除活動的程式碼		

第 2 章
可以應用在「實作」的實踐

🅿 拆解任務

拆解任務不是由某個人代表執行，而是團隊全體成員一起完成。在不知道誰會負責哪個任務的前提下，要將任務拆解為所有團隊成員都能處理的大小。全員參與可以讓大家對開發方式達成共識，從蛛絲馬跡察覺進度是否落後或出現問題。這樣可以擺脫領導者或專案經理對任務或進度過度干涉的情況，讓團隊全員自我管理，同時思考理想的開發方法。

原封不動地把使用者故事當作任務處理，很難掌握、管理開發進度。進度全都交給負責人員管理，可能過了好幾天才會注意到任務進度落後的問題。將任務拆解成幾小時到半天可以完成的大小，工作幾個小時之後，就可以知道進度順不順利。此外，如果直接將使用者故事分配給某個成員，可能會包含對實際負責人員來說難度較高的工作。拆解成小任務之後，不但能確認每個工作進度是否順利，也能一起分擔較困難的任務。

🅿 Kanban

拆解後的任務該如何管理？以下是利用 Kanban 管理任務的範例（圖 2-2）。在這個範例中，使用者故事對應表格內的每一列，並將拆解後的任務放在同一列。每一欄代表任務目前的狀態，分成待處理（ToDo）、進行中（Doing）、審核中（Review）、已完成（Done）四個階段。根據現場情況，有時可能將審核分為幾個階段，請按照狀況自行調整。Kanban 可以用白板與便利貼等物理方式呈現，或利用線上白板工具，如「Miro」或「Mural」來運用。

接下來將介紹 Kanban 可以改進的四個重點。

① 加上泳道

泳道（Swimlane）是繪製在使用者故事之間的橫線。其功用是讓與使用者故事有關的任務一目瞭然（圖 2-3）。部分專案管理工具無法顯示泳道，導致

2-1 實作方針

任務顯示混亂。如果使用者故事與任務對應關係不明確，會很難辨識，進而降低拆解成小任務的意願。

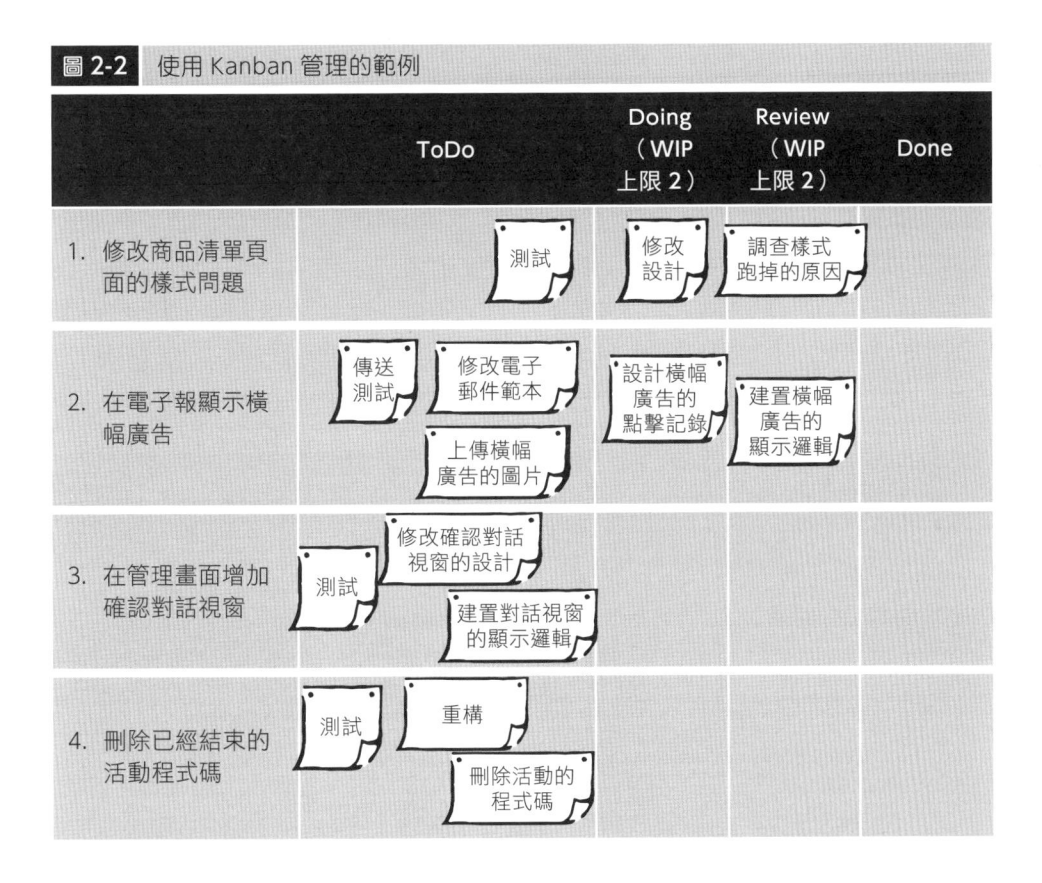

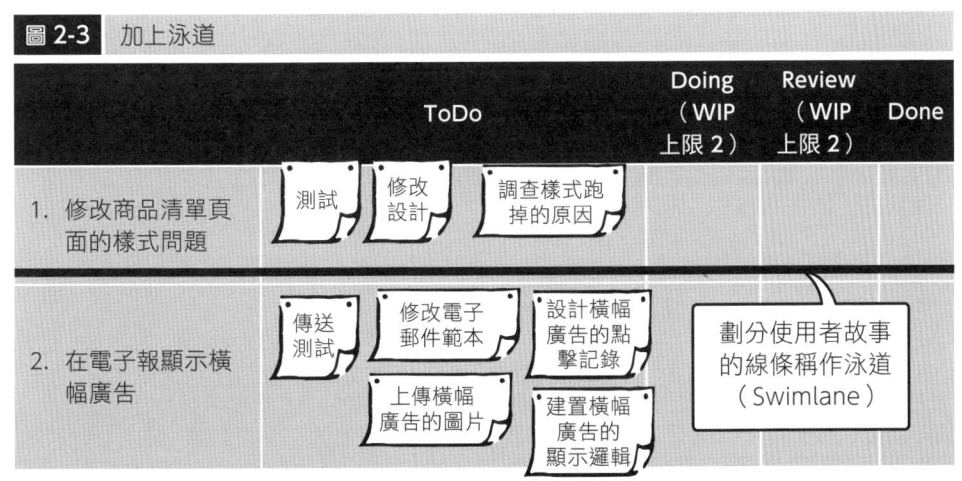

圖 2-2 使用 Kanban 管理的範例

	ToDo	Doing （WIP 上限 2）	Review （WIP 上限 2）	Done
1. 修改商品清單頁面的樣式問題	測試	修改設計	調查樣式跑掉的原因	
2. 在電子報顯示橫幅廣告	傳送測試 / 修改電子郵件範本 / 上傳橫幅廣告的圖片	設計橫幅廣告的點擊記錄	建置橫幅廣告的顯示邏輯	
3. 在管理畫面增加確認對話視窗	修改確認對話視窗的設計 / 測試 / 建置對話視窗的顯示邏輯			
4. 刪除已經結束的活動程式碼	測試 / 重構 / 刪除活動的程式碼			

圖 2-3 加上泳道

	ToDo	Doing （WIP 上限 2）	Review （WIP 上限 2）	Done
1. 修改商品清單頁面的樣式問題	測試 / 修改設計 / 調查樣式跑掉的原因			
2. 在電子報顯示橫幅廣告	傳送測試 / 修改電子郵件範本 / 設計橫幅廣告的點擊記錄 / 上傳橫幅廣告的圖片 / 建置橫幅廣告的顯示邏輯			劃分使用者故事的線條稱作泳道（Swimlane）

37

② 由右開始排列任務並拆解成可以同時進行的狀態

最好使用可以隨意將拆解後的任務以水平或垂直方式排列的工具。水平軸代表任務的執行順序。如果已經確定工作順序或任務之間的關係，就從右往左排列。這樣任務會在看板上往右移動，使得工作順序與進度一致，視覺上比較容易理解（圖 2-4）。

垂直軸代表可以同時進行的任務。按照這個規則排列，就能以由上往下，從右到左依序執行任務的簡單規則將任務視覺化。

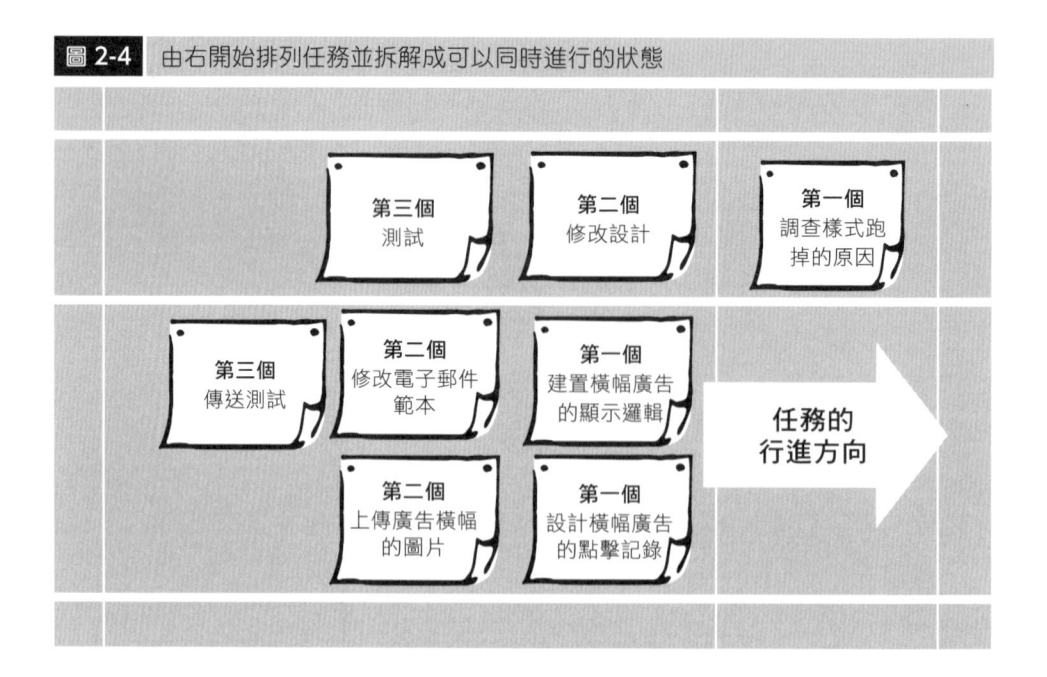

圖 2-4 由右開始排列任務並拆解成可以同時進行的狀態

第三個 測試	第二個 修改設計		第一個 調查樣式跑掉的原因
第三個 傳送測試	第二個 修改電子郵件範本	第一個 建置橫幅廣告的顯示邏輯	任務的行進方向 →
	第二個 上傳廣告橫幅的圖片	第一個 設計橫幅廣告的點擊記錄	

③ 設定 WIP 限制

任務數量並非愈多愈好，而是必須穩定完成每個任務。**限制同時進行的任務數量（WIP：Work In Progress）可以促使團隊成員合作，一起處理進行中的任務而不是著手新任務**（圖 2-5）。

有時會分別根據任務目前的狀態，如 Doing 或 Review 等來設定 WIP 限制，有時會一併設定。先將任務數量的上限設定成和團隊人數一樣，可以避免審

圖 2-5 設定 WIP 限制

	ToDo	Doing （WIP 上限 2）	Review （WIP 上限 2）	Done
2. 在電子報顯示橫幅廣告	傳送測試 上傳橫幅廣告的圖片	修改電子郵件範本 建置橫幅廣告的顯示邏輯	設計橫幅廣告的點擊記錄	

設定可以同時進行的任務數量上限

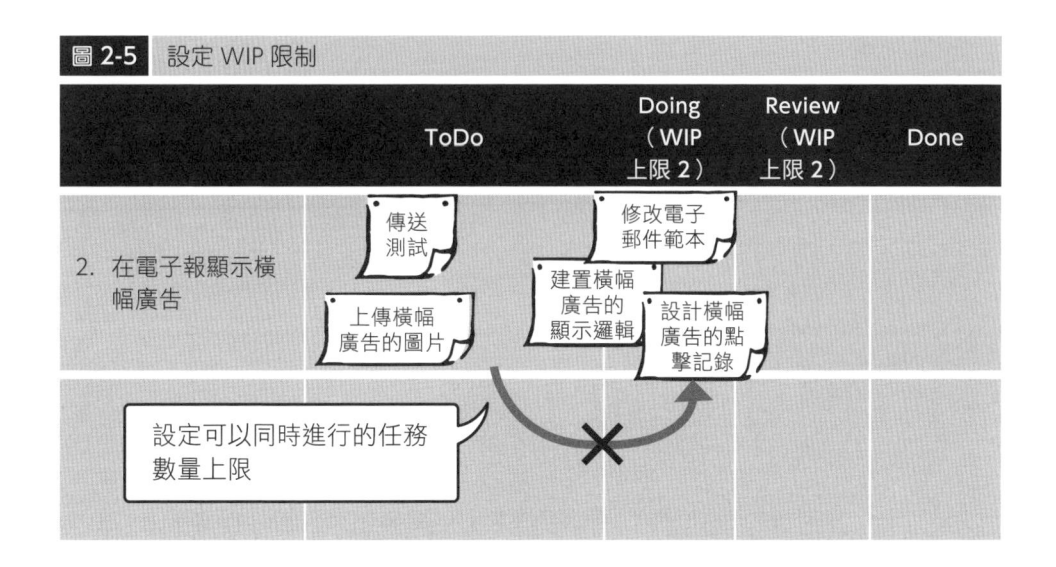

核等容易拖延的任務被擱置。如果將上限設定成團隊人數的一半，每個任務就得由多人共同處理。這種作法可以有效促進團隊成員互相學習。一般而言，上限設定的愈低，愈容易看出小型工作的問題與阻礙。找出易發生狀況的模式，重新調整工作順序，或透過合作來克服團隊成員的技能與經驗落差，就能進行以流程效率為優先的開發。當團隊像這樣討論彼此的作法與如何提升技能時，應分享目前的狀態以及已發生的情況，確認大家對未來的想法，找到可以達成共識的平衡點。

④ 加上標記

我們可以用各種方式在任務加上標記。例如，用姓名或圖示表示該任務的負責人員。拆解任務時，先加上當作參考基準的工時，就可以注意到實際工時是否超出預期。如果正在等待其他團隊或利害關係人的工作或決定，導致自己的工作停頓時，先加上標記，即可清楚掌握未來工作可能停滯的地方（圖2-6）。

除了在任務加上標記，在任務之間先加入擬定計畫時設定的里程碑，就能確認與原訂計畫是否有落差。這對於進度落後可能發生問題的使用者故事尤其有用。

第 2 章
可以應用在「實作」的實踐

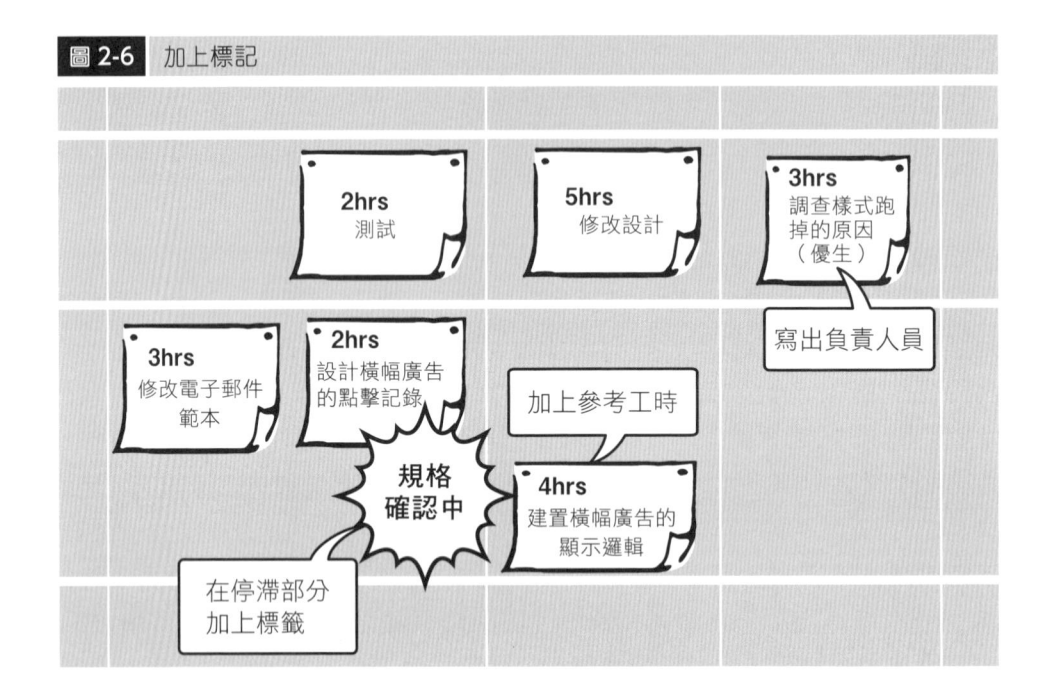

圖 2-6 加上標記

- 2hrs 測試
- 5hrs 修改設計
- 3hrs 調查樣式跑掉的原因（優生）← 寫出負責人員
- 3hrs 修改電子郵件範本
- 2hrs 設計橫幅廣告的點擊記錄
- 規格確認中 ← 在停滯部分加上標籤
- 加上參考工時
- 4hrs 建置橫幅廣告的顯示邏輯

有些專案管理工具無法適當繪製泳道、排列順序不夠彈性、沒辦法任意加上標記。因此，一開始別固定使用特定工具，瞭解對專案管理工具的需求之後，再選擇合適的工具。要定期檢視、評估所選工具的有效性，別只著重在工具的用法。《Toolbox for the Agile Coach - Visualization Examples》 2-1 介紹了許多將 Kanban 視覺化的方法，請選擇靈活、有彈性的管理工具，在工作上實際測試，找出適合你的類型。

我們的目的是為了掌握拆解後的任務與其當下的狀態，不一定要拘泥於本書介紹的形式。請試著摸索出讓團隊達成共識並容易瞭解的方式，例如按照構成畫面的物件或系統元件來拆解任務（圖 2-7、圖 2-8）。

2-1 實作方針

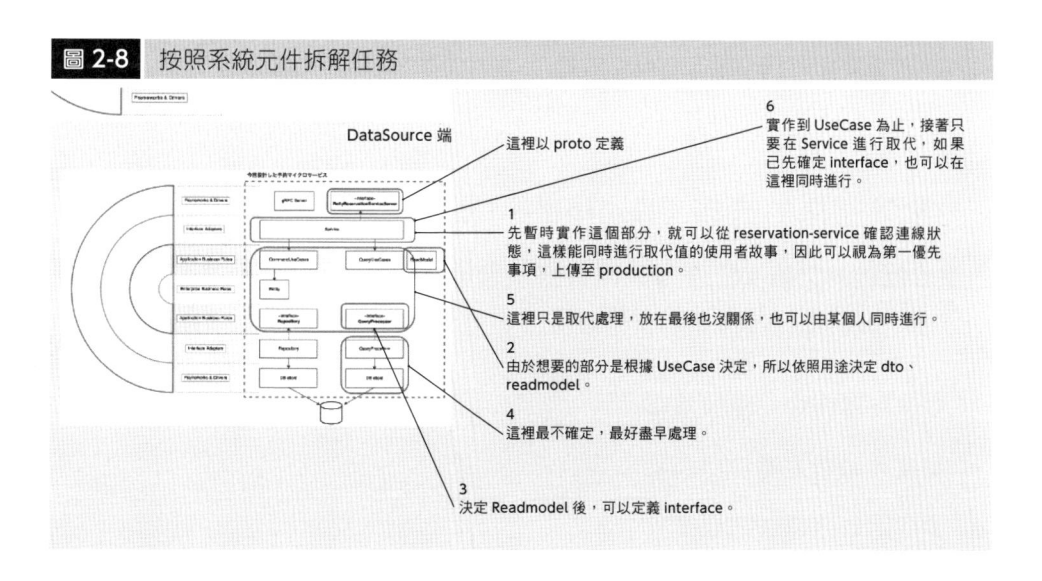

圖 2-7 按照構成畫面的物件拆解任務

View (7/7)
- ✓ 主頁按鈕
- ✓ Banner
- ✓ 新訊息
- ✓ 推薦內容
- ✓ 其餘內容
- ✓ 未取得定位資料時
- ✓ 偏好調查

LOGIC (2/3)
- ✓ 取得、顯示推薦內容
- ✓ 根據取得的定位資料狀態分類
- ✓ 顯示問卷調查與點擊處理

API (2/2)
- ✓ 建立目標
- ✓ 建立傳回資料的邏輯

DB (1/1)
- ✓ 匯入資料

圖 2-8 按照系統元件拆解任務

DataSource 端　這裡以 proto 定義

6. 實作到 UseCase 為止，接著只要在 Service 進行取代，如果已先確定 interface，也可以在這裡同時進行。

1. 先暫時實作這個部分，就可以從 reservation-service 確認連線狀態，這樣能同時進行取代值的使用者故事，因此可以視為第一優先事項，上傳至 production。

5. 這裡只是取代處理，放在最後也沒關係，也可以由某個人同時進行。

2. 由於想要的部分是根據 UseCase 決定，所以依照用途決定 dto、readmodel。

4. 這裡最不確定，最好盡早處理。

3. 決定 Readmodel 後，可以定義 interface。

第 2 章
可以應用在「實作」的實踐

明定完成標準

如果每個開發階段都沒有清楚制定應達到的標準，就會產生認知落差。可能發生自己認為已經完成，別人卻覺得尚未完工的情況，結果導致日後出現問題。因此，**最好在著手開發之前，先討論何種情況算完成，共同制定明確的標準，以避免發生問題**。對組織或團隊而言，只要在必要部分建立標準即可，一般常見的標準包括「準備就緒的定義」、「完成的定義」、「驗收標準」等三種（圖 2-9）。

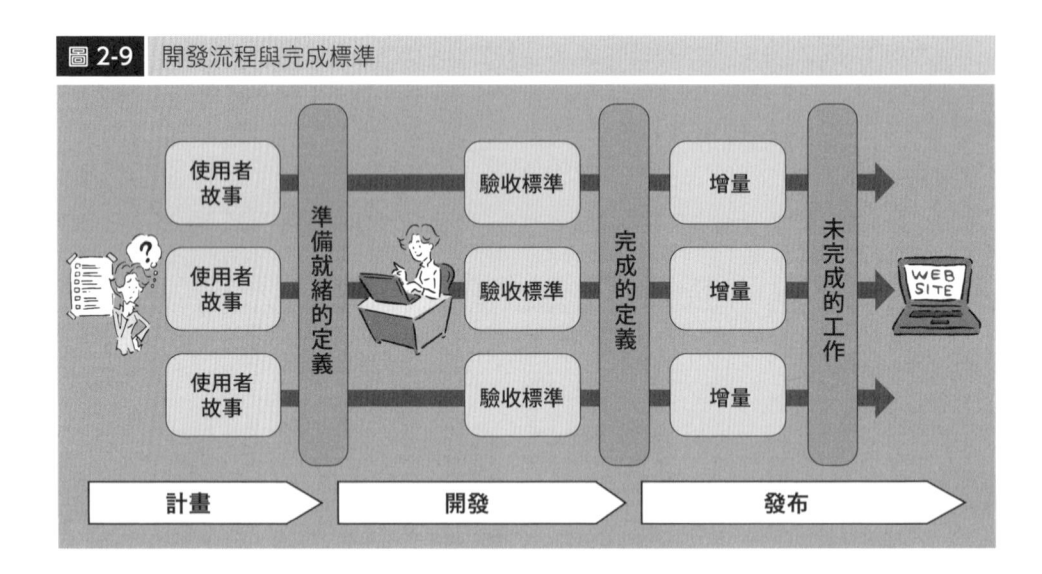

圖 2-9 開發流程與完成標準

準備就緒的定義（Definition of Ready）

「準備就緒的定義」 2-2 整合了完成開發準備工作的條件。如果在準備不夠的情況下開始進行開發，將會出現以下幾個問題：

- 中途反覆確認、更改規格
- 後來才發現工時比預期多
- 完成之後才發現認知落差
- 開發過程中發現無法達成的部分

一旦出狀況，就會讓已經花費的工時付諸東流。準備就緒的定義就是避免發生這種情況的基本確認事項。準備就緒的定義包括以下項目：

- 清楚瞭解要解決的問題以及對誰有價值
- 已拆解成可以在迭代內完成的適當大小
- 已整理了開發所需的資訊，例如線框圖、頁面流程圖等
- 已經準備好驗收標準
- 已清楚完成開發後要進行示範的步驟
- 團隊已估算出開發工時
- 已清楚必須與其他團隊討論或協商的事項，例如開發方針和設計等
- 已清楚瞭解功能需求與非功能需求
- 已完成測試設計

P 完成的定義（Definition of Done）

「完成的定義」 2-3 是指定義了符合產品品質標準的成果狀態，並適用於多個使用者故事。首先，團隊與利害關係人討論可以維持下去的產品狀態。達成共識的結果將成為初期完成的定義。這樣可以避免延後測試，或把要修改的部分變成其他的使用者故事，企圖營造表面進度的情況。持續審視、擴充該定義，以提高團隊和組織的能力。隨著工作透明度的提升，可以減少重工，進而往提高品質的方向前進。完成的定義包含以下內容：

- 已完成程式碼審查
- 已完成預定執行的測試
- 已更新文件
- 已在特定環境完成部署

第 2 章
可以應用在「實作」的實踐

🅿 驗收標準（Acceptance Criteria）

「驗收標準」 2-4 是扼要整理出達成哪些項目可以視為完成該使用者故事的標準。完成的定義適用於多個使用者故事，但是驗收標準是每個使用者故事都不一樣。

驗收標準與詳細定義系統行為的規格書或測試案例不同。團隊必須遵照規格書或測試案例來實作，但是驗收標準主要描述的是真正想實現的內容，因此解決問題的方法比較彈性，團隊有更多發揮創意的空間。理想的驗收標準應滿足以下條件：

- 可以客觀、定量判斷是否已經達成目標
- 開始開發之前就已經定義
- 著重在想解決的問題或需求，不用依賴實作或特定的解決策略
- 同時包括功能需求與非功能需求
- 驗收標準可以獨立驗證，彼此之間沒有關係

以「在電子報顯示橫幅廣告」的使用者故事為例，可以當作驗收標準的內容如下：

- 在 5 月發送的電子報中，顯示活動的橫幅廣告
- 可以測量橫幅廣告的點擊率
- 電腦與智慧型手機的郵件使用者不會出現設計跑掉的問題
- 如果郵件使用者端不支援圖片顯示，就顯示替代文字或連結

未完成的工作（Undone Work）

即使符合了三個完成標準，如果完成的定義未能保持在隨時可發布的狀態，代表發布之前仍有問題存在。例如，可能需要將多個服務組合起來進行整合測試、負載測試、安全性檢查、更新使用者文件。甚至需要提前通知業務部等相關部門。這些**到發布之前必須完成的剩餘工作稱作「未完成的工作」** 2-5 。

最好逐步將未完成的工作納入完成的定義中，貿然進行可能打亂開發節奏。根據目前完成的定義，整理、確認未完成的工作，再逐一將未完成的工作納入完成的定義中，耐心學習、練習、改善，然後逐漸擴大範圍（圖 2-10）。

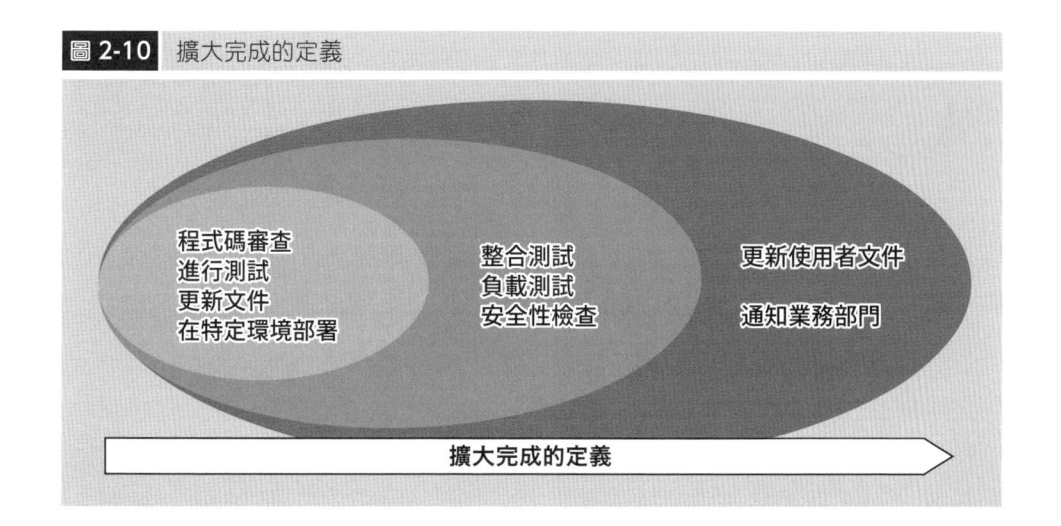

圖 2-10 擴大完成的定義

程式碼審查
進行測試
更新文件
在特定環境部署

整合測試
負載測試
安全性檢查

更新使用者文件
通知業務部門

擴大完成的定義

第 2 章
可以應用在「實作」的實踐

利用註解準備實作指南

P 虛擬碼程式設計

即使「已先討論過方針」或「可以透過拉取請求確認實作中的原始碼狀態」，實作過程也可能出現意料之外的發展。有一種方法可以避免這種情況，就是**一開始先用註解記錄實作的雛型及大致的處理流程，當作實作指南參考**（清單 2-1）。這種方法也稱作「**虛擬碼程式設計**（Pseudocode Programming Process）」 2-6 。

當作指南的註解包括以下項目：

- 類別／方法／函式範本
- 函式／方法內的處理流程
- 輸出入資料的說明
- 必須考量的錯誤處理

設計或實作很複雜，對個人而言，工作負擔過重，但是利用註解來準備指南，可以讓工作進行得比較順利。此外，當作指南的註解可以用中文說明，避免認知落差。在只輸入註解的階段，若無法瞭解處理內容，代表原始設計不良，這將是重新審視設計的絕佳時機。

負責人員編寫原始碼時，可以保留或刪除當作指南而準備的註解。如果團隊追求的是單憑原始碼就能傳達意圖的寫法，最好在增加原始碼的同時一併刪除註解。可是，部分設計可能無法只透過原始碼來傳達或理解其用意。此時，保留說明意圖的註解將能幫助閱讀該原始碼的人理解。考量到當作指南的註解和最後保留在原始碼中的註解功用不同，最好視狀況修改當作指南的註解。

清單 2-1 利用註解準備實作指南

```
/**
 * @brief 批次切換顯示多件優惠活動的橫幅廣告
 * @param 使用者 ID（未登入時傳送 NULL）
 * @return 顯示橫幅廣告的類別
 */
function getBulkBuyCampaignBannerType($userID) {
    $bannerType = BANNER_DEFAULT;

    if ($userID != NULL) {
        // 登入的使用者

        $orderCountDuringBulkBuyCampaign = 0;
        try {
            // 取得活動期間內的訂單數量

        } catch (\RuntimeException $exception) {
            // 如果無法取得訂單資訊，就顯示預設的橫幅廣告
            return BANNER_DEFAULT;
        }

        // 根據活動期間內的訂單數量改變顯示的橫幅廣告
        if ($orderCountDuringBulkBuyCampaign == 0) {
            // 顯示首購優惠的橫幅廣告

        } else {
            // 如果活動期間內有訂單，就顯示可以提高獎勵內容的橫幅廣告

        }
    } else {
        // 未登入的使用者
        // 顯示活動概要的橫幅廣告

    }

    return $bannerType;
}
```

2-2 分支策略

改過的部分又相衝了！修改原始碼再合併真的很麻煩！
發生很多次了嗎？
是啊！最近我才花了半天的時間修改這個程式碼⋯
如果一直發生問題，最好重新思考你的分支策略喔！
縮短分支的生存週期並逐步合併，應該可以降低發生相衝的機率！
可是，似乎無法改變目前以功能為單位所建立的分支啊⋯

同時開發並進行修改的使用準則

分支是多位開發人員同時進行開發時，分別管理程式碼的功能。以不同分支展開工作，可以在不妨礙彼此的情況下，同時進行開發。

分支策略

「分支策略」 2-7 是指同時進行多個工作時，把如何修改、合併（merge）的想法或方法整理在一起的內容。對要執行的原始碼同時進行多個工作時，若多人修改了同一個地方，就可能發生衝突而無法自動合併。此時，需要人工判斷應採用哪個修改方法。可是，如果判斷錯誤，可能造成修改矛盾，導致服務無法正常運作。分支策略就是用來避免這種問題的方法。思考分支策略時，有以下幾個考量重點：

- 需要哪些分支。其原因、目的和定位
- 連結執行環境（例如生產環境、開發環境）
- 發布步驟
- 可以更改生產環境或發布分支的人員及權限範圍

想快速且步步為營地進行開發，最重要的是「及早發現」。希望可以立即注意到不小心修改了相同地方，或修改不一致的問題。此外，還得經常取得使用者或利害關係人的回饋。因此，隨時合併且保持可發布狀態極為重要。愈長時間沒有合併，愈容易發生衝突，或出現修改不一致的問題，因而拉長進行合併的工時。

分支策略愈複雜，分支的生存週期就愈長，也愈容易拉長合併與發布所需的時間。所以我們必須努力**縮短分支的生存週期，維持健全穩定的主分支，以隨時發布至生產環境**。後面要介紹的主幹開發就能做到這一點，以下先介紹比較常見的 git-flow、GitHub Flow 等分支策略，方便各位對照理解。

git-flow

git-flow 是針對開發中最重要的「發布」而設計的。組合以下列出的分支，可以管理與發布有關的工作（圖 2-11）。

- 開發分支（Develop Branch）：管理開發中的原始碼
- 特性分支（Feature Branch）：進行功能實作和修正錯誤等開發工作
- 發布分支（Release Branch）：進行交付的準備工作
- 主分支（Main Branch）：管理可交付狀態的原始碼
- 修復分支（Hotfix Branch）：進行緊急的修正工作

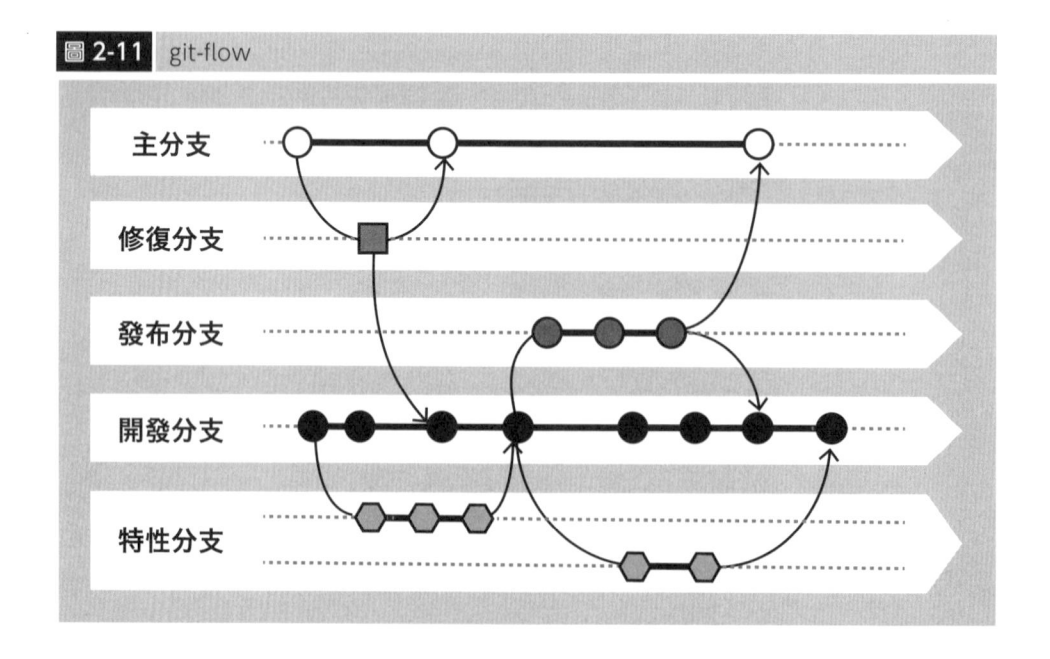

圖 2-11 git-flow

開始進行實作時，由開發分支建立特性分支，完成實作之後，合併回開發分支。發布之前，由開發分支建立發布分支，把發布前找到的問題修正之後，再合併回發布分支。發布分支的準備工作完成後，將發布分支合併到主分支。發布工作是從主分支開始進行。**這是以開發分支為基礎，積極運用依目的而準備的多個分支，以穩定發布版本的策略。**

傳送或發布產品時,將可以穩定執行的版本交給使用者是非常重要的課題。發布版本應包含哪些功能、發布版本能否與開發中的版本分開,另外進行操作驗證、發現問題時,是否可以進行修正而無需重新發布等,這些都是持續經營產品時,必須考量的重點。git-flow 極為重視發布,建立了分支管理規則,以確保發布之前的品質。這對於發布次數較少或不易傳送的產品非常有用。關於 git-flow 的詳細說明請參考「A successful Git branching model」2-8。

GitHub Flow

GitHub Flow 能隨時保持可發布主分支的狀態,因此分支管理比 **git-flow** 簡單(圖 2-12)。GitHub Flow 有六個規則,第二個及其後的規則都是為了第一個規則而存在。

1. 任何在主分支的內容都可以部署
2. 開始開發時,從主分支建立開發分支
3. 在已建立的分支上累積提交(**commit**),並定期將工作內容推送到 Git 主機服務上
4. 需要回饋或建議,或開發完成並認為可以合併分支時,建立拉取請求
5. 進行程式碼審查,拉取請求獲得核准後合併到主分支
6. 合併到主分支後,立即進行部署

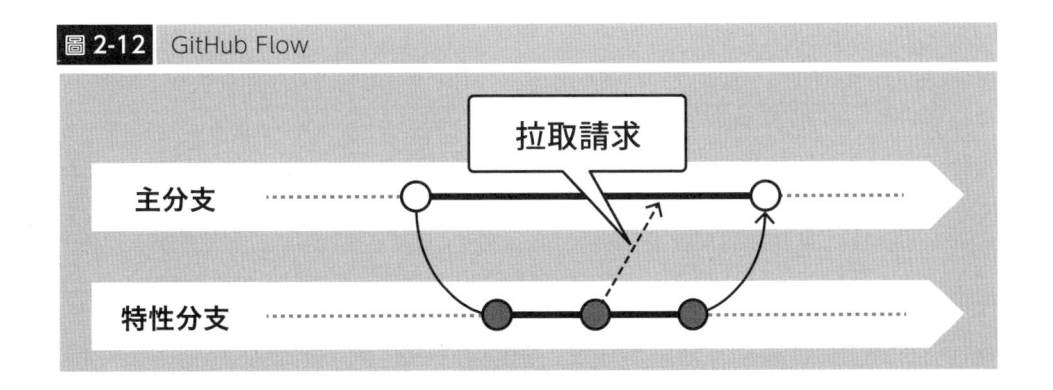

圖 2-12 GitHub Flow

如果是網路應用程式這種不需要傳送，卻要頻繁發布的情況，git-flow 的發布步驟就比較繁瑣。頻繁發布可以降低一次發現大量嚴重錯誤的風險，即使有錯誤，也能及早修正並重新發布。GitHub Flow 的詳細說明請參考「GitHub Flow」 2-9 。

累積頻繁的小規模提交來進行開發

🅿 主幹開發

「主幹開發（Trunk Based Development）」 2-10 是不建立分支，直接在唯一的主分支上累積頻繁的小規模提交來進行開發的分支策略（圖 2-13）。

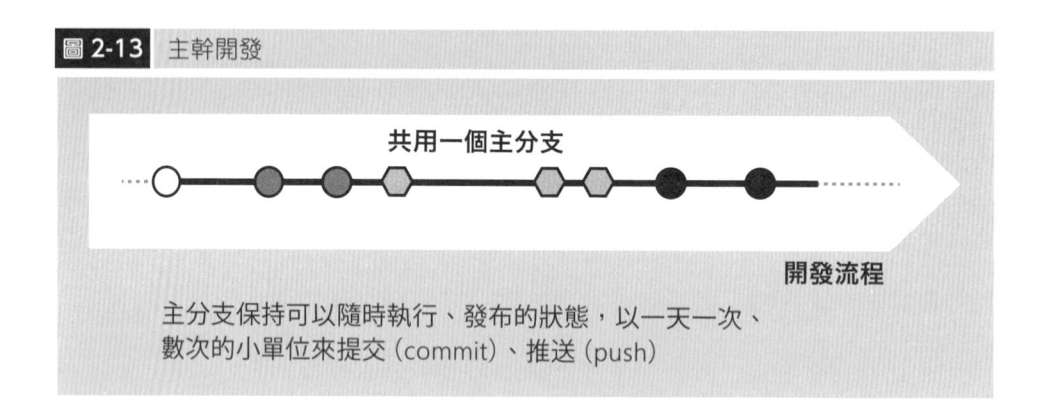

圖 2-13 主幹開發

共用一個主分支

開發流程

主分支保持可以隨時執行、發布的狀態，以一天一次、數次的小單位來提交（commit）、推送（push）

主幹開發（Trunk Based Development）的重點如下：

- 不建立特性分支

- 以一天一次到多次的小單位進行提交、推送

- 尚未完成的功能可以設定成「隱藏顯示」或「禁止執行」，在預設狀態下不執行該功能

- 主分支隨時保持通過測試、可執行、可發布的狀態

- 如果測試失敗或現有功能無法執行就立刻修復

將原始碼的修正分成小單位,頻繁合併到主分支,主分支就能保持最新進度。對最新版本的主分支持續進行自動化測試,一旦出現問題,立即回饋給開發人員,保持隨時可執行、可發布的狀態。

儘管如此,隨著開發人數增加,如果每個人都直接向主分支推送,就容易出現設計、命名規則不一致或主分支無法運作的情況。因此,還有一個方法是**建立短週期(約二~三天)分支,透過拉取請求進行程式碼審查,再合併到主分支**,當作主幹開發的應用(圖 2-14)。這張圖與 GitHub Flow 類似,但是在主幹開發中,分支的週期短,功能尚未完成時,就開始合併。與直接在主分支累積提交相比,大部分的團隊比較能接受這種方法。

圖 2-14 大型團隊的主幹開發

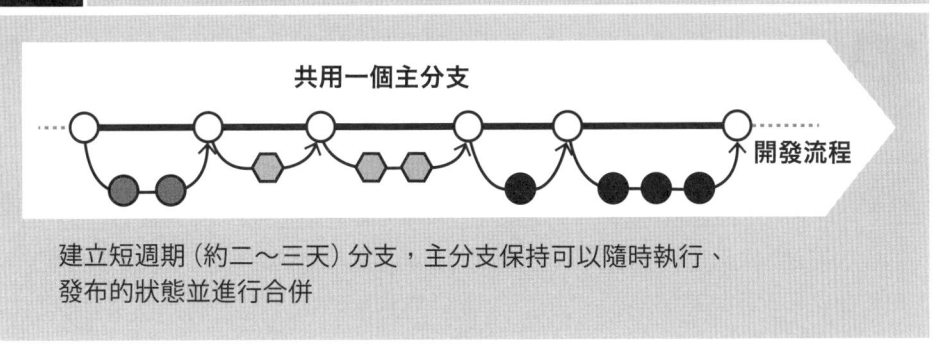

共用一個主分支

開發流程

建立短週期(約二~三天)分支,主分支保持可以隨時執行、發布的狀態並進行合併

如果採取的分支策略是讓特性分支長期存續,每次進行重大功能開發或發布時,通常都需要「讓運作穩定的閉鎖期間」。一旦在特性分支上的開發時間拉長,偏離主分支時,原始碼就容易發生衝突,處理成本也會增加。此時,如果試圖整理現有方式並進行大規模修改,發生衝突的機率會更高。因此,即使在特性分支中發現設計或實作上有瑕疵的原始碼,大多無法徹底修正,或者為了避免衝突而不得不進行不完美的修正。這樣會增加維護性差的原始碼,使得程式碼庫(Code Base)膨脹到無法維護,形成龐大的技術負債。採用主幹開發的優點恰好與此相反,其優點如下:

第 2 章
可以應用在「實作」的實踐

- **縮短合併所需的時間**
  修正的差異變小，比較容易進行程式碼審查
  頻繁進行小規模整合，原始碼比較不易發生衝突

- **發生問題時，比較容易進行調查**
  頻繁自動測試主分支可以及早發現問題
  最近的修正很可能是引發問題的原因，因此能縮小調查範圍

- **驗證組合變簡單**
  可以將操作驗證的對象集中到主分支上
  跨多個服務的操作驗證也可以在主分支之間進行

儘管主幹開發看起來盡是優點，但是除了要準備自動化測試外，還必須在保持運作狀態下，小規模整合開發中的功能。

Q&A 不曉得與目前的分支策略有何差別

使用拉取請求在一個主分支上進行開發的團隊，可以算是採用了主幹開發的分支策略嗎？我們現在處理的使用者故事很複雜，不曉得能不能把拉取請求分成更小……。

把使用者故事對應的修正拆解成多個小修正，並隨時合併到主分支，就算是主幹開發。分支或拉取請求的生存週期最長不要超過二～三天。

Q&A 何時進行程式碼審查

如果是主幹開發，什麼時候要進行程式碼審查？目前我們的團隊規定在合併拉取請求之前進行程式碼審查。

如果和圖 2-14「大型團隊的主幹開發」介紹的一樣，使用短週期分支與拉取請求的話，可以在傳送拉取請求時進行程式碼審查。另一種方法是，採用 2.5 小節介紹的結對程式設計或群體程式設計，邊進行程式碼審查邊開發。

> **Q&A　擔心改變一貫的作法**
>
> Git 可以輕易切換分支,所以使用分支不是更好?
>
> 當你以發布為主來思考分支策略時,如果對主幹開發感興趣,不妨試試看。主幹開發可能讓人覺得實踐起來有難度,但是你可以隨時改回原本的作法。請和團隊一起設定一段期限嘗試看看吧!

保持運作狀態並進行小規模合併的機制

功能旗標

如果要進行主幹開發,需要可以讓產品維持運作狀態,同時在功能未完成時,進行小規模合併的機制。利用「**功能旗標(Feature Flag)**」 2-11 就可以達到這個目標。功能旗標像是嵌入原始碼內的軟體開關,**可以在沒有部署的情況下,從系統外部改變行為**(圖 2-15)。 開關狀態分成開與關兩種。先在關閉狀態下進行實作,確保不會執行該功能。等到完成這個功能的開發工作並部署後再開啟,系統的行為就會產生變化,讓功能正常運作。換句話說,部署與發布的時機可以分開。功能旗標又稱作功能切換(Feature Toggle)或功能開關(Feature Switch)。

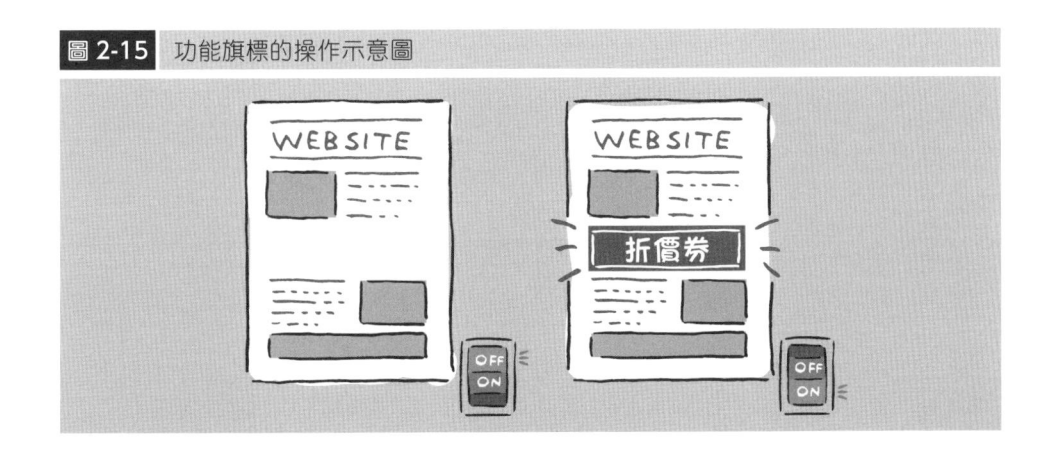

圖 2-15　功能旗標的操作示意圖

先使用功能旗標關閉該功能，即使仍在實作中，也可以合併至主分支。由於每個拉取請求都變小了，程式碼審查變得比較輕鬆。雖然編寫原始碼時，必須注意軟體開關的問題，但是這樣做是有好處的。

功能旗標非常方便，不僅可以暫時停用正在實作的功能，而且還有其他用法。在「Feature Toggle Types」2-12 介紹了以下用途：

- 發布：控制發布功能的時機
- 實驗：執行 A/B 測試
- 運作：在系統負載變高時禁用功能
- 許可：開放部分使用者進行 β 測試

原始碼上的功能旗標不過是用來進行條件分歧的標記，自行建置也不難。但是實際使用功能旗標時，可能會想依照條件自動切換旗標，或希望有可以切換旗標的管理介面。只要使用以下列舉的 SaaS（※2-2），就能以特定期間或特定使用者為對象來進行操作（圖 2-16）。

- Firebase Remote Config
- LaunchDarkly
- Unleash
- AWS AppConfig
- Bucketeer

不過，功能旗標也有缺點。如果在發布後或完成 A/B 測試後，留下不再需要的功能旗標切換處理，可能會讓原始碼變得難懂。此時，需要在某個時機將其刪除。此外，操作多個 Feature Toggle 時，開關狀態的組合會變複雜，很難測試所有組合。因此，請隨時整理不需要的功能旗標及相關處理。

※2-2　SaaS：這是 Software as a Service 的縮寫，是指可以透過網際網路使用的軟體服務。

圖 2-16 功能旗標的設定範例（Firebase Remote Config）

需要長生命週期的分支

定期合併至長生命週期的分支

如果要頻繁發布，採取主幹開發模式比較適合，但是有時也需要無法與長生命週期的主分支合併的長生命週期分支。此時，必須同時進行多個版本的開發工作。不過，如果在與主分支平行的分支上累積了不同的變更時，貿然合併分支可能會發生衝突而造成麻煩。由於同時進行開發，很難事先察覺到合併時會不會發生衝突，以及要花多少時間才能解決衝突。

此時，可以採取將主分支的修正定期合併到平行的長生命週期分支上，減少合併時發生衝突問題的方法（圖 2-17）。定期從主分支合併至平行的分支，**可以提前支付最後合併時，解決衝突所需要的成本，並減少衝突的次數**。將定期合併的間隔縮短成「每天/每晚」，可以縮小一次要處理的修正/變更量或範圍。即使發生衝突，也容易確認原因、解決問題。

圖 2-17 定期合併至長生命週期的分支

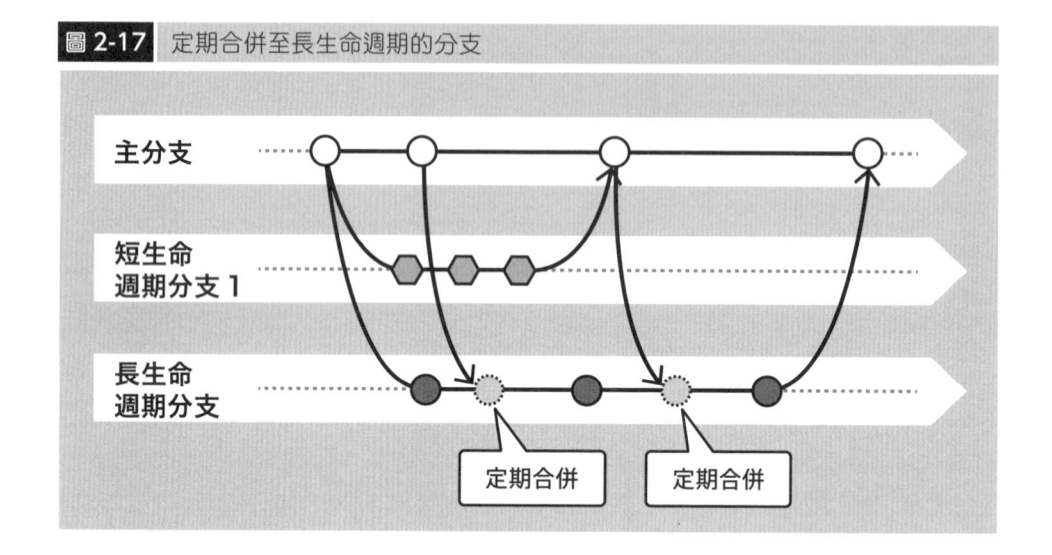

```
主分支

短生命
週期分支 1

長生命
週期分支
                    ↑定期合併    ↑定期合併
```

定期合併至長生命週期分支的優點如下：

- 如果經常合併失敗，可以判斷長生命週期分支不穩定

- 處理長生命週期分支的開發人員或團隊可以選擇以下其中一種方式
  解決衝突並支付與主分支同步的成本
  支付將長生命週期分支的生存週期縮短的開發成本

定期合併只要用少量工時就能自動化，不過如果使用了 GitHub，就可以利用簡單的 UI 操作同步、合併基礎分支（Base Branch）（※2-3）的變更，但是這種作法必須符合以下條件：

- 拉取請求的分支與基礎分支之間沒有合併衝突

- 拉取請求的分支尚未與基礎分支的最新版本同步

- 設定條件，合併至基礎分支之前，要把拉取請求的分支更新至最新狀態，或開啟隨時建議更新分支的設定

※2-3 基礎分支：建立新分支時的原始分支。

2-3 提交（commit）

撰寫標準的提交訊息

提交（commit）是組態管理系統（Configuration Management System）中的變更單位，可以追蹤變更記錄，是很重要的功能。提交時，會將原始碼的修正與變更意圖一起當作提交訊息（Commit Message）記錄下來。以下將說明撰寫提交訊息時，必須注意的重點。

考量到閱讀者的提交訊息

撰寫提交訊息的目的是為了方便瞭解修改原始碼的意圖。因此必須意識到這是為了負責程式碼審查的團隊成員，或讓將來再次閱讀原始碼的自己能看懂而寫的。以下是 Git 手冊 2-13 推薦且被廣泛使用的提交訊息格式（圖 2-18）。

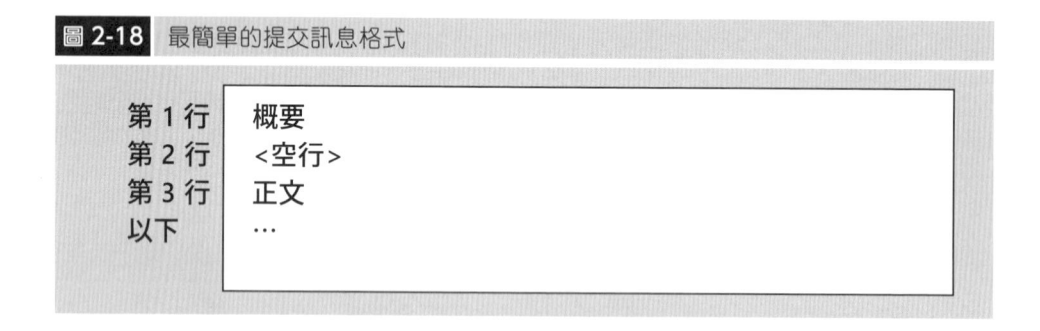

圖 2-18 最簡單的提交訊息格式

第 1 行	概要
第 2 行	<空行>
第 3 行	正文
以下	…

第 1 行記錄概要，第 2 行插入空行，第 3 行開始輸入詳細說明。許多 Git 用戶端已經設計成按照這個格式撰寫提交訊息時，只在提交歷史記錄顯示第 1 行概要。這樣在確認提交歷史記錄時，比較容易掌握重點，因此請先按照這種基本格式撰寫提交訊息。第 3 行之後的正文可以插入空行分段或使用條列式來增加易讀性，方便閱讀者理解。

即使你試圖詳細寫出提交訊息，仍可能忘記寫上修正意圖或背景說明。儘管從原始碼的差異可以瞭解做了何種修正，卻無法記得為何修正。如果修正的背景透過電子郵件、對話、口頭說明、專案管理系統等其他管道來溝通，而

不是提交訊息，之後很難追溯記錄，找出當初的說明。因此，**請在提交訊息中清楚寫出修正原因**。此外，**如果曾與外部系統進行溝通，請先保留主旨與連結資料**。這些細節可以提高程式碼審查的效率，比較容易掌握將來修正時的關鍵。

> **Q&A 撰寫提交訊息時使用的語言**
>
> 為什麼不用英文撰寫提交訊息呢？英文是 IT 界的標準語言，而且要跟上先進的技術，也需要具備英文能力。我們從平常開始，就用英文進行開發工作，提升自我能力吧！
>
> 這種想法很棒，但是必須讓所有參與開發的人都同步才行。如果用不熟悉的英文撰寫，因而漏掉修正意圖或背景反而本末倒置。若覺得使用英文讀寫的負擔過重，也可以考慮用中文撰寫。

不同目的的修正別合併成一個提交

依目的分別寫出提交

最重要的是，別把不同目的的修正合併成一個提交。提交訊息寫得不好，交代不清楚，可能是因為混入不同目的的修正。請把提交分開，寫出可顯示具體修正內容的提交訊息，讓修正目的一目瞭然（圖 2-19）。

圖 2-19 提交訊息混合了不同目的的修正

搜尋結果排序錯誤的問題及其他修正

- 把依照 ID 排序的商品搜尋結果改成依價格排序
    close#1217
- 修正 lint 找到的問題
- 修正 README 與舊開發環境有關的內容

第 2 章
可以應用在「實作」的實踐

📖 在提交加上前綴

以下將介紹 AngularJS 專案（※**2-4**）的前綴（※**2-5**），當作思考提交目的的一個例子。 AngularJS 專案在指南定義了提交訊息的開頭所包含的固定前綴。

表 2-2 AngularJS 專案的前綴與用途

前綴	用途
feat	新功能
fix	修正錯誤
docs	只更改文件
style	不影響功能的變更（空白、格式、忘記加上分號等）
refactor	外部看起來功能沒變，只整理原始碼的內部結構
perf	改善效能
test	增加測試、修正現有測試
chore	構建流程、生成文件等輔助工具或程式庫的變更

前面的提交訊息範例混合了三種目的。依不同目的分成三個提交並加上前綴，就能進行以下改善（圖 2-20）。

瞭解前綴之後，可輕易提交各種目的的修正，減少混合不同目的的情況。拆解提交能清楚寫出修正概要，讓提交歷史記錄一目瞭然。由於程式碼審查變容易，使得日後搜尋提交日誌（commit log）變方便，進而改善了開發效率。

即使設定了前綴，如果無法清楚傳達意圖，也會對閱讀者造成干擾，撰寫者在提交時也會感到迷惘。因此，**請在儲存庫的 README 檔案或團隊的提交訊息指南中，寫清楚採用了哪些前綴。**

※**2-4** AngularJS：這是屬於開放原始碼的前端網頁應用程式框架。
※**2-5** 前綴：前置詞。這是指加在開頭的特定字串。

2-3 提交（commit）

圖 2-20 依目的拆解提交並加上前綴

```
fix: 修正搜尋結果排序錯誤的問題

把依照 ID 排序的商品搜尋結果改成依價格排序。close#1217
```

```
style: 修正 lint 找到的問題
```

```
docs: 修正 README 與舊開發環境有關的內容
```

除了文字之外，也能用表情符號顯示前綴。「gitmoji」整理了表情符號與其含義，請當作參考。在前面拆解成三個提交訊息的範例中，改用表情符號取代前綴的結果如下（圖 2-21）。使用表情符號能讓修正的目的與意圖一目瞭然。

圖 2-21 用表情符號取代前綴

```
🐛 修正搜尋結果排序錯誤的問題
```

```
🎨 修正 lint 找到的問題
```

```
📄 修正 README 與舊開發環境有關的內容
```

gitmoji 還提供了 CLI 工具，透過 `gitmoji -c` 執行提交，可以幫助你選擇表情符號。此外，還有能以互動方式建立提交訊息的「Commitizen」，以及封裝工具「git-cz」（圖 2-22）。這些工具可以協助你寫出考量到閱讀者的提交訊息，不過有些人認為這樣做有點矯枉過正。建議實際試用之後，再選擇能持續使用的工具。

63

第 2 章
可以應用在「實作」的實踐

圖 2-22 git-cz 的使用範例

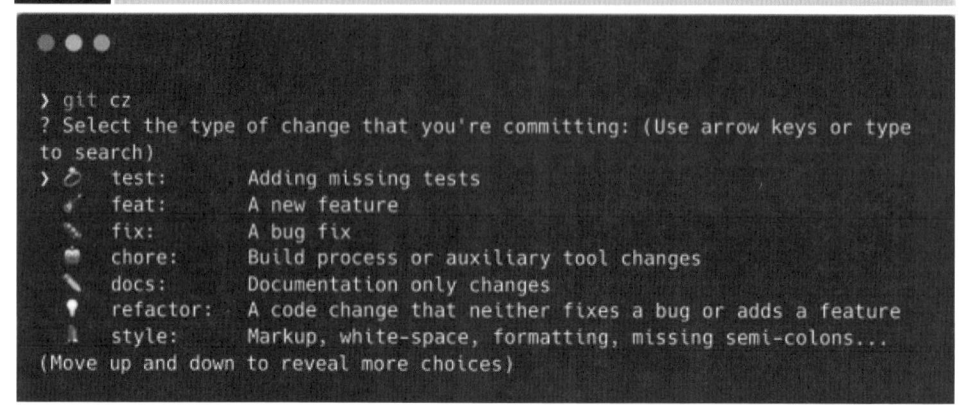

```
> git cz
? Select the type of change that you're committing: (Use arrow keys or type
to search)
> 🐛  test:      Adding missing tests
     feat:      A new feature
     fix:       A bug fix
     chore:     Build process or auxiliary tool changes
     docs:      Documentation only changes
     refactor:  A code change that neither fixes a bug or adds a feature
     style:     Markup, white-space, formatting, missing semi-colons...
(Move up and down to reveal more choices)
```

修改提交歷史記錄的方法

修改提交歷史記錄

即使注意到「寫出考量到閱讀者的提交訊息」、「依目的拆解提交」等重點，後來仍可能發現需要合併或拆解的提交（圖 2-23）。

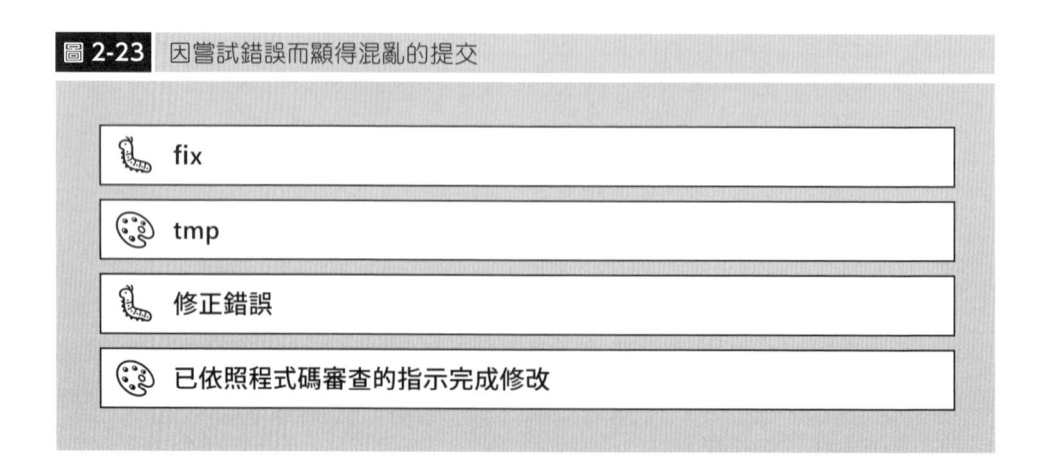

圖 2-23 因嘗試錯誤而顯得混亂的提交

| 🐛 fix |
| 🎨 tmp |
| 🐛 修正錯誤 |
| 🎨 已依照程式碼審查的指示完成修改 |

Git 可以重寫提交歷史記錄，雖然操作有點困難，但是請一定要記下來。有些編輯器還提供支援工具。

① 修改最近的提交：git commit --amend

如果想修改最近的提交，如「有未儲存的修改」、「實際上沒通過測試」等，可以使用這種方法。操作很簡單，使用 `git add` 把修改內容加到暫存區後再執行 `git commit --amend`。此時，會顯示最近的提交訊息編輯畫面，依照需求修改提交訊息，完成提交，就能修改最近的提交（圖 2-24、清單 2-2、清單 2-3）。

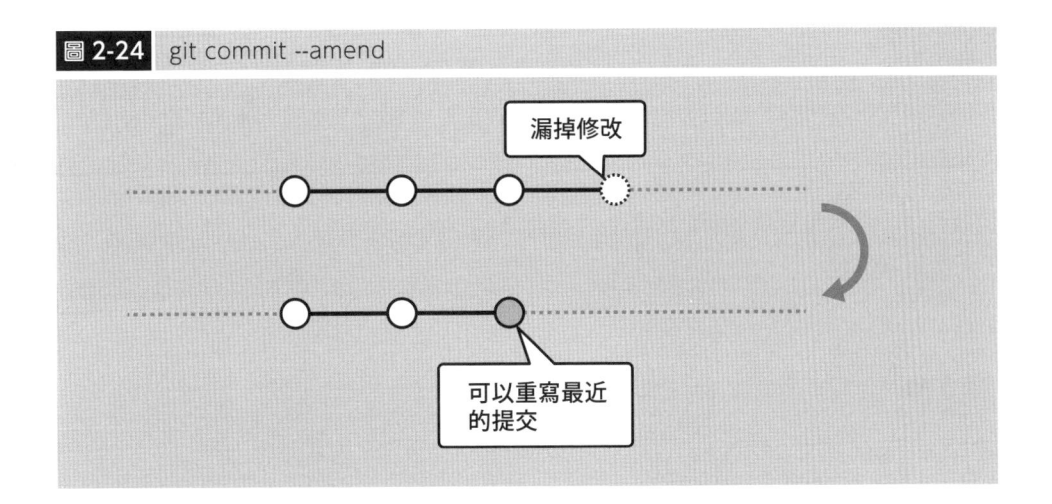

圖 2-24 git commit --amend

漏掉修改

可以重寫最近的提交

清單 2-2 用 git add 把修改內容加到暫存區後再執行

```
git commit --amend
```

清單 2-3 編輯、完成提交訊息

```
1 加上 README 的範本
2
3 # Please enter the commit message for your changes. Lines starting
4 # with '#' will be ignored, and an empty message aborts the commit.
5 #
6 # Date:      Sun Jun 5 08:31:15 2022 +0900
7 #
8 # On branch master
9 #
```

第 2 章
可以應用在「實作」的實踐

② 重寫提交歷史記錄：git rebase --interactive

如果要重寫最近一次提交以外的歷史記錄，可以在 rebase 命令加上 --interactive 選項（或縮寫成 -i 選項），以互動模式進行 rebase 處理（※2-6）。在 `git rebase --interactive` 之後，給予要重寫提交歷史記錄的起點（如 HEAD～2 或提交雜湊值），接著啟動編輯器，指示如何重寫後續的提交（清單 2-4、清單 2-5）。

清單 2-4 以互動模式進行 rebase 處理

```
> git log --oneline
833b305 (HEAD -> master) 描述測試方法
34000de 描述用法
388885a 描述概要
f1bde27 加上 README 的範本

> git rebase -i f1bde27
```

清單 2-5 在編輯器指示如何修改提交歷史記錄

```
 1 pick 388885a 描述概要
 2 pick 34000de 描述用法
 3 pick 833b305 描述測試方法
 4
 5 # Rebase f1bde27..833b305 onto f1bde27 (3 commands)
 6 #
 7 # Commands:
 8 # p, pick <commit> = use commit
 9 # r, reword <commit> = use commit, but edit the commit message
10 # e, edit <commit> = use commit, but stop for amending
11 # s, squash <commit> = use commit, but meld into previous commit
```

rebase 處理有幾個命令可以使用，在啟動的編輯器內，有用註解說明了這些命令。不過，提交歷史記錄的更改模式有限制，建議先記住運用範圍較廣的「edit/squash」，熟悉之後再嘗試其他命令。此外，只要在編輯器上更改提交的順序就能調整先後（圖 2-25、表 2-3）。

※**2-6** rebase 處理：這是指修改提交歷史記錄或合併其他分支變更的操作。

2-3 提交（commit）

圖 2-25 使用 git rebase --interactive 可以執行的操作

重寫提交
reword/edit

合併提交
squash/fixup

更改提交的順序

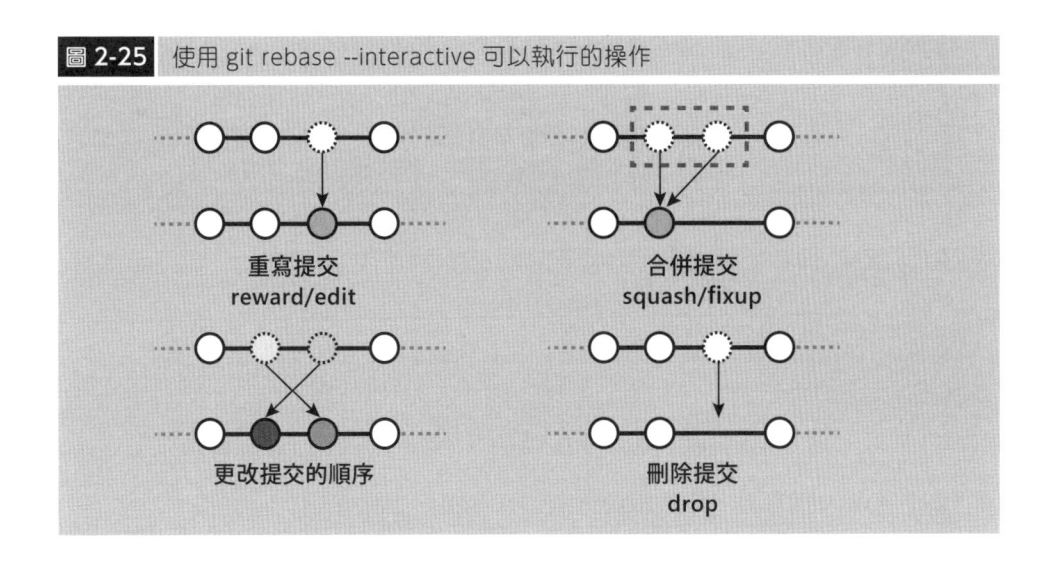

刪除提交
drop

表 2-3 git rebase --interactive 的主要操作說明

命令	含義
p、pick	直接使用提交
r、reword	只編輯提交訊息
e、edit	・修改提交內容 ・在此暫停 rebase 處理
s、squash	・合併到上一個提交 ・提交訊息將兩者連在一起
f、fixup	・合併到上一個提交 ・只使用上一個提交的提交訊息
d、drop	・刪除提交 ・刪除提交列也有相同效果

如果要重新排列「描述用法」與「描述測試方法」的提交順序，修改「描述測試方法」的提交時，可以在啟動中的編輯器重寫以下內容。依照由上到下排列的提交順序，使用指定命令修改提交歷史記錄。需要修改提交內容時，rebase 處理會暫停，完成修改後，再使用 `git rebase --continue` 繼續執行 rebase 處理（清單 2-6）。

第 2 章
可以應用在「實作」的實踐

清單 2-6 重新排列提交順序並修改描述測試方法的提交內容

```
1  pick 388885a 描述概要
2  edit 833b305 描述測試方法          重新排列提交順序,將修改內容加在
3  pick 34000de 描述用法              833b305,因此將 pick 改為 edit
4
5  # Rebase f1bde27..833b305 onto f1bde27 (3 commands)
6  #
7  # Commands:
8  # p, pick <commit> = use commit
9  # r, reword <commit> = use commit, but edit the commit message
10 # e, edit <commit> = use commit, but stop for amending
11 # s, squash <commit> = use commit, but meld into previous commit
```

③ 修改任何一個提交:git commit --fixup=<commit>

互動模式的 rebase 可以重寫所有提交歷史記錄,但是習慣依目的拆解提交後,「忘記修改變數名稱」等小修正會變多。為了這些小修正,每次都要在互動模式的 rebase 下達命令非常麻煩。如果要修改任何一個提交,在提交加上 --fixup 選項,就能輕易執行 rebase 操作。

在建立「388885a」→「b425e66」→「664ff1a」提交歷史記錄的狀態下,若想在「b425e66」加上修改,只需在引數加入想修改的提交雜湊值再提交。

```
$ git commit --fixup=b425e66
```

這個階段只會在「664ff1a」的後面建立一個新的提交「e042b14」。利用 --autosquash 選項指定成為變更起點的提交雜湊值(「b425e66」之前的「388885a」),執行 rebase 處理後,就會修改提交歷史記錄。

```
$ git rebase --autosquash 388885a
```

將更改對象「b425e66」與用 --fixup 建立的提交「e042b14」合併成新的提交「34000de」,後面的歷史記錄「664ff1a」也重寫成「833b305」(圖 2-26、清單 2-7、清單 2-8)。

2-3 提交（commit）

圖 2-26 git commit --fixup=<commit>

想加入修正的提交

堆疊 --fixup 提交

利用 rebase 重寫提交
歷史記錄

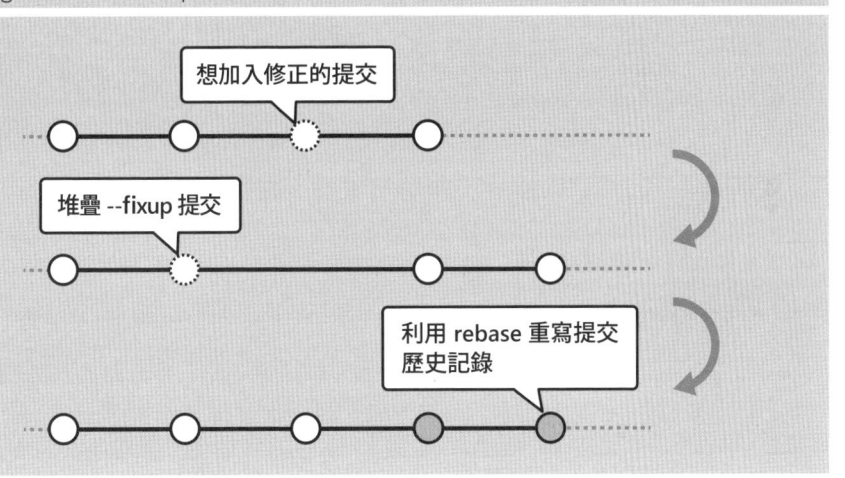

清單 2-7 使用 fixup 重寫 b425e66 的提交

```
> git log --oneline
664ff1a (HEAD -> master) 描述測試方法
b425e66 描述用法
388885a 描述概要
f1bde27 加上 README 的範本

> git commit --fixup=b425e66
[master e042b14] fixup! 描述用法

> git log --oneline
e042b14 (HEAD -> master) fixup! 描述用法
664ff1a 描述測試方法
b425e66 描述用法
388885a 描述概要
f1bde27 加上 README 的範本

> git rebase -i --autosquash 388885a
Successfully rebased and updated refs/heads/master.

> git log --oneline
833b305 (HEAD -> master) 描述測試方法
34000de 描述用法
388885a 描述概要
f1bde27 加上 README 的範本
```

69

清單 2-8 指示要重寫以 git rebase -i --autosquash 388885a 顯示的提交歷史記錄

```
 1  pick b425e66 描述用法 # empty
 2  fixup e042b14 fixup! 描述用法 # empty
 3  pick 664ff1a 描述測試方法 # empty
 4
 5  # Rebase 388885a..e042b14 onto 388885a (3 commands)
 6  #
 7  # Commands:
 8  # p, pick <commit> = use commit
 9  # r, reword <commit> = use commit, but edit the commit message
10  # e, edit <commit> = use commit, but stop for amending
11  # s, squash <commit> = use commit, but meld into previous commit
12  # f, fixup [-C | -c] <commit> = like "squash" but keep only the previous
13  #                    commit's log message, unless -C is used, in which case
14  #                    keep only this commit's message; -c is same as -C but
15  #                    opens the editor
```

將 git 的 `rebase.autosquash` 選項設定為 `true`，就不需要每次都設定 `--autosquash` 選項。執行以下命令，可以將 `autosquash` 選項當作 Git 的整體設定，隨時套用在本機開發環境。

```
$ git config --global rebase.autosquash true
```

到目前為止，介紹了重寫／合併提交歷史記錄的方法，但是拆解提交的方法只能使用 `git add -p`，選擇性提交一個檔案內的修正。由於合併提交比較簡單，建議平時就養成進行小規模提交的習慣（清單 2-9）。

使用主分支或共用分支時，可能因為重寫提交歷史記錄而誤刪需要的提交。因此，請將提交歷史記錄的重寫對象限制在尚未與團隊成員共用之前的提交。

2-3 提交（commit）

清單 2-9 使用 git add -p 可以個別確認是否包含提交

```
> git add -p
diff --git a/index.html b/index.html
index 8569077..b0ad8d0 100644
--- a/index.html
+++ b/index.html
@@ -1,6 +1,6 @@
 <html>
   <body>
-    <h1>Agility Weave</h1>
+    <h1>網路銷售寵物用品 |Agility Weave</h1>
     <p>請在 Agility Weave 購買寵物用品。</p>
   </body>
 </html>
(1/1) Stage this hunk [y,n,q,a,d,e,?]?
```

依照想讓閱讀者理解的順序排列提交

像故事一樣排列提交

別以開發時的順序直接堆疊提交，要**依照希望閱讀者理解的流程重新排列**，這樣可以讓以提交為單位進行的程式碼審查變得比較輕鬆 `2-14`。請試著依目的拆解提交，用說故事給閱讀者聽的方式排列順序（圖 2-27）。

請按照想傳達給對方的修改流程排列提交歷史記錄，例如「進行了重構（※**2-7**）並分批增加功能」、「已按照期望寫出測試並修正錯誤，最後進行了重構」等。撰寫報告或說明內容時，通常會用中文寫故事並安排內容。同樣地，修改原始碼時，也要推敲內容，避免讓閱讀者解讀雜亂無章的提交。

此外，把批次取代或用工具進行的機械化修改分開提交也有不錯的效果。利用編輯器或工具更改格式，或批次取代變數 / 函式 / 字串時，修改範圍容易變得太大，很難進行全面性的程式碼審查。將這種修改提交與其他重要的提交分開，可以判斷要不要跳過該提交的程式碼審查。將執行機械化修改的工

※**2-7** 重構：這是指整理內部結構，但是外部看到的軟體行為不變。

第 2 章
可以應用在「實作」的實踐

具名稱或轉換命令包含在提交訊息或拉取請求內,可以讓審查人員將注意力集中在這些工具執行的取代或命令本身是否合理上。

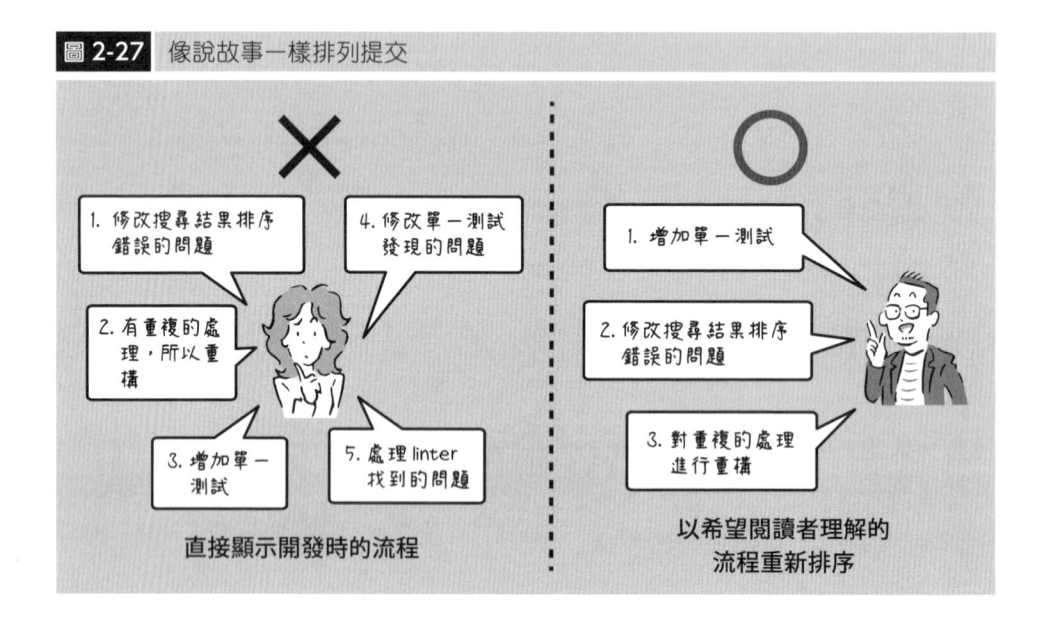

圖 2-27 像說故事一樣排列提交

✗
1. 修改搜尋結果排序錯誤的問題
4. 修改單一測試發現的問題
2. 有重複的處理,所以重構
3. 增加單一測試
5. 處理 linter 找到的問題

直接顯示開發時的流程

◯
1. 增加單一測試
2. 修改搜尋結果排序錯誤的問題
3. 對重複的處理進行重構

以希望閱讀者理解的流程重新排序

2-4 程式碼審查

第 2 章
可以應用在「實作」的實踐

程式碼審查的目的

P 共同擁有原始碼

筆者認為程式碼審查的最大目的是「**由原始碼編寫者的所有物變成團隊共有物**」 2-15 。共同擁有原始碼是指「團隊全員可以隨意修改儲存庫的任何部分，而且每個人都要對全部的原始碼負責」。

隨著組態管理系統的發展，程式碼審查變得更加頻繁。然而，因為看法不同，有時會出現意見交流冗長、氣氛變僵，甚至爭吵的情況。有些人進行程式碼審查時，會「吹毛求疵，檢查邏輯是否正確，確認有沒有錯誤」，但是透過程式碼審查發現錯誤是成本高且困難的工作，需要技巧才能在程式碼審查中找到錯誤，可以負責這項任務的人數有限。如果程式碼審查集中在一個人身上，不僅工作負擔會增加，也可能在無意之間成為儲存庫的守門員。如果想確認有沒有錯誤，應該仔細編寫測試碼。即使有些地方不易寫好，開發人員也應該仔細確認是否能正常執行。

圖 2-28 進行積極、有建設性的審查

要讓團隊共同擁有原始碼，就要消除只有領導者或管理者等少數代表才能核可／批准程式碼的情況。只有少數人能核可／批准程式碼的優點是，責任歸屬明確，負責人提出的程式碼審查建議容易被接受，即使意見相左，也不容易發生爭執。但是，這是一把雙面刃。如果團隊認為「原始碼是由負責人管理」，這樣就不算是共有了。

重點是要把注意力放在原始碼上而不是人。你可以直接表示「原始碼的這個部分有點難懂」。即使導入了不熟悉的設計或技術，也應該視為團隊學習、成長的機會來加以運用。

Q&A　評估原始碼難懂與否的標準

欣守表示「原始碼很難懂」，但是我覺得是他不夠瞭解設計的緣故。

找個機會向欣守口頭說明吧？如果口頭說明還是無法理解，代表真的很難瞭解原始碼的意圖。「Ten minutes explanation or refactor」 2-16 提出了一個概念，「如果無法在十分鐘內解釋清楚，可以當作是進行重構的好機會」。

程式碼審查的作法

雖然程式碼審查的結構很簡單，包括閱讀原始碼、回饋意見、進行修改／改善等步驟，卻有幾個必須考量或改進的重點。

積極參與程式碼審查

實作、程式碼審查、測試都是發布產品時的必要步驟。程式碼審查更是開發過程中的重要工作，如果可以盡早進行程式碼審查，就有機會早一點交付產品。因此請讓所有成員都成為審查者來參與程式碼審查。

第 2 章
可以應用在「實作」的實踐

程式碼審查是改善成果的過程，卻不會產生新的成果。即使全神貫注在程式碼審查上，也不一定可以提高產品價值。要提出積極、有建設性的回饋，避免過度堅持而花費額外的成本。進行程式碼審查時，必須注意以下成本：

- 審查者進行程式碼審查時花費的時間
- 核准合併需要的審查人數
- 審查者根據回饋改善原始碼所花的時間
- 關心審查者與被審查者的精神疲勞問題

P 檢視整個原始碼進行程式碼審查

利用拉取請求進行程式碼審查時，應一併檢視「修改過的原始碼附近的內容」。拉取請求通常以修改過的原始碼差異為主，只會顯示特定範圍。雖然拉取請求的檢視範圍看起來沒有問題，但是稍微擴大範圍之後，可能會發現一些奇怪的修改內容。因此，請在本機開發環境等顯示修正後的原始碼，並一併確認附近的原始碼。有一些工具可以連結編輯器與 Git 主機服務，在編輯器上顯示拉取請求並加上註解（表 2-4）。反之，也有部分服務可以在 Git 主機服務啟動編輯器，例如「GitHub Codespaces」。請利用編輯器的功能檢視整個原始碼，進行程式碼審查。

表 2-4　連結編輯器與 Git 主機服務的工具

編輯器	Git 主機服務	工具名稱
Visual Stuido Code	GitHub	GitHub Pull Requests and Issues
Visual Studio Code	GitLab	GitLab Workflow
IntelliJ Idea	GitHub	GitHub Plugin
IntelliJ Idea	GitLab	GitLab Merge Requests Plugin

在團隊內指派審查者

指派審查者時，可能基於以下原因而按照特定原則決定，或從團隊成員中隨機指派幾個人。

- 儲存庫有所有者 / 技術負責人 / 負責的團隊
- 程式碼審查的工作負擔很大，希望所有成員一起分擔
- 即使請求對方進行程式碼審查，但是大部分的人都不願意
- 每次都由同一個人負責，希望可以自動決定人選

機械式指派審查者可以使權責明確，乍看之下似乎不錯，但是執行程式碼審查的時間取決於被指派的成員，有時可能會等上幾天，而且該成員也可能有其他重要的工作或其他安排。如果有機械式指派審查者的機制，未被選中的成員可能不會積極參與審查。

要縮短交付時間，最好讓有空的成員可以積極參與程式碼審查。雖然在團隊或小組內指派審查者可以確定負責人，不過這樣可能導致程式碼審查的工作集中在某些人身上。與其敦促不參與程式碼審查或藉口忙碌而拒絕的人，倒不如設定 WIP 限制。建立沒有進行程式碼審查，就不能開始下一個實作的規定，營造出同心協力完成程式碼審查的氛圍。

程式碼所有者的設定

如果儲存庫有所有者或負責人，必須由特定人員進行程式碼審查時，可以使用 Git 主機服務提供的功能。例如，使用 GitHub 上的「CODEOWNERS」檔案，在合併分支時的檢查項目，設定強制由程式碼所有者進行審查。還可以根據程式設計語言或目錄路徑更改負責人。詳細用法請參考 GitHub 的文件 2-17。

工具找到的問題就交給工具處理

📘 運用 linter、formatter

可以用工具找到的問題就交給工具處理，把審查者的時間用在工具無法發現的部分。在各種程式設計語言和工具中，都有**分析原始碼，確認是否遵循指南的靜態分析工具（linter）**與**統一原始碼格式的工具（formatter）**存在。請根據實際使用的程式設計語言與工具來導入。以下整理了一些主要的工具（表 2-5、表 2-6）。

GitHub Actions 提供的「super linter」包含多個 linter，它支援的 linter 比上面介紹的工具更多。隨著程式設計語言與工具的進步，日後可能出現更方便的產品取而代之，成為主流。這裡介紹的工具只是撰寫本書時的其中一個例子，請當作參考。

導入 linter 和 formatter 時的問題

儘管 linter 和 formatter 非常方便，導入時卻可能發生以下問題：

- 不知道如何設定 linter / formatter
- 第一次導入時，可能發生大規模更改原始碼的情況
- 可能忘記執行這個工具

首先，要決定如何設定 linter / formatter。linter 和 formatter 是根據特定的指南進行運作，其行為可以利用工具提供的設定檔詳細自訂。可是，從零開始建立指南通常不划算。工具的預設值或普遍公開的指南是由社群或具備技術能力的企業花費成本製作而成，要自行建立更好的結果非常不容易。即使沒有盡如人意，也建議以現有的指南為基礎，將不適用的部分排除或禁用即可。

表 2-5　各個程式設計語言的 linter 與 formatter

程式設計語言	linter	formatter
C++	cpplint / clang-tidy	clang-format
C#	StyleCopAnalyzer / Roslyn Analyzers	dotnet-format
Go	golangci-lint ・Staticcheck ・go vet ・revive	go fmt / go imports
Java	checkstyle	google-java-format
JavaScript / TypeScript	ESLint	Prettier
Kotlin	ktlint	ktlint
PHP	PHP CodeSnifer / PHP Mess Detection	PHP Coding Standards Fixer
Python	flake8 ・pycodestyle ・pyflakes	black / yapf / isort
Ruby	RuboCop	RuboCop
Swift	SwiftLint	swift-format

表 2-6　其他的 linter 與 formatter

對象	linter	formatter
CSS	stylelint	prettier
Dockerfile	hadolint	dockfmt
HTML	HTMLHint	prettier
Markdown	markdownlint	prettier
Protocol Buffers	buf	buf / clang-format
Shell	Shellcheck	shfmt
SQL	sql-lint / sqlfluff	sqlfluff
Terraform	tflint	terraform fmt
YAML	yamlfmt	yamlfmt
自然言語	textlint	-
架構規範	ArchUnit / ArchUnitNet / deptrac / arch-go	-
無障礙性	ASLint	-
密鑰	git-secrets / secretlint	-
漏洞	trivy	-

第 2 章
可以應用在「實作」的實踐

其次，還有一個問題是，第一次將工具套用在原始碼後，大部分的原始碼都會發生變化。事後導入工具很麻煩，最好在開發初期就先使用。不過，通常都是中途才將工具導入現有的儲存庫。大規模更改原始碼時，會出現以下注意事項與擔憂：

1. 不知道如何對工具的應用結果進行程式碼審查
2. 工具指出的問題是正確的，卻無法立即修正
3. 難以追蹤原始碼的變更歷史記錄

1.是依照工具的普及度與過去的使用經驗而定。一般常見的作法是，抽查部分原始碼，確認沒有問題後，其餘交給工具進行剩下的變更。2.多數工具都具備排除特定規則或忽略原始碼中特定功能的機制，請善加運用。這樣就能在導入工具後，專心處理原始碼變更所新偵測到的問題。3.是因為工具造成的變更可能覆蓋掉在 git 使用 `git blame` 命令確認每行最後的更新結果，導致無法正常查看。其實，`git blame` 具有排除特定提交，確認最後更新的機制，使用這個機制就可以解決問題。用法是在 `.git-blame-ignore-revs` 檔案中，描述要排除的提交雜湊值。GitHub 也採用了相同的機制，即使是之前導入工具而無法追蹤歷史記錄的儲存庫，後續也能進行追蹤（圖 2-29、圖 2-30）。

圖 2-29 .git-blame-ignore-revs 檔案的記錄

```
# .git-blame-ignore-revs
# 因導入 formatter 而進行自動轉換所產生的修改提交
13dd1269eb70ee03a4f86b981473988b6633cc2
# 當 linter 的規則改變時的批次轉換提交
73faefa1d487f44bace5a0b8e04dd9b32b17bd9
```

圖 2-30 在 GitHub 使用 .git-blame-ignore-revs 檔案的 git blame 顯示

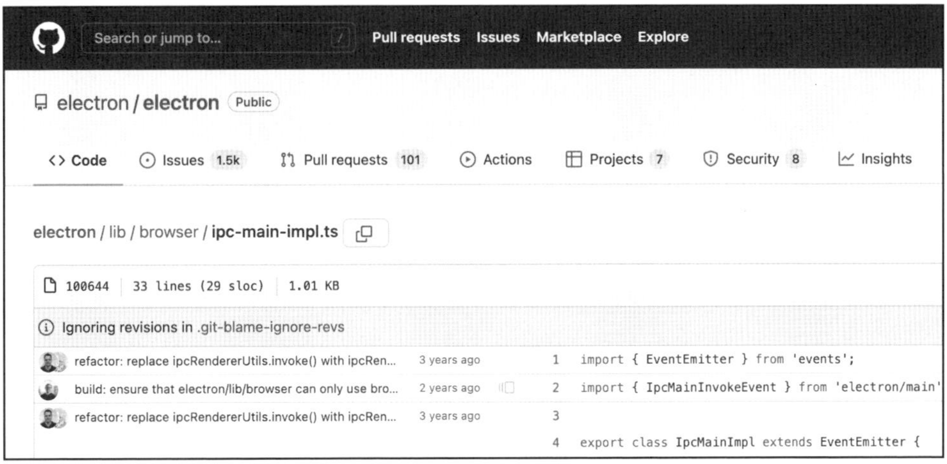

```
electron / electron  Public

<> Code    Issues 1.5k    Pull requests 101    Actions    Projects 7    Security 8    Insights

electron / lib / browser / ipc-main-impl.ts

100644    33 lines (29 sloc)    1.01 KB

Ignoring revisions in .git-blame-ignore-revs

refactor: replace ipcRendererUtils.invoke() with ipcRen...    3 years ago        1    import { EventEmitter } from 'events';
build: ensure that electron/lib/browser can only use bro...    2 years ago        2    import { IpcMainInvokeEvent } from 'electron/main
refactor: replace ipcRendererUtils.invoke() with ipcRen...    3 years ago        3
                                                                                 4    export class IpcMainImpl extends EventEmitter {
```

最後是忘記執行工具的問題。使用第 3 章介紹的持續整合或提交時的 Hook Script 也可以執行工具，但是在編輯器或 IDE 儲存檔案時，要先進行自動執行 linter 或 formatter 的設定。只要設定一次就能持續沿用。因此，請在開發初期或加入團隊時立即設定，確保所有團隊成員都已完成設定。部分編輯器與工具的組合只要安裝擴充功能或加上外掛就可以完成操作。

另外，還有一個名為「EditorConfig」的工具，功用與 linter / formatter 略有不同，可以統一更通用的格式，如字元編碼、換行碼、縮排等。只要在儲存庫放入檔案名稱為 `.editorconfig` 的設定檔即可。多數編輯器和 IDE 都支援這個功能，請先在開發初期進行設定。

🅿 在拉取請求提交工具的輸出結果

「Danger JS」、「Reviewdog」等工具可以根據 linter 的執行結果，自動將提交寫入拉取請求。使用這些工具能將自動和手動進行的程式碼審查整合在拉取請求中。

第 2 章
可以應用在「實作」的實踐

盡早準備可以確認工作的環境

P 開始實作同時建立拉取請求

從實作階段開始共用原始碼，準備能確認工作的環境，可以避免認知落差，還能邊檢視原始碼邊討論。即使在實作之前已經先討論過方針，如果無法向其他人展示工作狀態，認知落差會隨著時間拉長而擴大（圖 2-31）。

圖 2-31　無法確認工作，大家只能憑想像討論

實作時，有幾個必須注意的重點，包括完成示意圖、對工作進度的認知、檢查項目的處理狀況等。只要幾小時到半天就能完成的工作或許不會有問題，但是如果需要幾天的時間，等工作完成再確認就太慢了。因此，請盡早準備可以確認工作狀態的環境（圖 2-32）。

即使要使用拉取請求準備可以確認工作的環境，也必須有一些修改差異（提交），才能建立拉取請求。但是，在 Git 提交時，加上「--allow-empty」當作引數，可以在不修改檔案的情況下，建立一個「空」提交。有了這個空的提交，就能在開始實作之前，準備好拉取請求（圖 2-33）。

2-4 程式碼審查

圖 2-32 盡早準備可以確認工作的環境

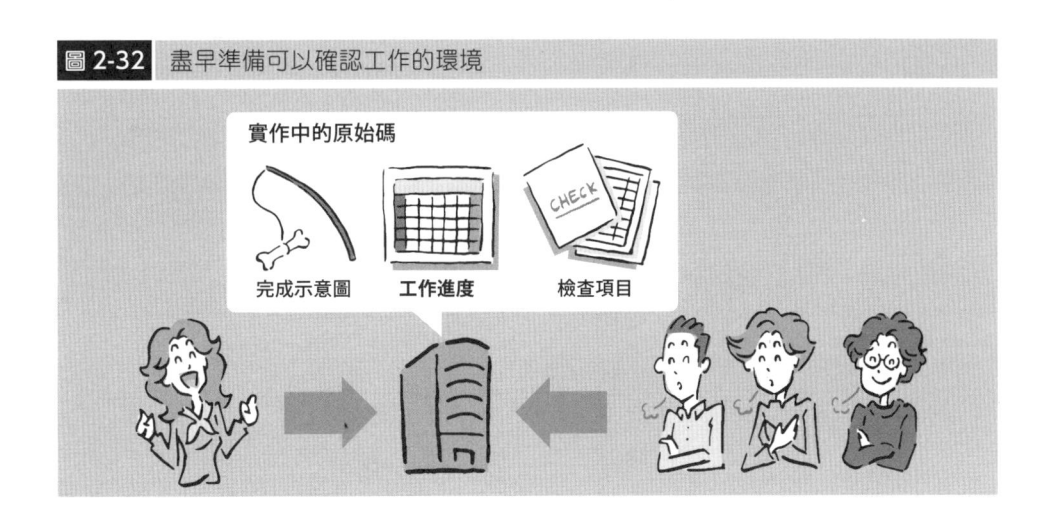

圖 2-33 開始實作同時建立拉取請求

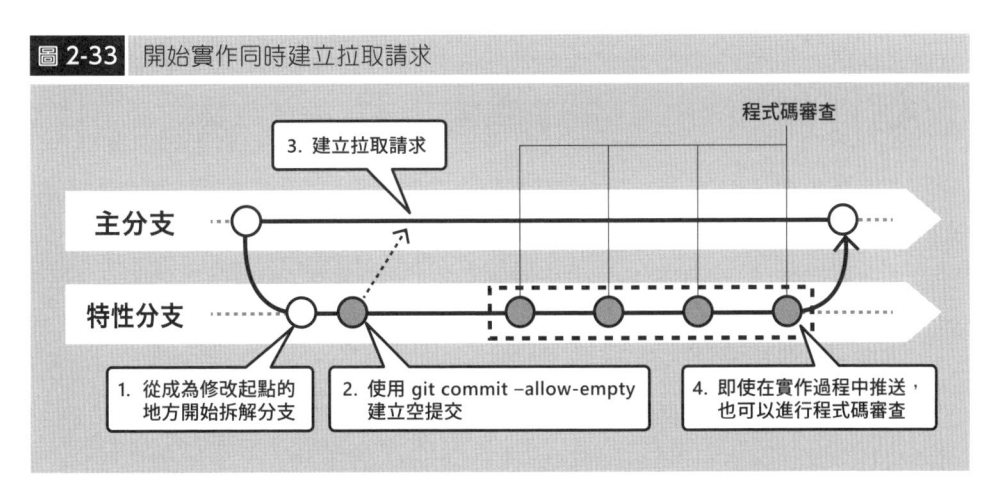

使用了父分支的程式碼審查與合併

使用空提交及早建立拉取請求的作法也可以用於多人合作開發，把主分支合併成一體的情況。先用空提交準備父分支，再建立對父分支的小規模拉取請求，就能把程式碼審查分解成小單位。大幅差異或大規模的拉取請求在進行程式碼審查時比較麻煩，因此最好先採取分解成小規模修改的方法。把合併到主分支的操作整合在一起，日後若要取消合併也比較方便（圖 2-34）。

圖 2-34　使用了父分支的程式碼審查與合併流程

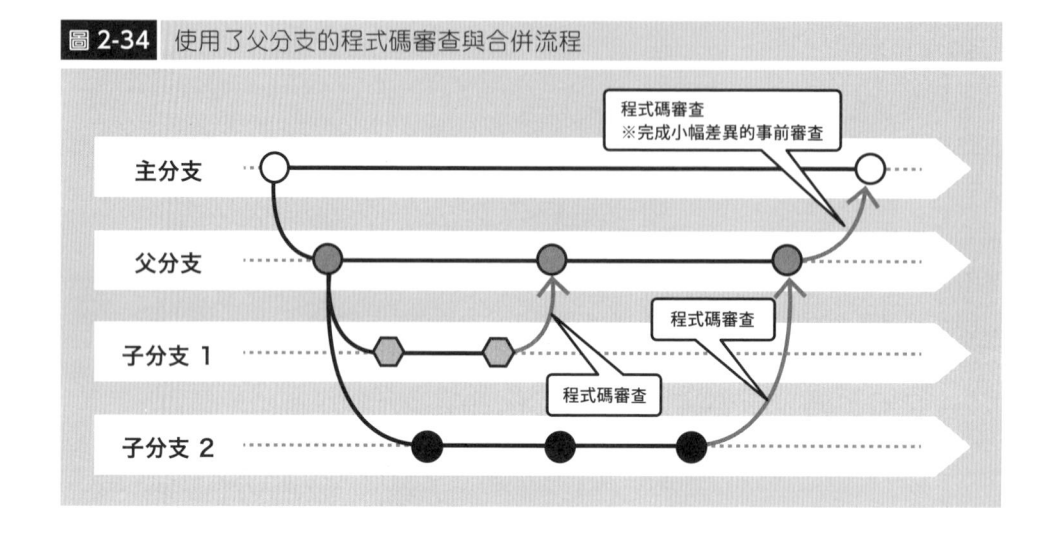

（圖：主分支、父分支、子分支 1、子分支 2 的分支流程，標示「程式碼審查 ※完成小幅差異的事前審查」與「程式碼審查」）

進行建設性溝通的準備工作

程式碼審查的目的是讓原始碼變得更好。若要對設計與技術的理想狀態進行建設性的討論，必須注意幾個重點。

審查者與被審查者努力溝通

審查者和被審查者都應該努力用言語清楚表達自己的想法。如果沒有溝通彼此思考的事情，再怎麼討論都無法達成共識。

因此，審查者應以被審查者能瞭解的方式傳達回饋（圖 2-35）。一旦進入程式碼審查的階段，審查者可能認為「我必須提出厲害的指示」，但是建議從直率表達自己看過原始碼後的感受開始。如果出現難以理解的原始碼，請直接表示「這裡有點看不懂」。若不清楚程式碼的意圖，可以告知「我不太理解這個部分」。除了指出有問題或需要修改的地方，提供「很好」、「受教了」、「LGTM（Looks Good To Me）」等積極的回饋也能讓審查變得有建設性。但是當作回饋而提出的意見未必能讓對方理解。如果對方不懂，請換個說法。指責對方「看不懂是你的能力太差」等，無法進行有建設性的溝通。

圖 2-35 審查者努力與被審查者溝通

審查者必須把目前的工作狀態以及個人的想法傳達給被審查者（圖 2-36）。如果在實作過程中，要審查者進行程式碼審查，應該清楚告知對方仍在實作。你可以在拉取請求的標題寫上 WIP（Work In Progress），表示還在實作中，也可以使用 GitHub 等 Git 主機服務，將特定的拉取請求顯示為草稿狀態。

圖 2-36 被審查者努力與審查者溝通

拉取請求範本

進行程式碼審查時，最好先告知對方希望他們檢視的重點或有疑慮的地方。你可以寫在拉取請求的說明欄，或透過拉取請求，寫上對原始碼的註解。此外，還可以準備拉取請求範本，描述希望對方檢視或有疑慮之處（圖 2-37）。

第 2 章
可以應用在「實作」的實踐

圖 2-37 使用拉取請求範本

```
[GitHub 的範例]
.github/pull_request_template.md

# 希望審查的重點
<!--請保留必要部分 -->
- 分享樣式或範本的變化
- 元件設計
- 狀態管理、資料設計
- 希望針對實作內容提供建議

<!--寫出其他希望檢視或這樣檢查比較方便的地方 -->

# 不清楚的地方
<!-- [optional] -->
<!--寫出對實作不滿意,想討論的地方 -->

# 進行審查的緊急程度
<!--請保留必要部分 -->
- 希望在 XX/XX 之前獲得 approved
- 有業務需求,所以時間緊迫
- 這是一項策略,希望盡早審查
- 因為妨礙了其他工作,希望能盡早審查
- 這是改善開發流程的部分,所以不急
```

🅿 透過共同合作改善原始碼

程式碼審查不是審查者單方面批評/評估/核准由被審查者撰寫的原始碼,而是雙方共同合作改進原始碼。**如果心存批評/評估/核准的想法,審查者的指責對象往往會變成個人(被審查者)而不是原始碼**。以下是在培養共同合作改善原始碼的想法時,審查者應該避免的行為。

- 用字遣詞不明確
- 措辭嚴厲
- 攻擊或抨擊個人
- 其他讓對方不想接受程式碼審查的行為

如果在進行程式碼審查時,出現這種行為,被審查者會因防備心而產生心理負擔,審查時間也會變長。

這不代表不應深入指出問題，草率進行程式碼審查也沒有好處。**如果要讓對方認同這是有建設性建議，最好清楚說明你的主張依據與背景**。與其籠統表示「這種原始碼的寫法很好」，不如具體指出「這裡沒有遵循編碼原則」或「根據這本介紹易讀程式碼的書……」。

指出不適當的原始碼時，最好可以提供具體的修改建議。部分 Git 主機服務提供了在拉取請求的註解提出修改建議的功能，審查者只要點擊按鈕，就能載入修改。

有些措辭可能讓人看不懂或覺得刺耳，有些用語給人的感受因人而異。審查者可能無意間傷害了對方或使其感到不安。因此，回饋要盡量溫和有禮，注意別省略說明。

🅿 調整程式碼審查的作法

如果在一次程式碼審查中，就提出十幾個問題，而且覺得不論多小心溝通，都可能對被審查者造成壓力時，最好重新調整每次程式碼審查的分量。適當的程式碼審查範圍會隨著對程式碼庫（codebase）的理解、熟悉程度，以及審查者／被審查者的技能而不同。如果註解數量很多，溝通沒完沒了時，請評估是否以更小的單位分解程式碼審查。

或者，審查者與被審查者並肩而坐（或遠距面對面），同步進行審查，也能有效減輕壓力。這樣比較容易察覺到註解的意圖沒有清楚傳達的問題，並調整溝通方式。持續用註解溝通，導致程式碼審查的時間變長，就是開始同步程式碼審查的好時機。程式碼審查時間過長的跡象包括以下幾點：

- 註解超過一定數量
- 接受建議而修正的提交超過一定數量
- 從建立拉取請求開始已經過了一段時間

在註解加入語氣委婉的回饋

在程式碼審查中提出的註解包羅萬象,可能是一定要修改的部分,一些小建議,或審查者覺得疑惑的地方等。

程式碼審查不需要回覆所有註解或評論。先在註解中加入語氣委婉的回饋,可以讓對方自行判斷是否要處理。程式碼審查通常會加上簡短的詞句當作前綴來表達感受。以下將介紹常用的單字及其含義(表 2-7)。

表 2-7 程式碼審查常用的單字與含義

單字	原始內容	含義
ASK	-	詢問
FYI	For Your Information	參考資料
IMO	In My Opinion	個人意見
IMHO	In My Humble Opinion	個人淺見
LGTM	Looks Good To Me	認為不錯
MUST	-	務必修改
NIT / NITS	pick nits	雖然是小事,但是
PTAL	Please Take Another Look	請再次確認
SHOULD	-	希望可以修改
TYPO	-	拼字錯誤
WIP	Work In Progress	工作正在進行中

克服在程式碼審查時想不到註解的狀態

有不少人表示「我想不到拉取請求的註解」。以下是常見的原因:

- 剛進入一間新的公司
- 被調到新團隊
- 不熟悉技術 / 領域(運用該系統的行業領域或業務)

這些原因都讓人認為「熟悉該領域之後，很快就能寫出註解」，但是實際上，即使過了三個月或半年，仍然可能寫不出註解。另一方面，也有人剛加入公司或剛調到新團隊，就積極提供註解。不熟悉技術／領域只是表面上的理由，實際上可能是缺乏自信、害怕被指責、擔心被別人知道自己能力不足。

如果在程式碼審查時不直接溝通，只是觀察別人在拉取請求的互動來跟上進度，可以獲得的技能和領域知識有限。儘管團隊有責任提供教育與說明，卻也希望成員從加入團隊開始，就積極地提供註解，盡快熟悉開發，學習領域知識。

透過提問來學習

隨時透過提問來學習。請相信這是可以容許犯錯的環境，克服暴露自己能力不足的恐懼，勇於提問，這樣能更快獲得回饋和學習。同時，教導者也能透過問答瞭解對方遇到了什麼問題，根據對方具備的知識和理解程度，提供適當的支援。愈早獲得回饋並學習，對個人的成長以及團隊或公司的發展愈有利。

然而，即使沒有心理焦慮或恐懼，仍可能想不出程式碼審查的註解。雖然可以檢視其他人的註解來幫助自己理解，卻無法在第一時間自行寫出註解。這不是因為註解寫的比其他人慢，而是即使花時間，也無法意識到應提出註解的觀點。筆者認為這個問題是沒有養成思考良好設計或實作的習慣，這種人通常符合以下條件：

- 使用傳統的程式碼庫，放置處理的位置都是固定的
- 個人或團隊缺乏改善設計的習慣
- 個人專注在寫出可執行的程式，沒有時間思考良好的設計
- 個人沒有持續改進設計的技術能力

第 2 章
可以應用在「實作」的實踐

新增功能或修改問題的方法不只一個標準答案。請從察覺到冗長、複雜或感覺不完善的處理、設計開始，表達心中的疑慮。即使自己沒有足夠的技術能力徹底改善，透過程式碼審查的溝通，或許能激發靈感。哪怕只是找到線索，若能創造改善原始碼的契機，也是一種貢獻。就算沒有找到，只要能為團隊製造討論機會，也可說是具有貢獻價值了。

即便不熟悉原始碼或系統，也有機會做出貢獻。請積極參與程式碼審查，尋找可以提供的回饋。長時間接觸相同原始碼，觀點可能變得偏頗而難以察覺問題，所以團隊新人提供的回饋非常難能可貴。

2-5 共同合作

第 2 章
可以應用在「實作」的實踐

開發不僅要撰寫原始碼，還要進行以下工作：

- 思考開發方法
- 思考工作分配方式
- 思考設計
- 建置開發環境
- 審查原始碼
- 思考測試項目
- 執行測試

單獨工作容易因為不懂而受挫或無法集中注意力。然而，多人一起工作可以隨時溝通，互相傳授不懂的知識，分擔彼此的工作，提高工作效率。由於能邊審查輸出邊進行開發，因此不需要進行程式碼審查，也不用花時間等待審查或進行審查後的修改工作。與多人同時展開工作相比，大家一起合作，逐一完成每項工作的效率可能更好。這也是對新手工程師或不熟悉領域知識的人的一種教育機會，而且多人一起完成一項工作，可以獲得無與倫比的成就感和樂趣。

另一方面，我們常聽到「多人做同樣一件事的效率差，工作成果可能減少，管理者很難接受」的心聲。然而，即使平行工作進行得很順利，後續成果的整合與同步還是很花時間。多人一起工作可以減少分工／整合／同步的時間，提高工作流程的效率，因應不斷變化的商業環境。建議可以先從實驗開始嘗試。

將多位利害關係人納入一個使用者故事中

P Swarming

針對一個最優先處理的事項或問題，所有利害關係人像「群體」一樣共同合作稱作「Swarming（蜂擁模式）」（圖 2-38）。在這個過程中，大家會思考如何分配工作、尋求團隊外的協助、有無更快的解決方法。

2-5 | 共同合作

圖 2-38 Swarming

假設有兩個團隊正在合作一項開發工作。當最重要的工作發生延誤或遇到技術問題時，或許另一個團隊可以停下正在進行的工作，提供協助來改善狀況。加快完成重要工作的方法包括指派成員支援遇到困難的團隊、把手上的工作轉移給其他團隊、調整工作的負責人、增加參與工作的人數、重新安排工作分配和進行方式、同時嘗試多個解決方案等。Swarming 是把整個團隊的注意力集中在一個重要的使用者故事上，一起解決問題的方法。對成員來說，具體的行動是中斷正在進行的工作，迅速投入協助。如果要推動 Swarming，不僅要注意團隊是否能集中精神處理最優先的開發工作，還需要有能評估、重視團隊成果最大化而非個人成就的心態。

一般的開發工作中也能找到很多使用 Swarming 的時機。例如，四個人平行進行兩個使用者故事時，每個使用者故事由兩個人負責。圖 2-39 左側第一優先的使用者故事進度不如預期，預計完成的時間超過當初的計畫。因此，圖右原本負責第二優先使用者故事的其中一人改協助開發第一優先的使用者故事。結果第二優先的使用者故事預計完成時間拉長，而第一優先的使用者故事預計完成的時間縮短。團隊要考慮是否該全力處理最優先的使用者故事，有沒有更好的開發方法，尋找 Swarming 的機會。

第 2 章
可以應用在「實作」的實踐

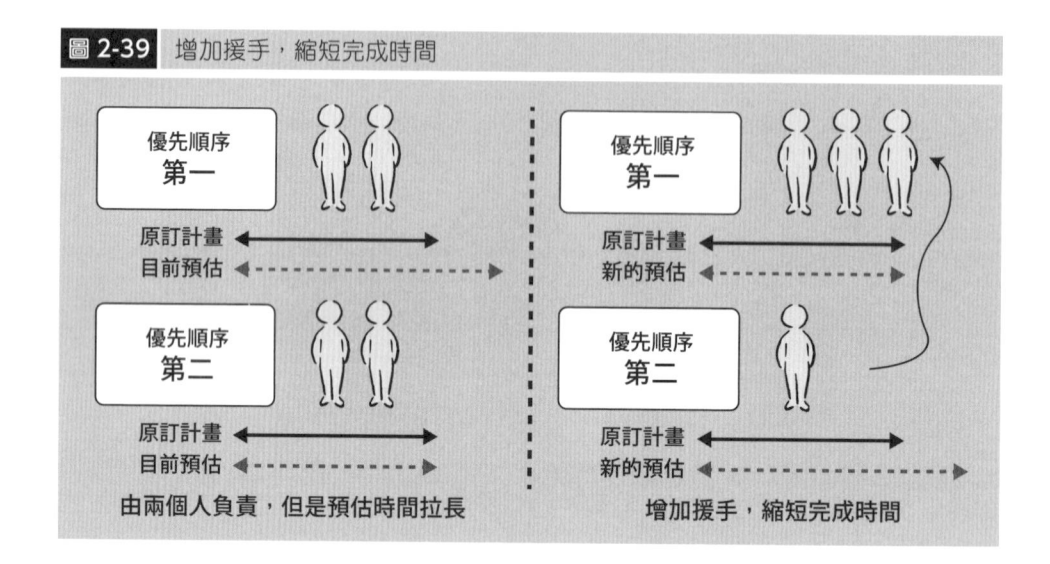

圖 2-39 增加援手，縮短完成時間

由兩個人負責，但是預估時間拉長	增加援手，縮短完成時間
優先順序 第一：原訂計畫 / 目前預估	優先順序 第一：原訂計畫 / 新的預估
優先順序 第二：原訂計畫 / 目前預估	優先順序 第二：原訂計畫 / 新的預估

以下情況也可以使用 Swarming。

- 將架構設計或測試問題發布到多人聊天室中進行討論
- 一起建置新成員的工作環境

然而，即使採取 Swarming 執行工作，有時也可能遇到改成單獨工作比較有效率的情況。別盲目堅持使用 Swarming，應確認並判斷哪種方式比較適合。如果單獨工作較好，請把以 Swarming 進行的工作交給一個人，其他成員可以思考別的工作能不能使用 Swarming 協助。以下幾點可以判斷停止 Swarming，轉換成單獨工作的時機。

- 經過討論，已經確定設計和測試方針
- 解決了之前不清楚的問題
- 剩餘的工作已經少到不會發生重工

兩人合作開發

結對程式設計

「結對程式設計（pair programming）」 2-18 是兩個人一起合作開發的方法（圖 2-40）。最初是當作極限程式設計的實踐方法，兩個人共用一個螢幕／電腦／鍵盤，輪流進行開發。隨著遠距工作的普及，具體作法也產生了變化。例如工作人員各自準備開發環境，邊工作邊分享畫面。雖然名字中包含「程式設計」，但這不單是指編寫原始碼，所有與開發有關的步驟，包括開發方法／工作分配方法／設計討論／編碼／測試項目的討論與驗證／發布等，都是兩人一起進行。

圖 2-40　結對程式設計

結對程式設計有兩個角色，包括「駕駛員（Driver）」和「領航員（Navigator）」。駕駛員負責使用鍵盤編寫原始碼，而領航員坐在旁邊觀察駕駛員的工作，隨時審查其編寫的原始碼，透過對話瞭解駕駛員遇到的困難或煩惱，然後提供建議。雙方輪流扮演這兩個角色，共同承擔達成合作目標的責任。

第 2 章
可以應用在「實作」的實踐

結對程式設計的作法

結對程式設計的作法如下：

1. 確認工作目標
2. 確認工作單位與順序
3. 決定駕駛員和領航員的角色並開始開發
4. 每隔 10 到 15 分鐘交換角色

首先要確認結對程式設計的目標。這是指在結對程式設計告一段落時的「理想狀態」而不是整個開發目標。結對程式設計非常累人，因此先以兩小時後為分界點，討論屆時想達到什麼樣的狀態。接著確認工作單位與順序。以條列方式列出工作清單，放在雙方可以看到的地方。在進行結對程式設計的期間，領航員最好檢查清單。如果開發過程中，發現要完成的工作出現了變化，要適時調整。目標與作法達成共識後，就分成駕駛員和領航員，輪流交換角色，一起進行開發。首先執行第 46 頁介紹的「利用註解準備實作指南」，可以對結對程式設計的詳細作法有共識，有效導入結對程式設計。駕駛員在工作時要積極說出自己的想法，仔細確認彼此的認知。領航員要按照以下方式與駕駛員溝通，提供各種支援。

- 透過回覆告訴駕駛員與其認知一致
- 調查並告知駕駛員不知道的事情
- 一起思考駕駛員煩惱的問題
- 如果對駕駛員的發言有疑慮時，就直接提問

駕駛員和領航員的角色每隔 10 到 15 分鐘交換一次。要在短時間內交換角色，就得隨時瞭解對方在做什麼。這樣可以頻繁溝通，讓彼此產生緊張感並集中注意力。

結對程式設計的優點

結對程式設計有以下幾個優點：

1. 改善、提升工作和成果的品質
2. 提升技術能力、教育效果
3. 成就感、樂趣

以下將逐一深入瞭解。首先，**在進行結對程式設計的過程中，處處都有提高工作品質的機制**，例如以下幾點：

- 開始工作之前，先討論目標／工作規模／進行方式，可以整理腦中思緒
- 駕駛員說出心中的想法也能整理腦中思緒
- 指出不易閱讀或難以理解的問題，可以改善原始碼的可讀性與可維護性
- 在結對工作者的監督下，可以減少延遲或忘記測試或重構的情況

以下將思考不進行結對程式設計，由一個人獨自實作原始碼，再讓別人進行程式碼審查當作對照的情況。實作原始碼的人在編寫過程中，不會得到任何回饋。審查者詳細檢查修改內容，把發現到的問題寫成註解，但是如果數量太多，審查者會覺得寫註解很累而猶豫該不該寫，最後選擇沉默不說。接受程式碼審查的一方若收到大量註解，修改起來也很費工。相較之下，每次編寫原始碼都能及時得到回饋，兩人邊討論邊修改，可以讓工作進展更順利。

此外，**彼此教學相長，可以提升技術能力**。例如，檢視編碼過程，不僅可以學習程式碼的寫法，也能近距離觀察編輯器和工具的用法。透過結對程式設計可以自然分享一個人獨自工作無法學到的潛規則。例如多種設計方法或實作方針的取捨、整理測試角度、如何修改很難調查的錯誤等。除了知識、Know How 之外，看到和自己搭檔的資深工程師，成為駕駛員時的工作速度，也會激勵新手工程師。

最後，**結對溝通並進行開發可以分享辛苦與快樂，讓彼此獲得成就感**。在遠距工作增加，交流機會減少的工作現場，共同完成一個目標的結對程式設計可以讓團隊或組織團結一致，產生歸屬感。

結對程式設計的注意事項

注意以下幾點才能享有結對程式設計的優點。

- 定期輪替
- 確實休息
- 準備開發環境
- 釐清目的
- 傾聽對方的聲音

駕駛員和領航員的角色要定期輪替。希望進行到已經決定好的範圍或適當的地方再輪替、新手工程師不想成為駕駛員，或資深工程師不願意更換駕駛員，都容易導致角色定型化。請以較短的時間間隔與堅定的意志來交換角色。因此，決定時間，設定計時器是一個有效的方法。駕駛員和領航員角色互換的時間拉得愈長，愈容易對對方的工作失去興趣，變成只是在一旁看著對方寫程式而已。

此外，結對程式設計比單獨開發更累。因為需要頻繁溝通和高度的注意力，所以要在交換角色時適度休息。趁著休息的時機，重新確認目標，調整工作項目，反省有沒有疏漏（例如重構、測試等）。

提前準備好開發環境，才能讓結對的兩個人發揮能力。如果在同一地點舉辦實體會議，準備一個大型螢幕、統一使用的編輯器和 IDE 等，可以獲得不錯的效果。

📘 使用有即時共同編輯功能的開發環境

進行結對程式設計時，也可以使用具備即時共同編輯功能的開發環境（表2-8）。透過這種編輯器可以讓兩人同時進行編輯，領航員甚至能直接修改小錯誤。請搭配其他可以隨時進行語音通話的工具來進行結對程式設計，如

表 2-8　有即時共同編輯功能的開發環境

工具名稱	備註
Live Share	可以在 Visual Studio、Visual Studio Code 使用。除了能在編輯器上同步，也可以共同除錯。使用 Direct 模式，能在沒有連接到公司內部網路或網際網路的環境中使用
Code with me	可以在 IntelliJ 使用。自行準備中繼伺服器，就能在沒有連接到公司內部網路或網際網路的環境中使用
Code Together	可以在 Visual Studio Code、IntelliJ、Eclipse 使用。支援在不同 IDE 執行操作。自行準備中繼伺服器，就能在沒有連接到公司內部網路或網際網路的環境中使用
GitHub Codespaces	這是雲端託管開發環境，可以使用 Visual Studio Code 的網路版
AWS Cloud9	這是利用瀏覽器就可以編寫、執行原始碼或除錯的雲端整合式開發環境

Zoom/Google Meet/Slack（Huddle Meeting）/Teams/Discord 等。 此外，也可以準備電子白板來統一對細節的認知。如果是線上會議，可以使用「miro」、「MURAL」或「Google Jamboard」等工具。

進行結對程式設計時，請先確定目標再開始。結對程式設計適合用於開發者不清楚「該做什麼」或「該怎麼做」的情況。尤其當新成員加入團隊，或要處理許多不明狀況的工作（如新設計、除錯等），或要教導別人具專業性的工作等，都建議採取這種方法。與新手工程師或缺乏領域知識的人結對，很難克服不明確的問題。與其思考「哪些工作適合結對」，不如考慮「哪些工作獨自完成比較有效率」、「哪些知識該由多人分享」，這樣比較容易做判斷（表 2-9）。

表 2-9　適合結對的工作與適合獨自完成的工作

適合結對的工作特色	適合獨自完成的工作特色
需要分享業務知識	所有成員都很熟悉
工作的不確定性高，需要討論	和過去一樣的定型化業務

第 2 章
可以應用在「實作」的實踐

進行結對程式設計時，要記得傾聽對方的聲音，隨時注意發言量與工作量的比例是否平衡。結對的兩個人在知識與技能方面有落差很正常。請互相注意，避免一方衝動行事或無心的舉止讓另一方感到不舒服。

最後請記住，並非每個人都喜歡進行結對程式設計。有一定比例的人在別人注視下編寫原始碼會感到有壓力、不安、痛苦。請將結對程式設計當作提高流程效率的一種方法，在適合的情況下加以運用。

> **Q&A 進行結對程式設計時，如何共享原始碼？**
>
> 交換駕駛員的角色時，該如何共享實作過程中的原始碼？
>
> 有一種作法是採用主幹開發，把已經完成的部分推送上去，或者準備結對程式設計用的分支。另外，也有支援切換駕駛員的工具，如 mob 命令 **2-19**。

多人合作開發

P 群體程式設計、群體工作

不是結對（兩人）而是多人（三人以上）進行程式設計，就稱作「群體程式設計（mob programming）」（圖 2-41），由多人輪流使用一個螢幕 / 電腦 / 鍵盤來進行工作。和結對程式設計一樣，有時會由工作人員各自準備開發環境，邊分享畫面邊工作，而且不僅是編寫原始碼，所有步驟也是由多人進行。

群體程式設計是由更多具備 Know How 與經驗的人一起合作開發。因此，與結對程式設計相比，可以更快解決「只有這個人比較瞭解」、「少了這個人就不知道該如何進行」的依賴特定個人的問題。解決依賴特定個人的問題的優點是，比較容易安排休假，即使更換團隊成員，也不會失去技能或 Know How。

圖 2-41 群體程式設計

群體程式設計的作法

當領航員數量增加時,可以採用與結對程式設計相同的方法。由於參與人數增加,需要額外注意以下事項:

1. 角色約 10 分鐘交換一次
2. 進行群體程式設計的人數約為 3 到 5 人
3. 確保領航員的貢獻不會失焦

由於領航員變多,如果不以較短的時間間隔交換角色,就會變成駕駛員和最熟悉的領航員一起工作的結對程式設計。請利用「http://mobster.cc/」計時應用程式,避免忘記交換。如果人數過多,可能出現輪不到駕駛員的情況,對話溝通也會變得困難,如發言機會重疊,或很難掌握誰對誰說什麼。因此,必須注意人數不可過多。領航員若有不懂的地方,就要問清楚,才能避免淪為看駕駛員工作的欣賞會。不能私下進行其他工作。若有多位領航員,最好先確定誰支援什麼工作,進行角色分配,如審查已經寫好的原始碼並進行調查等。

實戰演練是學會群體程式設計技能的最佳方法。與其嘗試比較簡單的開發工作,倒不如實際運用在工作上遇到的棘手問題,邊改進邊在團隊中學習。觀

察其他人參與群體程式設計的情況也可以當作參考。透過以下影片，你可以更清楚進行群體程式設計的方法與氛圍。

- 「【含日文字幕】A day of Mob Programming Subtitles by Joe Justice [No Audio]」
  URL：https://www.youtube.com/watch?v=HEaz71juXiM

- 「【mob programming】みんなでオンラインモブプログラミングやってみた」
  URL：https://www.youtube.com/watch?v=3g5pG4zaxKA

結對程式設計與群體程式設計的差異

群體程式設計看起來只是增加了結對程式設計的人數，其實這個方法有一些結對程式設計沒有的優勢與差異。

1. 開發人員以外的成員可以與開發人員一起設計程式
2. 可以中途加入／退出

如果是短期改變角色的群體程式設計，可以邀請平時不負責開發工作的專案經理、產品經理、設計師和測試人員參與。非開發人員的角色積極參與開發工作可以避免認知落差，減少重工。

進行結對程式設計時，如果其中一個成員離開，工作就會結束，但是多人參與的群體程式設計，由於合作環境會持續存在，所以成員能中途加入或離開休息。不過，中途加入或離開時，都要注意別干擾開發工作。例如，不經意詢問「現在進度如何？」都可能影響成員的注意力。

群體程式設計是整理 Hunter Industries 公司的經驗，在 Agile2014 Conference 上介紹，進而推廣至全世界的方法。以下文章介紹了 Hunter Industries 公司的經驗和日常情景。看完之後，你應該能清楚瞭解看似離奇的群體程式設計背後的想法以及實際長期實踐的工作現場氛圍。

2-5 共同合作

- 「Mob Programming – A Whole Team Approach by Woody Zuill」
  URL：https://www.agilealliance.org/resources/experience-reports/mob-programming-agile2014/

- 「モブプロの聖地 Hunter Industries で學んだこと」川口恭伸（2019，kawaguti の日記）
  URL：https://kawaguti.hateblo.jp/entry/2019/05/04/004855

在程式設計以外的工作使用群體程式設計的作法稱作「群體工作」(※2-8)。多人參與範圍更廣的工作，可以得到和群體程式設計一樣的好處。程式設計以外的工作範例如下：

- 討論設計
- 建置開發環境
- 故障排除
- 支援 / 調查
- 設定 / 更改基礎建設
- 課程學習
- 撰寫文件

Q&A　進行結對程式設計 / 群體程式設計時，如何執行個人的工作？

我想也有一定得由個人來做的工作，例如回覆電子郵件、執行公司內部流程等，這種情況該怎麼辦？

不需要所有時間都要進行群體程式設計。如果有緊急的事情，也可以暫時退出群體程式設計來處理。「大家一起執行個人的工作」也是一種解決對策。即使是已有專責人員的工作，也可以交給團隊成員一起處理。

※2-8　國外稱作 Mobbing。

第 2 章
可以應用在「實作」的實踐

結對程式設計的效果與影響

敏捷教練
Yattomu
（安井力）
Tsutomu Yasui

2000 年在猶他大學進行實驗所提出的論文中，提到了結對程式設計（※A）。他們透過實驗，評估了結對程式設計的定量效果與成本。

進行結對程式設計時，成本是常被討論的話題，也就是由兩個人執行相同工作是否會讓工時變成兩倍。論文指出，工時沒有變成兩倍，只增加了 15%，請參見圖A。處理第一個問題（程式 1）時，雙方花時間在協商彼此的作法，但是第二個問題之後（程式 2 和程式 3），增加的幅度維持在 15% 左右（※B）。

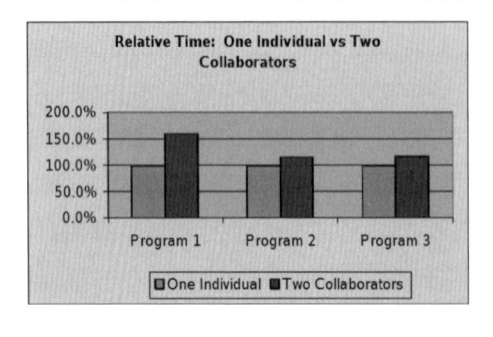

這個實驗結果降低了導入結對程式設計的門檻，讓這種方法變得更具吸引力。尤其兩個人一起合作，實際工時（花費時間）會縮短。考慮到本篇提到的流程效率，比起兩個人負責同一個開發項目，有時透過結對程式設計一起合作更能縮短前置時間。然而，如果是初次結對的對象，可能需要比較多時間，所以必須注意挑選結對的對象。

根據我的經驗，與其說進行結對程式設計可以縮短時間，不如說花費的時間比較穩定。這有以下幾個可能的原因：

- 一開始確認方針時，自然可以發現問題
- 即使工作中遇到不知道的事項，通常有一方會知道

圖 A 工時相對值：一個人與兩個人的情況

Relative Time: One Individual vs Two Collaborators

※A　"The Costs and Benefits of Pair Programming" Alistair Cockburn, Laurie Williams 2000
　　https://www.researchgate.net/publication/2333697_The_Costs_and_Benefits_of_Pair_Programming
　　該篇論文的作者於《Extreme Programming Examined》（Pearson Education2002 年）也詳細解說了相同的內容。

※B　書中的結論是，這種增幅在統計上沒有意義，無法斷定結對程式設計會增加工時。這一點在公開的 PDF 並未提及。

2-5 共同合作

- 如果兩個人都不知道，可以相互確認，立刻詢問別人
- 調查時，分工合作可以提高效率

這些效果可以減少因遇到問題而停工、無止盡地持續調查、工時大幅超出預期的問題。進行結對程式設計之後，能立即分享「不知道的事」。

結對重組也是實踐時要考量的重點。不是交換角色，而是更換結對的夥伴。長期固定的結對組合無法讓知識交流擴大到整個團隊。將固定期限制為一週，不僅能讓結對者產生固定作法，提高工作效率，也可以深入瞭解彼此（圖B）。還有一種作法是以任務為單位進行結對（圖C）。兩人一起思考策略，共同達成任務可以提高注意力與參與度。

每90分鐘頻繁重組的作法也讓人印象深刻（圖D）。因為分成90分鐘，可以

圖B 結對重組的作法

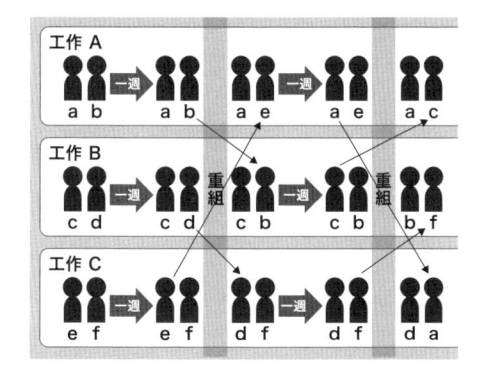

圖C 把工作細分，依照每個工作進行結對

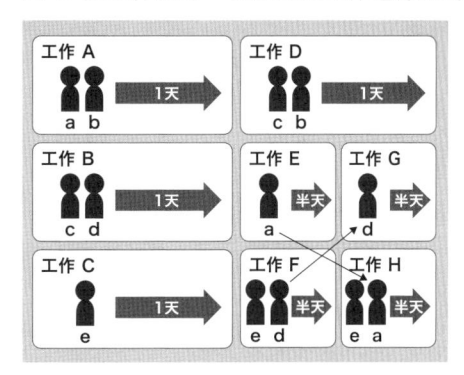

圖D 以90分鐘為單位，頻繁重組，保留主要的負責人員

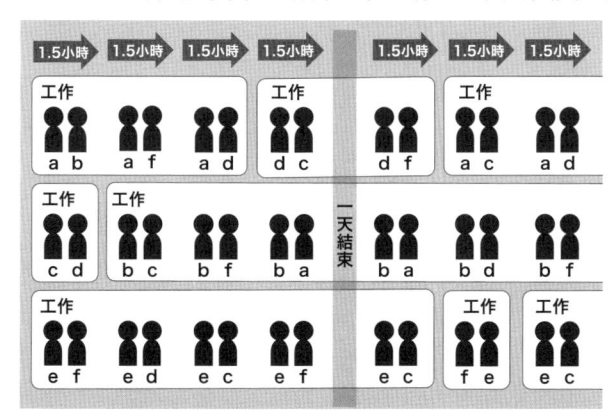

105

第 2 章
可以應用在「實作」的實踐

全神貫注地工作。90 分鐘之後，其中一人留下來，換掉另一個人。留下來的人可以說明目前的狀況與方針，加深自我理解，而新加入者的思緒清楚，能想出更好的點子，或發現之前忽略掉的問題。此外，一個工作包括多個技術元素（如畫面、API、資料庫等）時，也可以使用這種作法，讓每個人負責自己擅長的部分，快速完成工作。如果可以策略性地運用結對重組，就不會在進行結對程式設計時浪費工時，還能增加快速解決問題的選擇。

回到論文，結對程式設計的有趣之處在於定量評估。圖 E 是針對結對程式設計是否比較有趣的問題所作的回答。超過 80% 的人表示同意，得到了壓倒性的結果。PROF 代表專業程式設計師的回答，同意的比例超過 90%。而 SUM1～3 和 FALL1～3 的回答者是學生。

圖 E 覺得結對程式設計有趣的比例

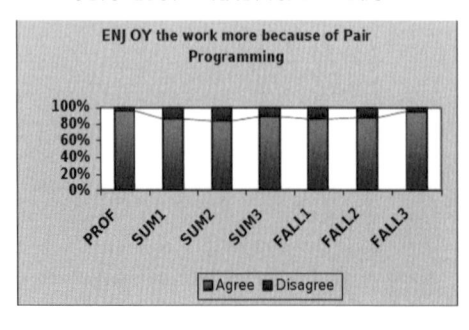

這篇論文也測量了品質方面的效果。開發後進行測試時，一個人寫的程式約有 30% 左右的測試失敗率，代表錯誤很多。而以結對程式設計寫的程式約有 15% 的失敗率，錯誤比一個人寫的程式少（圖 F）。至於內部品質方面，結對程式設計的程式碼行數比較少（圖 G）。程式碼少代表需要維護的程式碼資產也較少，因此會慢慢影響未來的開發成本。

圖 F 程式碼的缺點

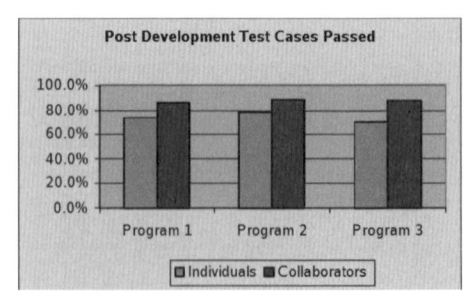

圖 G 程式碼行數（LOC）

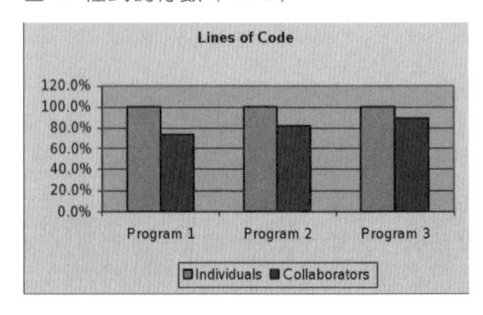

這些效果會隨著開發中的產品和所使用的技術而有顯著變化。請試著在你的工作現場使用結對程式設計，觀察效果和影響，找出可以發揮效果的最佳用法。

2-6 測試

驗證（Verification）與有效性確認（Validation）的觀點

驗證（Verification）與有效性確認（Validation）

實作之後，必須測試系統是否按照原訂想法運作。可是，盲目準備檢查項目無法確保測試是否足夠。執行測試之前，要先整理觀點。一般而言，測試的觀點大致分成**驗證（Verification）**與**有效性確認（Validation）**（圖2-42）。

JSTQB（※2-9）對驗證的定義是「透過提供客觀的證據，確認是否符合指定的要求事項」。也就是確認是否已經瞭解正確的行為並按照預期進行運作。單元測試和整合測試中的確認項目比較接近驗證。由於已經知道正確的行為，所以適合開發人員撰寫測試程式碼，進行自動化。

JSTQB對有效性確認的定義是「檢查並以客觀的證據確認是否符合特定用法或適用條件」。也就是要確認系統的行為是否符合妥當性與有效性。使用案例測試、易用性測試、探索性測試的確認項目比較接近有效性確認。有效性確認的測試通常依使用者的狀況而定，因此測試方法和內容比較難歸類，不適合自動化，通常要手動確認。

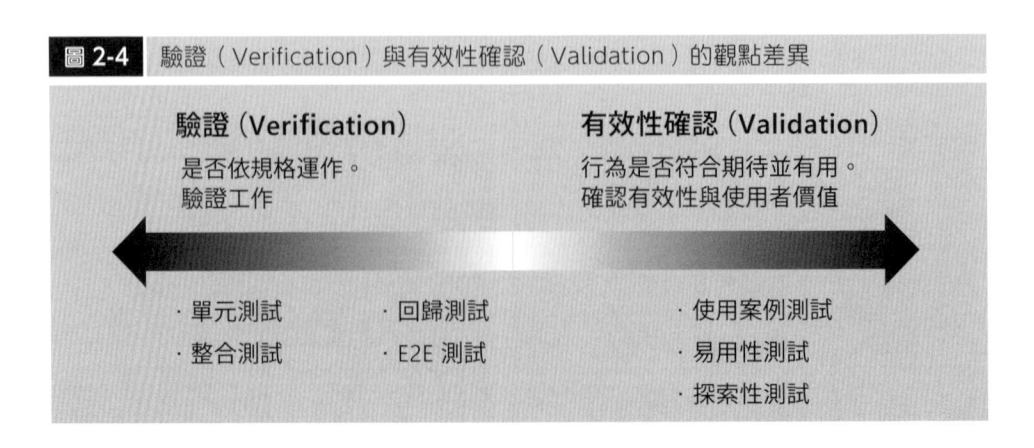

圖2-4 驗證（Verification）與有效性確認（Validation）的觀點差異

驗證（Verification）
是否依規格運作。
驗證工作

有效性確認（Validation）
行為是否符合期待並有用。
確認有效性與使用者價值

・單元測試　・回歸測試　・使用案例測試
・整合測試　・E2E 測試　・易用性測試
　　　　　　　　　　　　・探索性測試

※2-9　JSTQB：Japan Software Testing Qualifications Board。日本軟體測試技術人員的資格認證機構。

以驗證（Verification）觀點來看，測試是在已知正確行為的情況下，由開發人員負責執行。整理實作的處理與模組的職責，編寫測試程式碼，驗證是否按照規格運作。可是，一旦開始編寫測試程式碼，開發人員的注意力可能會轉移到職責或規格以外的部分，如以下情況：

- 過度注意模擬物件（mock）(※ 2-10) 或虛設常式（stub）(※ 2-11) 等技術
- 把程式碼覆蓋率當作目標，寫出過於注重實作細節的測試程式碼
- 沒有設想何種情況會測試失敗就準備測試程式碼

即使確實準備好測試程式碼，只要稍微動到原始碼，很多地方都得修改，開發人員不會有「受到測試保護」的感覺。高覆蓋率和考量實作細節的測試項目固然重要，但是更要緊的是，假設可能找到的問題，對原始碼的哪些處理應進行何種測試，在確認測試對象的職責與規格後再加上去。修改原始碼，重複執行自動驗證，可以立刻發現意想不到的問題。在此狀態下，透過修改，讓現有測試和新測試都通過，可以確保原始碼按照規格運作。每種程式設計語言都有提供支援實作／執行單元測試、整合測試的框架，請善加運用。

和利害關係人一起進行有效性確認

以有效性確認（Validation）的觀點來看，測試的確認項目很難明確定義。這是因為系統的正確行為有許多不同的思考方式和觀點。因此，要讓利害關係人參與驗證工作，不應僅由開發人員負責（圖 2-43）。在建立開發計畫或統一實作方針的階段，可能以為已確定系統應符合的規格和應承擔的責任，只靠開發人員就可以完成 Validation 觀點的驗證。不過，根據筆者的經驗，和客戶或利害關係人一起進行驗證的優點是，可以發現未曾想過的系統異常

※**2-10** 模擬物件（mock）：這是用來代替測試對象所依賴的處理邏輯，驗證受測對象是否如預期呼叫此替代品。

※**2-11** 虛設常式（stub）：這是用來代替測試對象所依賴的處理邏輯，傳回一個可控制的測試值。

行為，或指出不符合期待的產品行為等。及早讓客戶或利害關係人參與，可以確認產品是否符合期待。

圖 2-43 由開發人員與利害關係人一起進行有效性確認

與自動化測試有關的技術實踐差異

當你想「編寫測試程式碼，讓測試自動化」時，有三種技術實踐可以選擇，包括「自動化測試」、「測試先行」、「測試驅動開發」。以下將介紹這三種技術實踐的功用與目的。

P 自動化測試

「自動化測試」是準備測試程式碼，自動執行測試的技術實踐（圖 2-44）。以「可自我驗證」且「可重複」的形式準備自動化測試，就能頻繁執行測試。可自我驗證是指可以在沒有人為介入的情況下，判斷測試成功 / 失敗。例如，將測試結果輸出成檔案或傳到控制台，由人工判讀就不算是自我驗證。以可自我驗證的形式準備測試，就能在沒有人為介入的情況下，頻繁執行測試。可重複是指不靠執行測試的人或環境，即可重複測試。例如，每次都由人員準備測試資料或測試環境，就無法稱作可重複。無論是在開發人員的電腦上或伺服器上，執行方式都一樣，任何人皆可輕鬆測試，才可稱作可重複。

圖 2-44 自動化測試

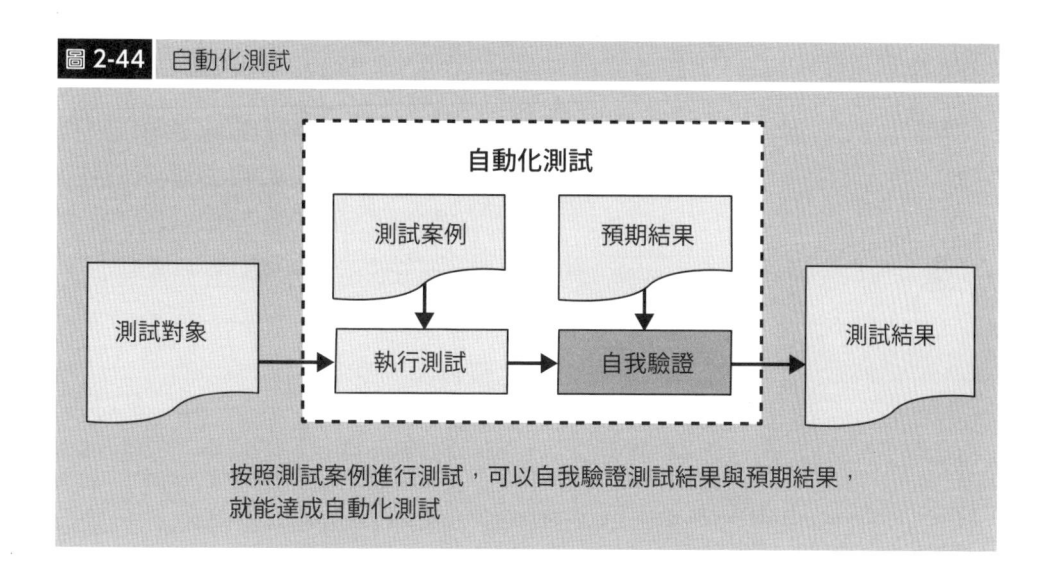

```
        ┌─────────────────────────────────────┐
        │          自動化測試                  │
        │   ┌──────────┐    ┌──────────┐     │
        │   │ 測試案例  │    │ 預期結果  │     │
        │   └────┬─────┘    └────┬─────┘     │
┌───────┐│        ↓                ↓          │┌───────┐
│測試對象│→│  ┌──────────┐    ┌──────────┐   │→│測試結果│
└───────┘│  │ 執行測試  │ →  │ 自我驗證  │    │└───────┘
        │   └──────────┘    └──────────┘     │
        └─────────────────────────────────────┘
```

按照測試案例進行測試，可以自我驗證測試結果與預期結果，
就能達成自動化測試

頻繁執行自動化測試，剛修改後的原始碼也能馬上得到測試結果。如果測試結果失敗，就要重新檢視修改內容。可是，開發人員每天都要處理各式各樣的任務，會慢慢忘記實作細節。實作後隔了一段時間要再修改，就需要重新回想實作細節與內容，得花更長的時間才能完成修正。如果還有其他開發人員執行的變更，將更難分析問題。若能立刻發現測試失敗並進行修正，開發工作會比較輕鬆。由於可以反覆執行相同測試，因此遺漏問題的可能性會降低，也能減少服務發生錯誤的機率。

雖然編寫測試程式碼需要時間，但是根據《Experiences of Test Automation: Case Studies of Software Test Automation》 2-20 的說明，如果要執行四次測試，自動化測試所花的總時間就會比手動測試短。因此，請將需要執行多次的測試自動化。

第 2 章
可以應用在「實作」的實踐

🅟 測試先行

「測試先行」 2-21 是一種在進行原始碼實作之前，先編寫測試程式碼的技術實踐（圖 2-45）。先設計 / 實作測試程式碼可以充分瞭解需要何種行為才能完成要進行的實作處理。實作前有機會思考當作測試對象的軟體規格 / 責任 / 行為等 API 或介面，可以提高找到更好設計的機率。此外，實作時有了自動化測試，就能輕鬆且頻繁獲得測試的回饋。準備可以重複執行的測試，能持續掌握實作的軟體是否有問題，也可以積極進行重構。

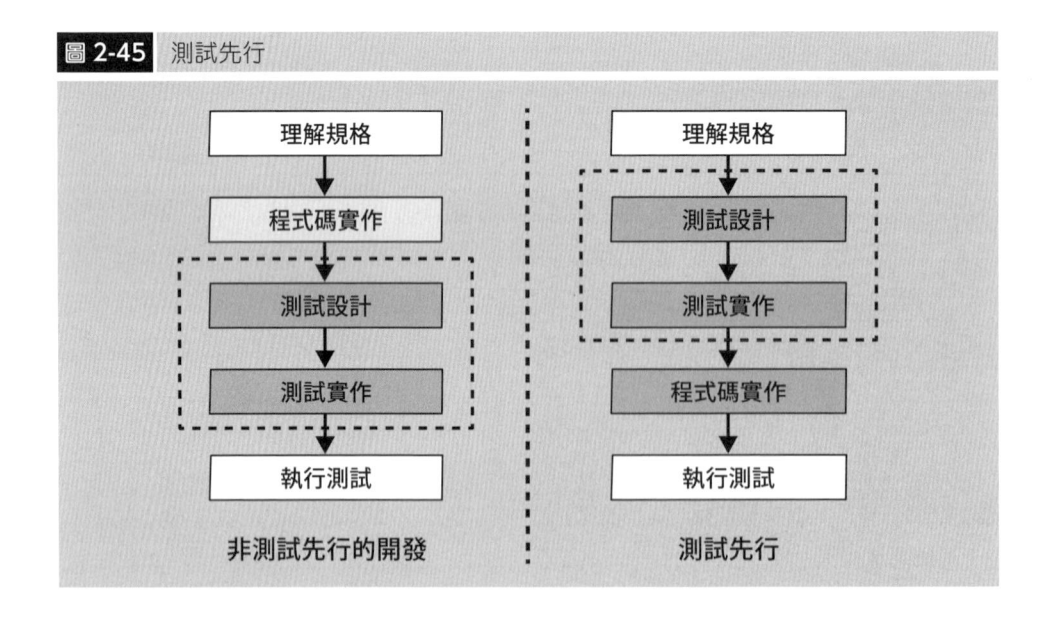

圖 2-45 測試先行

```
         非測試先行的開發              測試先行
         ┌─────────┐                ┌─────────┐
         │ 理解規格 │                │ 理解規格 │
         └────┬────┘                └────┬────┘
              ▼                          ▼
         ┌─────────┐              ┌─────────────┐
         │程式碼實作│              │  測試設計   │
         └────┬────┘              └──────┬──────┘
    ┌ ─ ─ ─ ─ ▼ ─ ─ ─ ─ ┐         ┌ ─ ─ ─▼─ ─ ─ ┐
    │    ┌─────────┐    │         │ ┌─────────┐ │
    │    │ 測試設計 │    │         │ │ 測試實作 │ │
    │    └────┬────┘    │         │ └─────────┘ │
    │         ▼         │         └ ─ ─ ─┬─ ─ ─ ┘
    │    ┌─────────┐    │                ▼
    │    │ 測試實作 │    │           ┌─────────┐
    │    └────┬────┘    │           │程式碼實作│
    └ ─ ─ ─ ─ ▼ ─ ─ ─ ─ ┘           └────┬────┘
         ┌─────────┐                     ▼
         │ 執行測試 │                ┌─────────┐
         └─────────┘                │ 執行測試 │
                                    └─────────┘
```

執行時，別過度追求測試觀點的準確性，避免深入思考不打算在近期實作的部分。還有，不要花太多時間整理測試觀點，以免造成實作進度落後。實際實作後才發現問題，或事前整理仍有漏掉的測試觀點，這些情況在所難免，最好先決定整理測試觀點與測試實作的時間上限。

📄 測試驅動開發

「測試驅動開發」是重複「編寫測試程式碼，執行並使其失敗」→「編寫原始碼並使其測試成功」→「在保持測試成功的狀態下重構原始碼」的循環，**利用測試進行實作的實踐**（圖 2-46）。測試驅動開發的細節與詳細處理方法請參考「測試驅動開發」 2-22 。

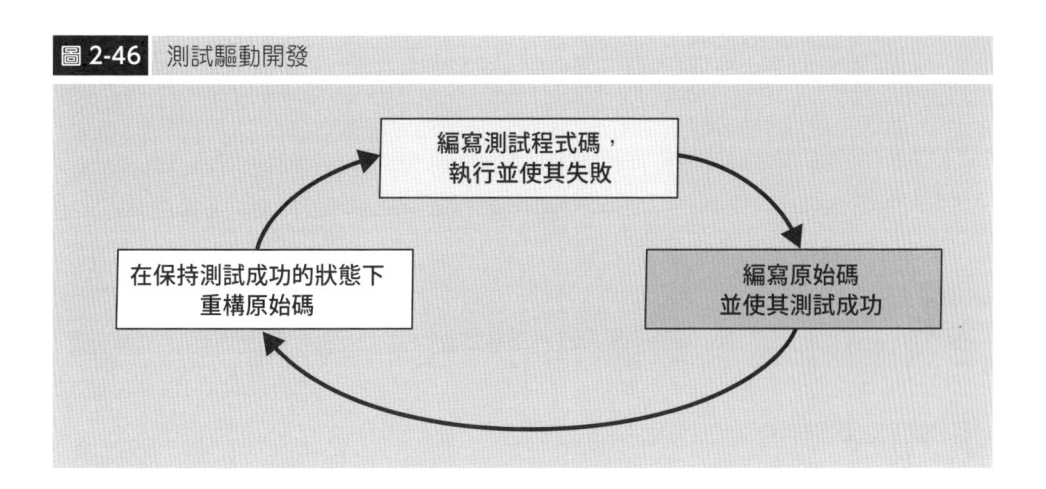

圖 2-46 測試驅動開發

```
        ┌──────────────────┐
        │ 編寫測試程式碼，  │
        │ 執行並使其失敗    │
        └──────────────────┘
          ↗              ↘
┌──────────────────┐   ┌──────────────────┐
│ 在保持測試成功的狀態下 │   │ 編寫原始碼        │
│ 重構原始碼        │ ← │ 並使其測試成功    │
└──────────────────┘   └──────────────────┘
```

如果原始碼實作到編寫測試程式碼之間有空窗期，可能會忘記要驗證的規格，或在編寫測試程式碼階段才發現設計不良，使得工時增加。甚至可能忽視難以進行測試的設計，勉強增加額外的修改或調整以進行測試，結果導致原始碼和測試程式碼緊密耦合，讓測試程式碼變得不易維護。

測試驅動開發是同時進行，所以不會忘記先前的實作，也能立刻發現設計不良的問題。此外，逐步交替增加測試程式碼和原始碼，可以避免過度設計或寫了過多的測試程式碼。最重要的是，頻繁執行自動化測試能確保沒有錯誤，帶來安心感。

第 2 章
可以應用在「實作」的實踐

許多人在建立自動化測試時,都會考慮進行測試驅動開發。不過,測試驅動開發需要時間學習,也要具備相對應的技能。即使還無法進行測試驅動開發,僅以測試先行的方式準備自動化測試,也可以盡早獲得回饋。

> **Q&A 原始碼與測試程式碼由不同人負責實作比較好?**
>
> 我認為將任務分成「實作」與「測試」,由兩個人分頭進行可以比較快完成工作。
>
> 建議由同一個人持續執行,或以結對程式設計、群體程式設計的方式一起進行。如果由不同人負責,可能會因為測試程式碼難以編寫而忽略了設計上的問題。

如何才能長期使用測試程式碼

編寫容易閱讀的測試程式碼

我們不會編寫程式碼來對測試程式碼進行測試,所以測試程式碼必須寫得容易閱讀,才能立即發現測試程式碼是否做了錯誤的確認。容易閱讀的測試程式碼可以輕易掌握成為測試對象的原始碼行為與動作,也更容易修改測試。

什麼是容易閱讀的測試程式碼?容易閱讀的測試程式碼所需的元素與容易閱讀的原始碼不同。以下是編寫容易閱讀的測試程式碼應注意的事項:

- 避免過度通用化

- 別濫用複雜技巧
  例如:大量使用通用的測試設定處理或模擬等

- 以簡單明瞭的方式編寫測試程式碼,讓人從頭到尾都能理解

- 一個測試驗證一個行為

容易閱讀的測試程式碼有明確的測試目的，並以一目瞭然的方式描述測試資料和處理結果的關係。如果測試程式碼難以閱讀，就得花時間瞭解如何執行測試，無法立刻發現測試失敗的原因，使得測試程式碼很難修改與維護。與其過度通用化或濫用複雜技巧來減少測試程式碼的行數，倒不如寫出簡潔易讀、直截了當的測試程式碼，這樣比較容易長期維護。

如果遇到難以理解測試內容的測試程式碼，請確認是否刪除了原本應傳達給閱讀者的上下文或附帶資訊，有沒有透過測試程式碼表達測試目的和條件。

P 表格驅動測試

「**表格驅動測試（Table Driven Test）**」 2-23 是讓測試程式碼變得容易閱讀的技巧（清單 2-10）。這種方法會**準備一個包含多種測試條件（輸入）與預期結果（輸出）組合的表格，使用表格內的資料進行測試**。表格驅動測試的優點是把測試資料和測試邏輯分開，比較容易理解。這種方法也稱作資料驅動測試（Data Driven Test）或參數化測試（Parameterized Test）。採用表格驅動測試可以輕鬆增加新的測試案例，清楚表達對輸入與輸出的期望。增加輸入／輸出組合會讓正在測試的項目變得難以理解，建議加上註解來補充說明。

此外，還有其他讓測試程式碼變得難以閱讀的類型。以下從 Stackoverflow 的「Unit testing Anti-patterns catalogue」 2-24 挑選了幾種來介紹（表 2-10）。

第 2 章
可以應用在「實作」的實踐

清單 2-10　表格驅動測試範例

```
tests := map[string]struct {
  input string
  result string
} {
  "empty string": {
    input: "",
    result: "",
  },
  "one character": {
    input: "x",
    result: "x",
  },
  "one multi byte glyph": {
    input: "🎉",
    result: "🎉",
  },
  "string with multiple multi-byte glyphs": {
    input: "😀🎉👍",
    result: "👍🎉😀",
  },
}

for name, test := range tests {
  t.Parallel()
  test := test
  t.Run(name, t.Run(t *testing.T) {
    t.Parallel()
    if got, expected := reverse(test.input), test.result; got != expected {
      t.Fatalf("reverse(%q) returned %q; expected %q", test.input, got, expected)
    }
  })
}
```

反向排列字串的測試
- 空字串
- 1 個字元
- 1 個多位元組字元
- 多個多位元組字元

表 2-10　不適當的測試程式碼類型

反面模式	概要
Second Class Citizens （次等公民）	測試程式碼的維護程度不如原始碼，很難維持良好的測試
The Free Ride / Piggyback （搭便車 / 依附）	增加觀點不同的測試案例時，卻將其加入現有的測試案例中
Happy Path（快樂路徑）	只測試正常狀態，沒有測試臨界值或例外
The Local Hero / The Hidden Dependency （本機英雄 / 隱性依存性）	需要特定的開發環境來執行測試，在其他環境會失敗。執行測試之前，希望測試資料在特定位置、狀態

（接下頁）

反面模式	概要
Chain Gang（彼此鏈住的囚犯）	測試會改變全域變數、資料庫的資料等系統的全域狀態，下一個測試也會依賴這個部分
The Mockery（鬧劇）	包含大量模擬物件和虛設常式，測試了模擬物件的傳回值，卻沒有測試實際的原始碼行為
The Silent Catcher（沉默的捕手）	發生的例外與預期不同卻測試成功
The Inspector（調查員）	為了提高覆蓋率而過度瞭解原始碼
Excessive Setup（過度設定）	需要大量設定才能開始測試
Anal Probe（大腸鏡）	為了測試 private/protected 的範圍、方法，進行了不理想的測試程式碼設計
The Test With No Name（沒有名字的測試）	沒有適當命名，如把錯誤報告編號直接變成測試名稱等
The Slow Poke（慢吞吞）	測試的執行速度非常緩慢
The Butterfly（蝴蝶振翅）	雖然測試了日期等會變化的資料，卻沒有固定測試結果的方法

保持適當的測試程式碼分量

P 準備必要且足夠的測試程式碼

沒有必要的測試程式碼會造成問題，但是寫出過多的測試程式碼也一樣會有狀況。請準備好必要且足夠的測試程式碼。以下是寫出過量測試程式碼的原因：

- 沒有整理好測試觀點，臨時增加測試程式碼
- 覆蓋率（※2-12）變成數值目標，只為了提高數字而增加測試程式碼
- 設定了過高的覆蓋率，增加連原始碼的細節都注意到的測試程式碼
- 以每個地方都寫出測試程式碼為目的，就連賦值等幾乎不會失敗的簡單處理也要增加測試程式碼

※2-12　覆蓋率：這是指執行測試對象中所包含的覆蓋條件比例。通常會使用命令覆蓋率（C0，statement coverage）、分支覆蓋率（C1，branch coverage）當作指標。

第 2 章
可以應用在「實作」的實踐

想寫出分量適當的測試程式碼必須反其道而行。換句話說，在開始編寫測試程式碼之前，必須先整理測試觀點，進行測試設計。別盲目追求覆蓋率，要根據當作測試對象的原始碼規格與責任來準備測試程式碼。思考測試失敗的原因，優先準備高風險的部分。當你感到煩惱時，可以問自己「這個測試程式碼測試了實際環境中發生的何種狀況？」如果無法妥善說明條件，或只能根據方法／函式／類別的輸出入資料條件進行描述，極有可能變成無意義的測試。

另一方面，除了分量之外，保持測試程式碼的可維護性也很重要。如果測試程式碼與原始碼的實作時間相隔太久，或開始測試之後，就沒辦法回到實作階段，即使當作測試對象的原始碼有功能或設計上的問題，也無法獲得回饋，只能根據當時的實作來增加測試案例。在有功能或設計問題的原始碼增加測試程式碼，會讓重構變得窒礙難行。為了避免這個問題，必須盡量讓測試程式碼和原始碼的實作時間接近或一致，並將測試程式碼實作時的回饋提供給原始碼的實作人員（圖 2-47）。

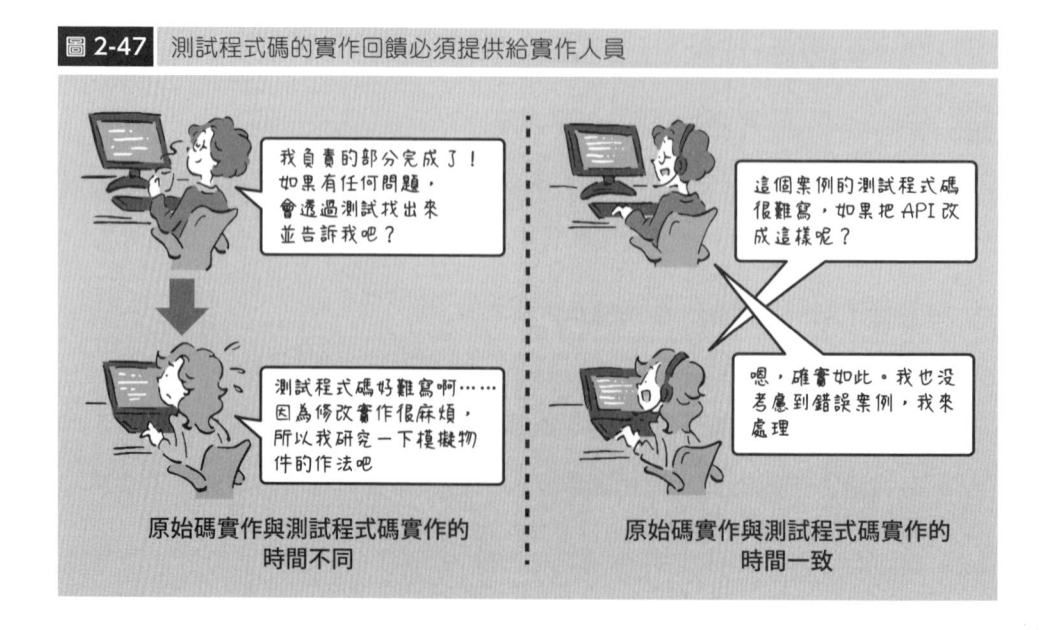

圖 2-47 測試程式碼的實作回饋必須提供給實作人員

🅿 變異測試

「變異測試」 2-25 是用來瞭解測試程式碼的確認項目是否完整,評估測試品質的一種手法。變異測試會更改部分原始碼,刻意混入問題,再執行自動化測試,確認測試是否失敗。如果自動化測試失敗,就能判斷測試程式碼具有檢測問題的能力。多次改變更動的部分,確認測試是否失敗,根據檢測到的失敗率,就能判斷測試程式碼的確認項目是否夠全面。檢測到問題的比例可以當作測試程式碼的確認項目是否足夠的判斷標準。雖然不清楚平常的開發工作是否有餘力做到這種地步,不過意識到要準備必要且足夠的測試程式碼是有幫助的(圖 2-48)。

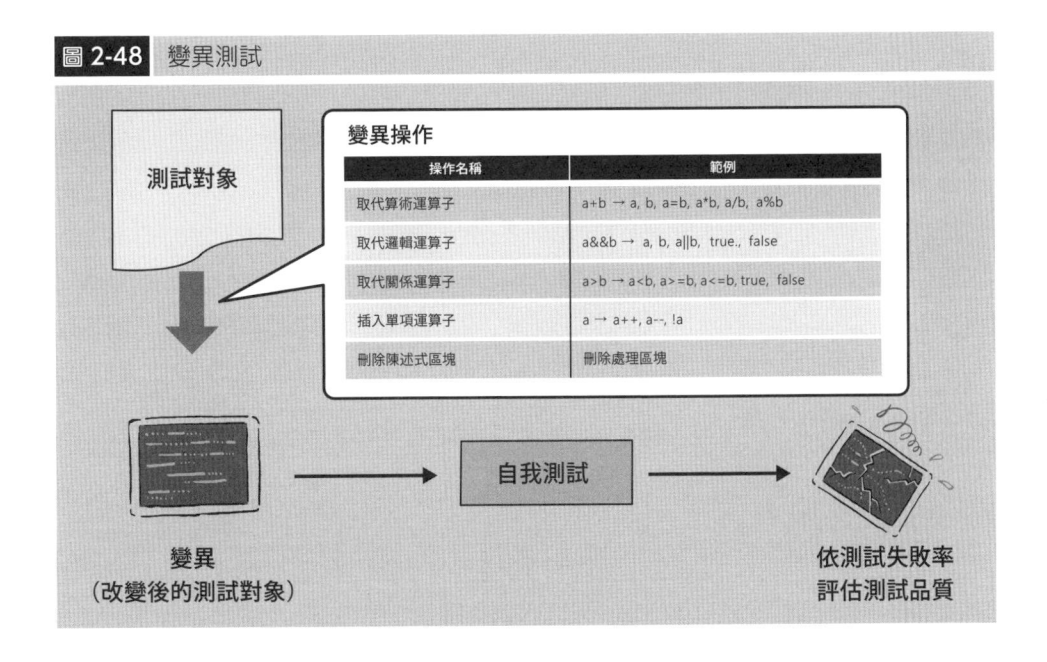

圖 2-48 變異測試

變異操作

操作名稱	範例
取代算術運算子	a+b → a, b, a=b, a*b, a/b, a%b
取代邏輯運算子	a&&b → a, b, a||b, true, false
取代關係運算子	a>b → a<b, a>=b, a<=b, true, false
插入單項運算子	a → a++, a--, !a
刪除陳述式區塊	刪除處理區塊

測試對象 → 變異(改變後的測試對象) → 自我測試 → 依測試失敗率評估測試品質

第 2 章
可以應用在「實作」的實踐

最後要介紹測試驅動開發的創始者 Kent Beck 對 Stack Overflow 提出的問題「做了多少測試？」所給予的回答 2-26 。這篇文章由筆者翻譯。

> 我得到的報酬是可以運作的程式碼而不是測試。因此，我的理念是盡可能以最少的測試，達到預期的可信度（我認為這個可信度高於業界標準，不過可能是我過於有自信）。如果我通常不會犯某種錯誤（例如將錯的變數傳給建構子），我就不會為此進行測試。我傾向瞭解測試錯誤的意義，因此會更謹慎處理條件複雜的邏輯。由團隊編寫程式碼時，我會修改策略，注意所有成員容易出錯的程式碼並進行測試。

Q&A 覆蓋率的目標

有人認為「覆蓋率並非愈高愈好」，既然這是廣泛的衡量標準，應該是一個有用的指標，所以高一點比較好吧？

低覆蓋率（例如低於 50%）可能是測試程式碼寫得不夠完善，但是高覆蓋率（例如超過 80%）只是結果，無法代表測試程式碼或測試品質。

測試驅動開發的 TODO List 比測試還優先

Splunk Senior Sales Engineer, Observability
大谷和紀
Kazunori Otani

有多少人記得在《測試驅動開發》一書中，介紹 TDD 實踐時提到「有一個比測試程式碼還要先寫的東西」？沒錯，首先必須寫下用自然語言表達「做什麼，而且該怎麼做」的「TODO List（待辦清單）」，這已經成為隱藏版的重要實踐。

假設以飲料自動販賣機為例。此時，可以想到的 TODO List 如下：

- 投入 100 日圓，執行退款操作時，退回 100 日圓
- 投入 100 日圓，按下 150 日圓的 A 商品按鈕，沒有任何反應
- 投入 100 日圓，按下 100 日圓的 B 商品按鈕，可以得到一個商品

當然，還有其他腳本，而且這裡的描述也不夠詳細，不過只要可以寫出測試程式碼就行了。

當 TODO List 積累到一定程度，就要開始編寫測試程式碼。可是該從哪個項目開始著手？建議以「使用者的要求」為標準來思考。例如，雖然最後仍可能需要退款操作，但是應該沒有使用者會為了想退款而把錢投入自動販賣機吧？每位投錢的使用者應該都想得到商品。因此，就上述三個項目來看，應該編寫的測試是「可以得到一個商品」。

或許有些人對這一點感到疑惑。因為得到商品的一連串動作可能包括管理投入金額、管理商品清單、管理庫存等工作。甚至覺得一開始著手的腳本過大。如果你有這種感覺，可以和下面一樣，增加 TODO List 的項目。

- 投入 100 日圓後，可以知道投入金額為 100 日圓
- 使用者知道可以選擇 150 日圓的 A 商品和 100 日圓的 B 商品
- 如果商品賣完，按下該商品按鈕也沒有反應

TODO List 增加到 6 個。重新思考這些項目的優先順序，再實作測試程式碼和產品程式碼。

像這樣，建立必要的 TODO List，編寫測試程式碼和產品程式碼，有了一定的進度後，再次寫出 TODO List……，這就是測試驅動開發的作法。TDD 的 T 也可以看作是 TODO 中的 T。

2-7 可以長期開發／運作的原始碼

在日常開發中就開始注意原始碼的品質

可以長期開發 / 運作的原始碼

每當團隊有新成員加入時，常聽到想從零開始重寫原始碼的要求。

原始碼的品質大多以乾淨、雜亂等形容詞表示，不過其中評估的角度包含了易讀性、是否容易測試（可測試性）、設計有一致性等。比起單純的美觀，還包含了更多意義。可以長期開發 / 運作的原始碼是保持速度，持續開發的重要關鍵。但是，有多少人能自豪地回答「我們的原始碼可以持續保持長期開發 / 運作的狀態」？

程式碼庫可能因為以下原因而逐漸遠離可以長期開發 / 運作的狀態。

- 有問題的原始碼通過程式碼審查
- 程式設計語言或框架因版本升級，使得最佳實踐和設計概念出現變化
- 逐漸增加的原始碼修改超過界線，導致設計出現大幅偏差

我們常會產生錯覺，以為「將來有時間之後，可以將原始碼重寫成能長期開發 / 運作的程式碼」或「一旦有問題，可以換個想法，寫出能長期開發 / 運作的原始碼」。實際上，大幅改寫原始碼的時期根本不會到來，而且寫出來的原始碼品質通常不會改變。在《Clean Architecture 達人に学ぶソフトウェアの構造と設計》 2-27 提出了以下的說明。

> 前面提到開發人員自我安慰的想法是基於這個理念，雖然寫出崩潰的程式碼長期會拖慢開發速度，但是短期卻能提高開發效率。相信這件事的開發人員有著和兔子一樣的自信，認為自己可以快速從編寫崩壞程式碼模式轉換成乾淨模式。然而，這是事實認知錯誤。實際上，不論短期或長期，編寫崩潰程式碼一定比寫出乾淨程式碼慢。

第 2 章
可以應用在「實作」的實踐

「可以長期開發／運作的原始碼」屬於相對評估（圖 2-49）。我們無法清楚劃分「從這裡開始是可以長期開發／運作的原始碼，這裡開始是崩潰的原始碼」，而且評估標準也會隨著團隊成員的技能而不同。不是只要花時間，任何人都可以寫出最棒的原始碼。能寫出長期開發／運作的原始碼的人，無論在何種狀況，都能寫出符合該條件的原始碼，不會因為匆忙而降低品質。

長期來看，原始碼的品質將與技能最差的團隊成員維持一致。因此，每個成員都必須創造彼此學習的機會，包括透過程式碼審查提出建議、舉辦讀書會或學習會、討論產品設計等，努力提升技能，以持續寫出優秀的原始碼。

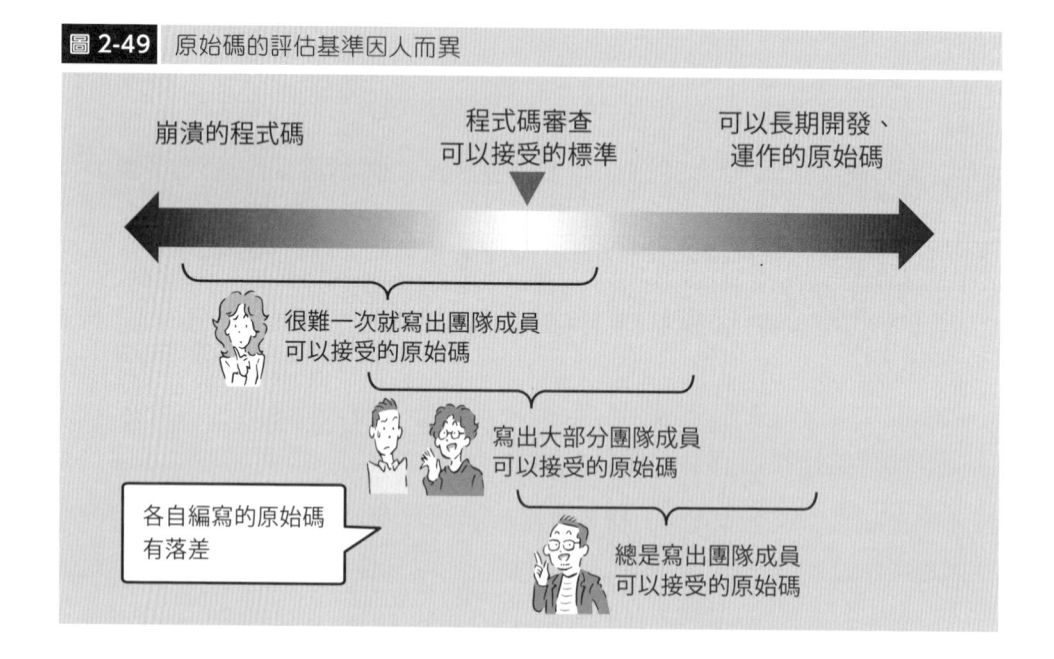

圖 2-49 原始碼的評估基準因人而異

崩潰的程式碼　　　　程式碼審查可以接受的標準　　　　可以長期開發、運作的原始碼

- 很難一次就寫出團隊成員可以接受的原始碼
- 寫出大部分團隊成員可以接受的原始碼
- 各自編寫的原始碼有落差
- 總是寫出團隊成員可以接受的原始碼

讓原始碼變得可以長期開發 / 運作

以下將依照規模大小，把原始碼變成可以長期開發 / 運作的實踐分成兩個部分來說明。

重構

「重構」 2-28 是指「在不改變程式外部行為的情況下，重組原始碼內部結構」的工作。如果可以保證外部行為不變，無論修改範圍大小，都可以稱作重構，但是實際上，重構通常是指改善函式、方法、類別等較小的範圍。

多人共同編寫原始碼時，會因為實作技能、領域知識的差異而讓原始碼的品質參差不齊。**如果要在中長期交出穩定的成果，就得在發現問題時，進行小範圍的重構，修改原始碼品質較差的部分。**雖然我們常呼籲「要經常重構」，卻仍可能遇到自己沒注意，或即使收到建議也因為修改過大而放棄，甚至因其他更重要的工作而延後等情況。由於原始碼的好壞沒有明確標準，很難掌握開始和結束重構的時機，導致即使內心想要重構，卻常沒有付諸行動。

此外，我們也常聽到「沒時間重構」的說法。就算試圖在開發計畫中加入重構項目，卻因為優先順序沒有提升而遲遲無法著手。請回想一下你和最優秀的開發人員一起共事的情況。你看過他請求別人同意「可以進行重構嗎？」應該沒有吧？他們可能在修改原始碼前後、開發人員有空或發現問題時，隨時找機會進行重構吧！重構原始碼的時機不會主動送上門，在你編寫原始碼的過程中，發現問題或覺得需要時，就隨時進行重構。

架構重組

有時不只是重構（Refactoring），**還必須以大一點的單位，如元件、模組等進行重寫，這稱作「架構重組（Re-architecture）」** 2-29 。較大單位的重寫屬於大型開發工作，需要耗時幾個月到幾年。在這段期間內，市場環境會

持續變化。即使承諾重寫期間不改變系統或產品規格，為了讓產品成長或存續，能不能遵守又另當別論了。就算曾達成協議，卻在某些時候違約的情況時有所聞。

花時間大規模重寫的架構重組極有可能無法完成。實際上，為了能隨時中斷，會把架構重組分解成一部分，反覆進行這個過程。架構重組的準備與完成都非常麻煩，平時就要隨時重構，以免發生這種情況。

變得比原本的原始碼更乾淨

童子軍規則

在「程式設計人應該知道的 97 件事」 2-30 ，Robert C. Martin 介紹了以下的「**童子軍規則**」。

> 童子軍有一個重要的規則，那就是「比我們來的時候更美好」。即使你到營地時已經很髒亂，就算不是自己弄髒的，也要在離開前清理乾淨。這樣做是為了讓下次來營地的人可以度過愉快的時光。

每次修改時，都讓原始碼變得比原來更乾淨。**每次提交、每次程式碼審查、每次合併，都養成讓原本的原始碼變得更好的習慣**，總有一天可以得到能長期開發／運作的原始碼。話雖如此，改善原始碼不一定要花很長的時間，累積小幅度的修改就夠了，如更改變數或函式的名稱、整理處理任務的位置、刪除多餘的原始碼等。

你可以試著把重構當作一個任務（圖 2-50），分解任務時，設定重構使用的時間上限，確保可以實際執行重構。在增加功能或修改錯誤之前進行重構的優點是，可以讓你要進行的實作變得比較容易。就算在增加功能或修改錯誤之後才進行重構，也有機會討論出更好的設計和實作方法。

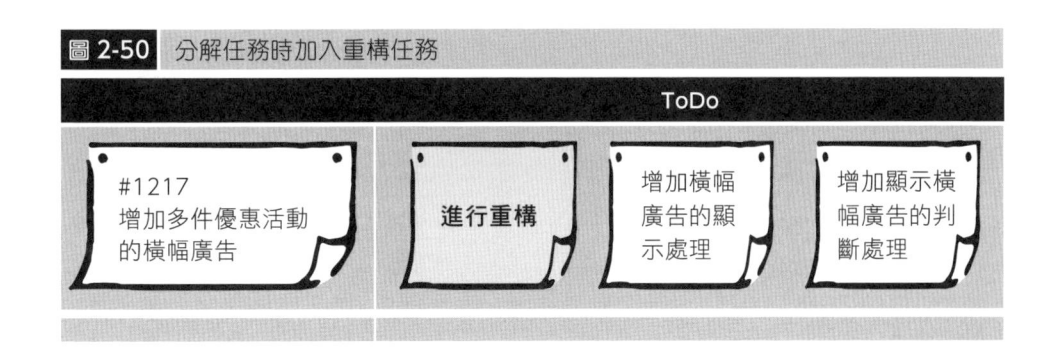

圖 2-50 分解任務時加入重構任務

ToDo			
#1217 增加多件優惠活動的橫幅廣告	進行重構	增加橫幅廣告的顯示處理	增加顯示橫幅廣告的判斷處理

學會取消功能的方法

學會取消功能的方法也很重要。令人意外的是，即使有很多新功能測試及發布的經驗，但是刪除功能時的測試和發布經驗卻格外稀少。首先，請從刪除未使用的原始碼或擺明不需要的功能開始嘗試。只有幾行也沒關係，透過實際執行刪除程式碼的操作，就可以瞭解要向誰確認、必須取得誰的批准、要測試和確認操作到何種程度，以及需要注意哪些問題。累積經驗之後，自然可以刪除不必要的原始碼和功能。

如果沒有人強力執行，就無法刪除多餘原始碼或功能的話，也可以準備刪除機制。例如，準備用來刪除功能的父分支，通知開發人員，讓他們可以將刪除原始碼的操作合併到該分支。整合發布前的確認和測試等麻煩工作，能降低開發人員的心理阻礙。另外，透過群體程式設計來刪除功能，也能改善這個問題。請召集成員，分享彼此的看法再繼續開發工作。

重新檢視軟體的相依性

即使經常整合修改並定期部署，還是可能忽略掉定期更新相依性。開發軟體時，會用到程式庫、框架、程式設計語言的版本、作業系統版本等各式各樣元素，這些都得隨時更新使用版本。作業系統、程式設計語言、框架的重大版本升級是以幾個月到幾年為單位不定期發生，而程式庫的更新可能頻繁到

第 2 章
可以應用在「實作」的實踐

每月甚至每週都會發生。因此，我們必須定期檢查軟體的相依性，根據變化修改軟體。在這些相依性中，有不少需要進行大規模的修改。

然而，在大部分的開發現場，即使是最簡單的小型程式庫版本更新也可能應付不過來。一次程式庫更新包含的內容少，應該可以立刻確認操作。即便如此，仍有各式各樣的原因導致更新工作被擱置，例如考量系統無法運作的風險，或有功能開發、除錯等其他更重要的任務需要處理。可是，程式庫更新一旦累積起來，就很難升級，而且一個程式庫無法更新可能影響到其他程式庫也無法更新，導致難以維護儲存庫的相依性，總有一天會因為作業系統、框架或程式庫停止支援而出現嚴重問題。筆者認為即使是小的更新，一旦停止更新相依性，就會開始累積負債。

如何更新相依性？雖然你可能希望從自動化或建立團隊規則開始，但是**建議先選擇一個相依性進行更新，累積更新相依性的經驗**。即使是小幅更新小型程式庫，剛開始也不會有明確的發布標準。在沒有經驗或成果的情況下，很難做出決定，建議先更新影響範圍較小的程式庫，並進行部署，發現錯誤等問題後，逐步建立防範機制。一旦準備好確認步驟，即使要更新框架、作業系統等影響範圍較大的相依性，也能降低漏掉問題的風險。從多次更新相依性的經驗中，找到適合自己的作法。

定期更新相依性需要一些技巧。首先，請從與生產環境的運作無關的部分開始處理，如測試類的程式庫或構建時使用的工具等。如果有多個需要更新相依性的儲存庫，請從影響範圍較小的儲存庫開始著手，藉此累積經驗與自信。此外，必須先確認能安全恢復原狀的步驟，為版本升級後發生問題時做準備。雖然你可能希望一步到位，但是逐步升級比較容易分析問題。剛發布的最新版本可能有錯誤，可以觀察幾天再升級。另一方面，錯誤報告對開放原始碼也有重要貢獻。積極升級版本，調查無法操作的原因並提出錯誤報告，可以提升自己的技能。

自動更新相依性

忘記更新相依性的原因之一是可能沒有注意到要更新。如果有一個機制可以偵測更新，自動建立修改拉取請求，就能避免忘記更新。此時，可以使用更新相依性的自動化服務，如「Dependabot」或「Renovate」（圖 2-51）。

更新相依性的自動化服務會定期檢查儲存庫內記錄版本資訊的檔案。如果有新版本，就會自動建立包含更新版本編號的拉取請求。逐一更改版本編號是很簡單的操作，但是如果數量龐大就很麻煩。此外，先進行自動化測試，就能透過測試檢測是否因相依性的更新而無法操作。若自動化測試成功，可以自動合併相依性更新的拉取請求，省去手動操作的麻煩。頻繁更新相依性，每次差異就會縮小，能輕易發現問題所在。

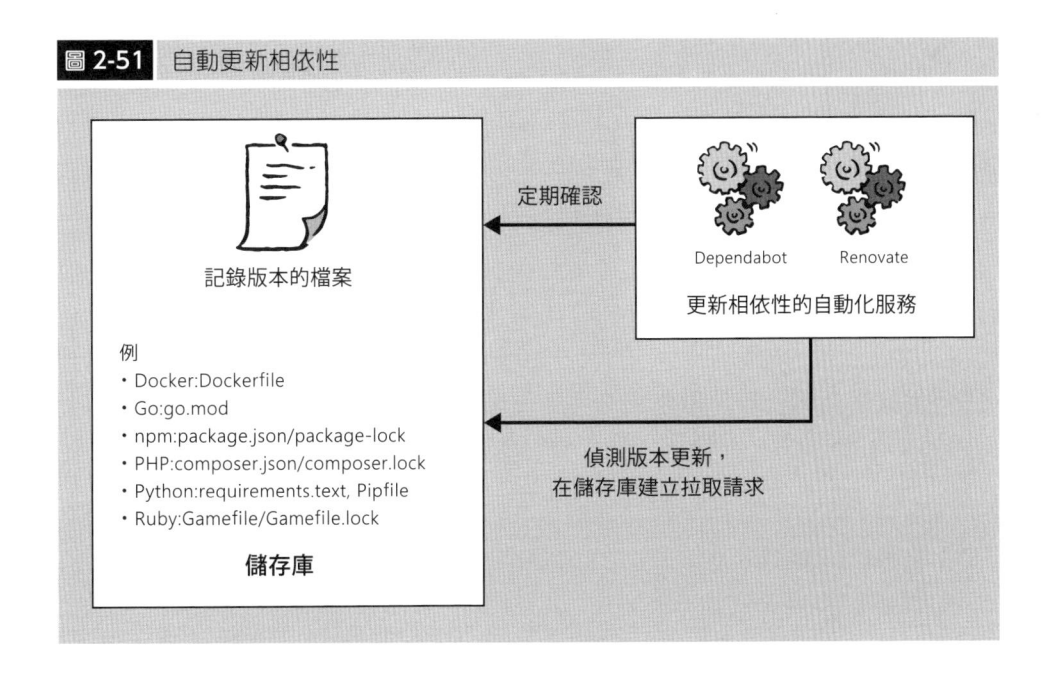

圖 2-51 自動更新相依性

記錄版本的檔案

例
- Docker：Dockerfile
- Go：go.mod
- npm：package.json/package-lock
- PHP：composer.json/composer.lock
- Python：requirements.text, Pipfile
- Ruby：Gamefile/Gamefile.lock

儲存庫

定期確認

Dependabot　Renovate
更新相依性的自動化服務

偵測版本更新，
在儲存庫建立拉取請求

第 2 章
可以應用在「實作」的實踐

Dependabot 與 Renovate 涵蓋了廣泛的相依性更新。Renovate 可以在 On-Premises 環境中自行建立伺服器,只要更新對象包含在內,就可以廣泛應用。

> **Q&A 一起更新比較有效率**
>
> 規定「每三個月或每半年一起更新」不是比較有效率嗎?
>
> 如果更新時機與忙碌的開發期重疊,就會因為「現在的開發工作比更新相依性更重要」而跳過。每次延後更新,所需的工時就會變多。因此,平常就要隨時更新相依性。

第 2 章介紹了團隊共同進行功能實作所需的技術實踐。隨著產品與系統變得龐大且複雜,設計 / 易變性 / 凝聚力等軟體開發知識也愈來愈重要。以下將介紹一些值得參考的書籍。

- 《軟體架構原理:工程方法》
  Mark Richards、Neal Ford(2021,陳建宏 譯,O'Reilly)

- 《Secure By Design》
  Dan Bergh Johnsson、Daniel Deogun、Daniel Sawano(2019,Manning)

- 《建立演進式系統架構:支援常態性的變更》
  Neal Ford、Rebecca Parsons、Patrick Kua(2019,賴屹民 譯,O'Reilly)

- 《現場で役立つシステム設計の原則 〜 変更を楽で安全にするオブジェクト指向の実践技法》
  増田亨(2017,技術評論社)

References

2-1 《Toolbox for the Agile Coach - Visualization Examples》Jimmy Janlén（2015，Leanpub）

2-2 「Ready-ready: the Definition of Ready for User Stories going into sprint planning」Richard Kronfält（2008）
http://scrumftw.blogspot.com/2008/10/ready-ready-definition-of-ready-for.html

2-3 「The Scrum Guide」Ken Schwaber、Jeff Sutherland（2020）
https://scrumguides.org/docs/scrumguide/v2020/2020-Scrum-Guide-US.pdf

2-4 「Everything You Need to Know About Acceptance Criteria」SCRUM ALLIANCE
https://resources.scrumalliance.org/Article/need-know-acceptance-criteria

2-5 《大規模スクラム Large-Scale Scrum(LeSS) アジャイルとスクラムを大規模に実装する方法》Craig Larman、Bas Vodde（2019，榎本明仁 監修、榎本明仁、木村卓央、高江洲睦、荒瀬中人、水野正隆、守田憲司 譯，丸善出版）

2-6 《CODE COMPLETE 2中文版：軟體開發實務指南（第二版）》
Steve McConnell（2005，金戈、湯凌、陳碩、張菲 譯，博碩）

2-7 「Patterns for Managing Source Code Branches」Martin Fowler（2020）
https://martinfowler.com/articles/branching-patterns.html

2-8 「A successful Git branching model」Vincent Driessen（2010，nvie.com）
https://nvie.com/posts/a-successful-git-branching-model/

2-9 「GitHub Flow」Scott Chacon（2011，A little space for Scott）
https://scottchacon.com/2011/08/31/github-flow

2-10 「Trunk Based Development」Paul Hammant
https://trunkbaseddevelopment.com/

2-11 「FeatureToggle」Martin Fowler
https://martinfowler.com/bliki/FeatureToggle.html

2-12 「Feature Toggle Types」（Unleash）
https://docs.getunleash.io/reference/feature-toggle-types

2-13 「git-commit(1) Manual Page」
https://mirrors.edge.kernel.org/pub/software/scm/git/docs/git-commit.html#_discussion

2-14 「Write Better Commits, Build Better Projects」Victoria Dye（2022，TheGitHub Blog）
https://github.blog/2022-06-30-write-better-commits-build-better-projects/

第 2 章
可以應用在「實作」的實踐

References

- **2-15**《Extreme Programming Explained: Embrace Change》Kent Beck、Cynthia Andres（1999，Addison-Wesley）
- **2-16**「Ten minutes explanation or refactor」Urs Enzler（2017，101 ideas foragile teams）
  https://medium.com/101ideasforagileteams/ten-minutes-explanation-or-refactor-2679fccfeeaa
- **2-17**「About code owners」（GitHub Docs）
  https://docs.github.com/en/repositories/managing-your-repositorys-settings-and-features/customizing-your-repository/about-code-owners
- **2-18**《Extreme Programming Explained: Embrace Change》Kent Beck、Cynthia Andres（1999，Addison-Wesley）
- **2-19**「Fast git handover with mob」
  https://mob.sh/
- **2-20**《Experiences of Test Automation: Case Studies of Software TestAutomation》Dorothy Graham、Mark Fewster（2012）
- **2-21**「自動テストとテスト駆動開発、その全體像」和田卓人（2022，Software Design 2022 年 3 月號，技術評論社）
- **2-22**《Kent Beck 的測試驅動開發》Kent Beck（2021，陳仕傑 譯，博碩）
- **2-23**「TableDrivenTests」（TableDrivenTests·golang/go Wiki）
  https://github.com/golang/go/wiki/TableDrivenTests
- **2-24**「Unit testing Anti-patterns catalogue」（Stack Overflow）
  https://stackoverflow.com/questions/333682/unit-testing-anti-patterns-catalogue
- **2-25**「State of Mutation Testing at Google」Goran Petrovic、Marko Ivankovic（2018）
- **2-26**「How deep are your unit tests?」（Stack Overflow）
  https://stackoverflow.com/questions/153234/how-deep-are-your-unit-tests
- **2-27**《Clean Architecture　達人に学ぶソフトウェアの構造と設計》Rober C. Martin（2018，角征典、高木正弘 譯，KADOKAWA）
- **2-28**《重構─改善既有程式的設計》Martin Fowler（2008，侯捷、熊節 譯，碁峰）
- **2-29**《Re-Engineering Legacy Software》Chris Birchall（2016，Manning）
- **2-30**《程式設計人應該知道的 97 件事》Kevlin Henney（2014，O'Reilly）

技術負債 ── 向業務端說明到發現問題為止的時間與風險

Agilergo Consulting
（股）公司
資深敏捷教練
川口恭伸
Yasunobu Kawaguti

探討技術實踐的成本時，有時會聽到「開發人員瞭解，卻很難向業務部門說明」的意見。「技術負債」一詞就是在這種情況下發明的。經營者與財務人員都明白，負債是在必要時應承擔的風險，但是累積負債可能讓公司陷入危機。這個名詞把負債當作隱喻，試圖解釋工程師面臨的問題。例如，「需要花時間才能發現問題」在現階段還算不上是風險，但是一旦發生緊急狀況，就會讓該業務陷入危機。我們希望與業務部門分享「表面上看起來沒問題，其實有著重大風險」的情況，對現在投入調查／執行技術實踐的成本是降低風險的投資達成共識。推動敏捷開發的先進們也是工程師，他們提出了可以清楚傳達給其他人的說明，目標是讓參與的業務可以取得成功。

然而，只表示「有技術負債，所以想還債」無法讓業務部門的人理解，必須用具體案例來說明。例如，我們可以透過幾個案例來思考發現問題到修改完畢所需要的時間。

1. 依賴發布前的手動測試

初期當作原型開發的應用程式，在獲得良好評價並逐漸發展成正式產品的過程中，常出現延後自動化測試，以手動方式執行確認後再交給其他人的情況。相較於自動化測試，更重視快速向客戶顯示新功能的案例就是如此。發布後卻發現問題，就得調查是不是數週前製作的某個部分造成的。此時，應考慮到是報告者弄錯，其實沒有問題的可能性，並在腦中進行廣泛推測來理解問題。這是一項壓力極大的工作，而且發布修改處理之後，也可能因為這次的變更又引起相同的問題。如果要讓服務恢復正常運作，就得還原到發布之前的狀態。此時，若有非發布不可的功能，就得被迫做出艱難的決定。

2. 自動化測試，每天進行構建與測試（每日構建）

過去把每天進行構建稱作每日構建（Daily Build），如果在晚上進行，就稱作每夜構建（Nightly Build）。將構建自動化，每天自動檢查，隔天就可以發現問題。然而，這只限於測試案例的範圍

第 2 章
可以應用在「實作」的實踐

內。不過，這樣至少可以發現無法構建等致命問題。如果知道昨天進行的工作有問題，可以先暫時取消該提交，恢復到前一天的「正常」狀態。由於只需暫時還原一天左右的工作，不會造成太大的影響。接著確認隨後的提交，找出奇怪的地方。

3. 在提交設置鉤子觸發自動測試（持續整合）

將程式碼的修改結果推送到主分支，就會自動執行測試，這就稱作持續整合。對開發人員而言，每次完成工作後都能獲得各種回饋。他們可以藉此瞭解是否因「剛才的工作」導致「運作中的程式碼」或「已通過的測試」變得無法執行。這樣能縮小尋找原因的調查範圍。如果產品完成後的十分鐘就發現問題，只要懷疑這十分鐘內的工作，該部分也能輕易捨棄。

敏捷開發的目標是維持「沒有已知問題」的狀態。這是指把與已知問題有關的測試自動化，我們可以仔細探索其他部分，這也稱作「零缺陷容忍（Zero Bug Tolerance）」。當然，我們不是全知全能，無法發現未知的問題。但是，創造盡可能頻繁確認的狀態並維持，可以加快「下次發現問題」的反應速度，減輕面對故障處理時的心理負擔。這樣

就能及早討論「目前還不嚴重，總有一天可能變成大問題的隱憂」，進而產生從容且不會忘記討論問題的審慎態度。程式碼品質愈差的團隊，面對下一個問題的應變能力就愈差，甚至常無法處理已經明確存在的問題。

曾有人找我諮詢「我們理解這一點，但是現況是業務部門不同意花時間進行持續整合或建立測試。」此時，或許可以利用「技術負債」的概念，向業務部門解釋。你可以試著按照以下方式來說明。

減少錯誤並快速修正問題可以提高「敏捷性」，亦即提高「因應未來業務變化的速度」。將技術實踐當作我們的選擇之一，能提高商業價值。如果還沒有這樣做，可能是因為過去沒有投入處理成本的關係。把這個部分視為「技術負債」來思考，就可以瞭解這是對未來的投資。當然，我們不可能突然花費大量時間編寫涵蓋整個系統的自動化測試，就先從眼前的一個變更點開始，逐步導入自動化測試。

使用具體案例來說明，可以讓業務人員瞭解風險。解決技術負債具有業務價值。在說出「為什麼連這點都不懂！」之前，先試著拿出向對方一步一步說明的勇氣。要在發生嚴重問題之前，鼓起勇氣說出實情，從現在開始也不嫌晚。

3

第 3 章

可以應用在「CI/CD」的實踐

在整個開發過程中,都必須持續維持/改善產品的品質。我們不能只在測試與發布時努力,更應該從開發之前的階段開始建立產品的品質。因此,我們需要的核心技術實踐是持續整合(CI:Continuous Integration)/持續交付(CD:Continuous Delivery)/持續測試。

我們透過技術實踐找到了適當的開發步調了！
大家要持續檢查原始碼，才能在發生問題的當下立刻瞭解原因
你說的是 CI/CD 對吧！
耀眼!!
聽起來像是會嚴格指出問題的老師？
茫然……
嗯，應該算是吧！
我從來沒有獨自從零開始進行過 CI/CD 耶
總之，只要使用工具進行大量檢查就好了吧？

不過有些檢查可以立刻完成，有些卻需要花點時間喔
也是
我們要想想如何避免讓整個檢查時間過長
還有，隨時將變化反映在確認環境中也很重要
要靠人工檢查有點困難耶
可能會忘記或變得很麻煩啊～
唉⋯
自動化對品質的提升也很重要
請告訴我們可以採取哪些具體的處理措施！
包在我身上！

3-1 持續整合

重複構建與測試，及早發現問題

P 持續整合

「持續整合」 3-1 是一種技術實踐，隨時在儲存庫加入開發人員修改（提交／合併）的部分，藉此觸發自動化構建或測試處理（圖 3-1）。利用頻繁的構建與測試，可以及早發現因提交／合併引起的問題，並盡快回饋給開發人員。如果因為處理失敗而讓團隊進行溝通、處理，也能避免開發速度下降。自動化可以降低一連串工作的執行成本，防止混入人為錯誤。持續整合是目前軟體開發中不可或缺的技術實踐。

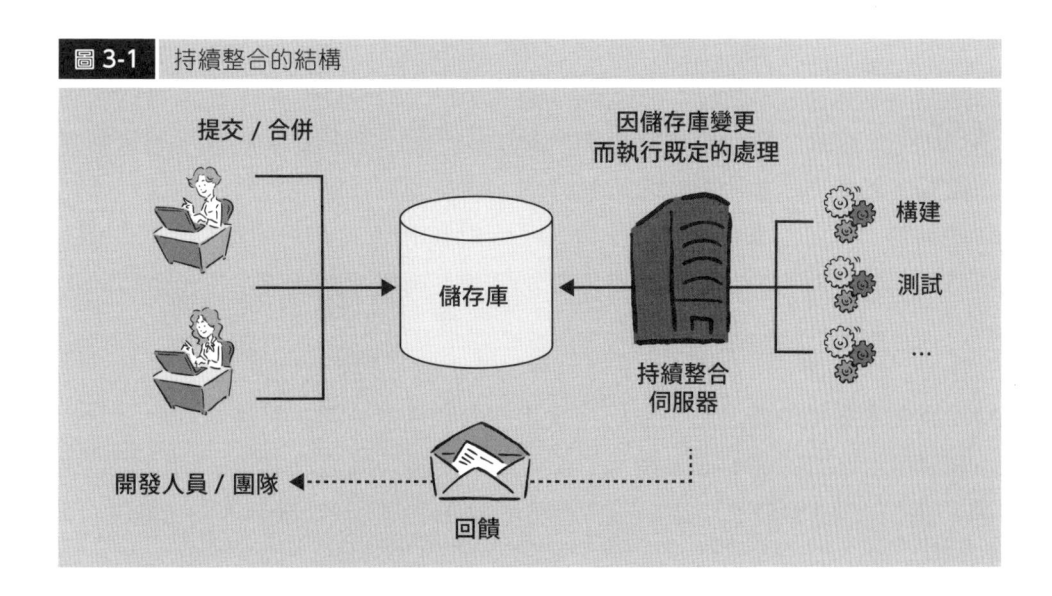

圖 3-1 持續整合的結構

持續整合進行的處理會因實際狀況而異，但是通常會進行以下工作：

- 構建軟體（※ 3-1）、生成產出物（Artifact）（※ 3-2）
- 自動化測試

※ 3-1　構建：這是指轉換成可以執行原始碼的格式或建立發布套件的處理。

※ 3-2　產出物：這是指透過構建生成的檔案。

- 執行 linter、formatter
- 生成 / 更新文件
- 收集指標

在持續整合伺服器執行的處理愈多，獲得回饋所需的時間就愈長。如果自動化測試與構建需要花很久的時間，開發人員就會討厭頻繁整合。當整合頻率降低，每次整合就得同時確認大量修正。最後，因整合導致構建失敗或發生無法測試等問題時，調查時間就會拉長。**雖然沒有硬性規定在持續整合伺服器上執行的處理必須在幾分鐘內完成，但是所有參與開發的人員應該對可容忍的時間上限有共識**。根據筆者的經驗，一旦超過 10 分鐘，就會有愈來愈多開發人員認為「太慢」。升級伺服器規格、減少執行工作、同時執行多個工作、篩選自動化測試或 linter / formatter 的處理對象、利用暫存加快費時的處理，這些方法都可以縮短處理時間。請在有限的時間內討論應該要做什麼並改善。持續整合一開始需要花一些時間做準備，但是這種技術實踐可以提高整個開發流程的效率，而且能立竿見影。後續才導入持續整合會增加工時，最好在開發初期就開始準備。

持續整合最重要的關鍵是，別對持續處理失敗的狀態置之不理。不論我們多小心謹慎，都無法將修改風險降到零。因此，發現問題的當下，就得立即修正。保持主分支隨時都可以部署的狀態是讓持續整合成功最重要的祕訣。

在本機環境頻繁檢查

鉤子腳本（Hook Script）

在持續整合的過程中，執行自動化測試／linter／formatter 的次數愈頻繁，愈快得到回饋。如果能在開發人員的本機開發環境中也頻繁執行這些操作，得到回饋的速度會更快。**在版本管理系統中，提供了一種稱作「鉤子腳本（Hook Script）」的機制，可以在操作之間插入處理**。使用鉤子腳本能在提交時自動調整原始碼的格式，或檢查出錯誤時，停止提交。這個單元將以 Git 為例，介紹鉤子腳本的種類與應用範例。

表 3-1 Git 鉤子的種類與用途

鉤子的種類	執行時機	用途
pre-commit	提交前	• 執行測試 • 執行 linter／formatter • 禁止在特定分支的提交 • 如果有尚未解決衝突的檔案，禁止提交 • 禁止修改不允許變更的檔案
prepare-commit-msg	在開啟輸入提交訊息的編輯器之前	準備提交訊息的範本
commit-msg	輸入提交訊息之後	• 禁止空的提交訊息 • 強制使用特定的提交訊息格式
post-commit	提交之後	• 呼叫通知 • 執行持續整合伺服器的處理
pre-push	推送之前	無法推送給特定分支
pre-receive	在伺服器端開始 refs 更新之前	強制執行伺服器端的開發規則，包括確認推送者、提交訊息的格式、對修改後的檔案是否有適當的存取權等
update	每次伺服器端有 refs 更新時	• 用法和 pre-receive 一樣 • 差別在於，如果一次推送了四個分支，pre-receive 會被呼叫一次，而 update 是被呼叫四次
post-receive	伺服器端的 refs 更新結束後	呼叫其他系統的處理或通知其他使用者

第 3 章
可以應用在「CI/CD」的實踐

在本機環境執行的鉤子腳本是以指定名稱放在 .git/hooks 目錄下執行。鉤子腳本的使用範例可以參考 Git 儲存庫內的範本 **3-2**。圖 3-2 顯示了修改原始碼，提交並推送至遠端儲存庫的流程，以及插入的鉤子腳本的執行時機。圖中有部分鉤子腳本的執行時機類似，但是其中有以下差異：

- 是否阻止：是否用鉤子腳本的結束程式碼停止後續處理
- 能否跳過：能否跳過鉤子腳本的執行處理

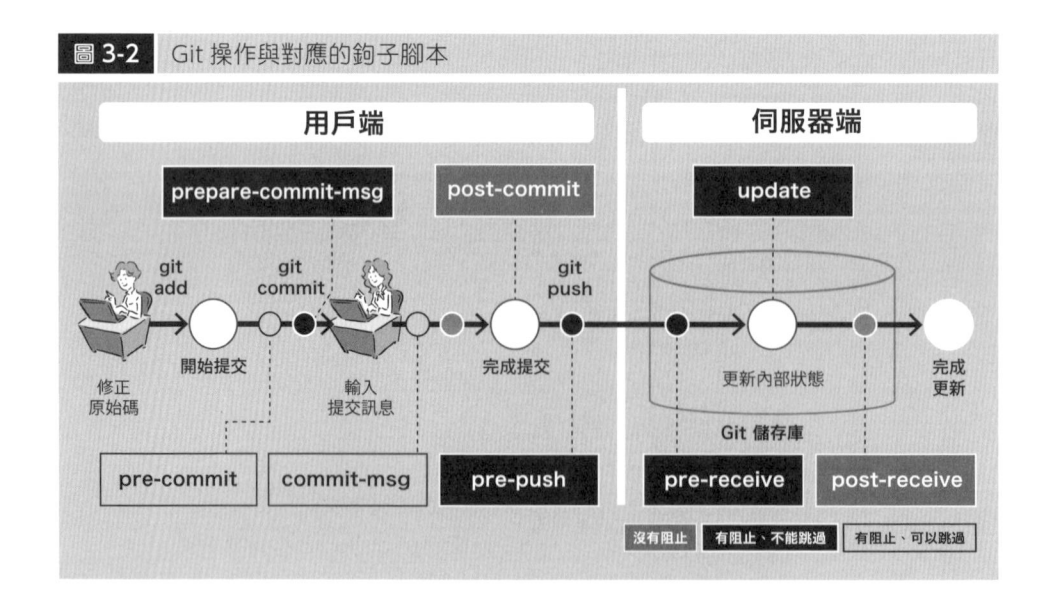

圖 3-2 Git 操作與對應的鉤子腳本

.git 目錄下的檔案無法用 Git 管理版本，因此開發人員要共用、設定鉤子腳本時，需要額外的操作步驟。以下這些工具可以自動設定鉤子腳本，請善加運用。

- Node.js：husky
- Go：Lefthook
- Python：pre-commit

此外，每個團隊成員按照以下方式設定手邊的環境，就能透過 Git 的官方功能設定鉤子腳本。

1. 在 .githooks 目錄放入共用的鉤子腳本
2. 複製儲存庫後執行以下命令

```
$ git config --local core.hooksPath .githooks
```

這是在複製出來的儲存庫增加設定，載入放在 .githooks 資料夾內的鉤子腳本。無論使用哪種方法，都建議在儲存庫內放入 README 檔案，輸入鉤子腳本的說明，當作一種設定開發環境的方法。

雖然鉤子腳本很方便，但是也要避免過度使用。例如，開發人員應該不希望每次提交時，都要進行自動化測試而等上幾分鐘吧！處理相同儲存庫的開發人員請彼此溝通，找出所有人都可以接受的平衡點。

第 3 章
可以應用在「CI/CD」的實踐

☰ 持續更新文件

📘 利用工具自動生成文件

有很多可以支援持續更新文件的工具，包括從原始碼或定義檔自動生成文件的工具、由文字資料生成圖表的工具、轉換文件格式的工具、支援文件校對的工具等。透過持續整合自動生成文件，讓團隊可以參考最新文件是很方便的作法。請根據實際採用的程式設計語言和平台，導入適合的工具（表 3-2～表 3-7）。

表 3-2 從原始碼自動生成文件的工具

工具名稱	程式設計語言
Doxygen	C++、Java、Python、PHP、C#
Javadoc	Java
phpDocumentor	PHP
Sandcastle	C#
YARD	Ruby
godoc	Go
JSDoc	JavaScript

表 3-3 從定義自動生成 API 文件的工具

工具名稱	對象
OpenAPI	RESTful API
Protobuffet	Protocol Buffers（gRPC）
proto-gen-doc	Protocol Buffers（gRPC）
Buf	Protocol Buffers（gRPC） （支援 Protocol Buffers 開發的工具包括生成文件的功能）

表 3-4　從 DB 自動生成 ER 圖的工具

工具名稱	支援 DB	備註
SchemeSpy	PostgreSQL、MySQL、SQLite、Oracle	用 Java 開發的開放原始碼工具
MySQL Workbench	MySQL	這是 DB 連接用戶端的功能

表 3-5　將特定格式轉換成網頁或發布內容的工具

工具名稱	支援格式	備註
AsciiDoc	Asciidoc	這是一種輕量級標記語言。AsciiDoc 只規定格式，因此有許多支援轉換的工具，如 Asciidoctor。
Sphinx	reStructured Text	這是用 Python 開發的開放原始碼工具
Docsaurus	MDX	這是用 JavaScript（Node.js）開發的開放原始碼工具
mdBook	Markdown	這是用 Rust 開發的開放原始碼工具
Pandoc	Markdown、HTML、LaTeX、reStructured Text 等多種格式	這是支援多數輸出入格式的開放原始碼工具

表 3-6　製作、轉換圖表的工具

工具名稱	輸出用途	備註
mermaid	流程圖、循序圖、類別圖、狀態圖等	這是一種開放原始碼工具，可以轉換 mermaid 語法的文字
PlantUML	UML	這是一種開放原始碼的工具，可以轉換 PlantUML 語法的文字
diagrams.net	系統結構圖等	SaaS 型的服務

表 3-7　校對工具

工具名稱	支援格式	備註
textlint	自然語言（日文、英文）、Markdown	這是用 JavaScript（Node.js）開發的開放原始碼工具
RedPen	Wiki、Markdown、AsciiDoc、LaTeX、Re:VIEW、reStructuredText	這是用 Java 開發的開放原始碼工具

3-2 持續交付

讓系統隨時保持可部署狀態

持續交付

「持續交付（Continuous Delivery）」3-3 是以系統隨時保持可部署狀態為**目標的技術實踐**。它把新版本部署至可確認操作的環境中，並將準備過程自動化。部分產品類型可能需要建立部署用的套件或安裝程式。透過可重複且可靠的自動化部署，提高部署的頻率和次數，能盡快試用新版本，更快速、更廣泛地取得內部的回饋。這樣不僅有助於提升中長期的品質，還可以避免日後導入造成工時增加的困擾，建議從開發初期就著手準備。

持續整合／持續交付簡稱為 CI/CD，通常當作改善品質的技術實踐來介紹。持續整合涵蓋了整合（構建／測試）的處理，而持續交付包括部署到確認操作的環境，以及發布到生產環境的部分（圖 3-3）。

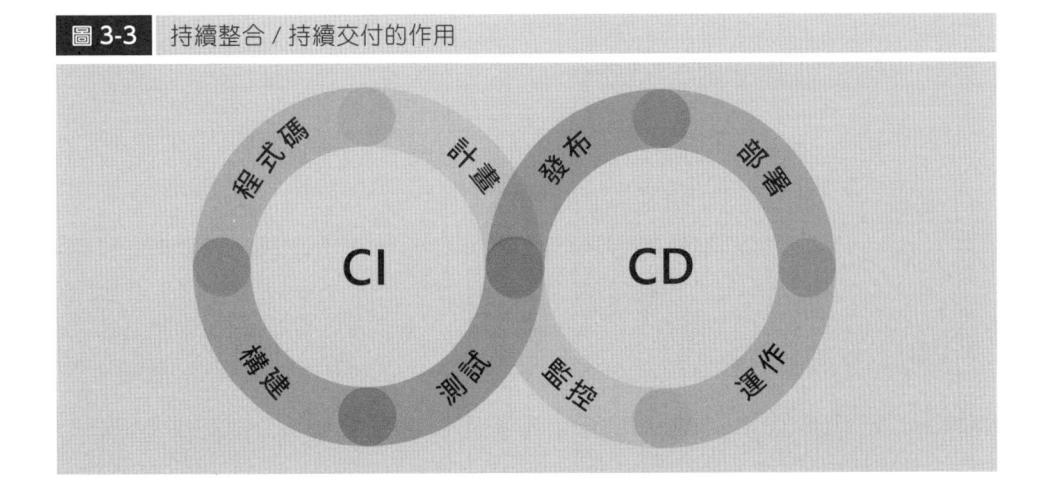

圖 3-3 持續整合／持續交付的作用

即使採取了自動化部署，卻因為整合時的檢查不夠徹底，出現許多錯誤，或要修正這些錯誤而影響正式發布的時間，就無法達成持續交付的目標。如果要讓主分支始終保持在可部署狀態，必須結合「主幹開發（Trunk Based Development）」（52頁）和「自動化測試」（110頁）等技術實踐 3-4。請將可重複且可靠的部署處理自動化，以提高品質。

第 3 章
可以應用在「CI/CD」的實踐

建置 CI/CD 管道

CI/CD 管道

持續整合／持續交付沒有標準的處理方式，必須根據相關技術、熟練程度和業務需求，按照實際狀況進行設計與實作。

大部分的持續整合服務會整理和定義**到發布為止所需的各項處理（工作）**，如構建／測試／部署等，以及**執行順序與時機（工作流程）**。整理後的工作與整體工作流程稱作「**CI/CD 管道（CI/CD pipeline）**」（圖 3-4）。

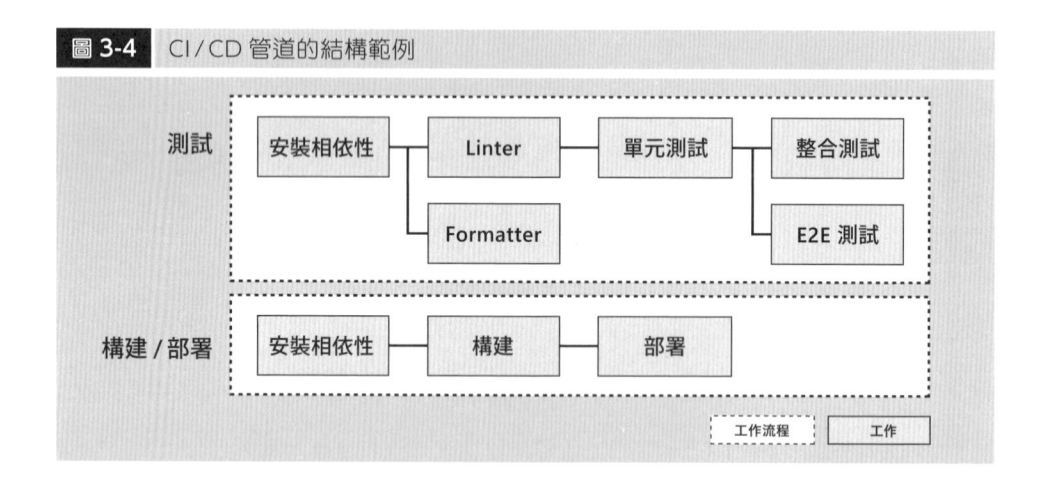

圖 3-4 CI/CD 管道的結構範例

```
測試
    安裝相依性 → Linter → 單元測試 → 整合測試
                  Formatter         E2E 測試

構建／部署
    安裝相依性 → 構建 → 部署
```
（工作流程／工作）

CI/CD 管道由一個以上的工作流程組成，而工作流程是由一個以上的工作組成。工作流程可以在任何時間點執行，如建立拉取請求、合併拉取請求、或其他工作流程成功時。一般而言，工作流程會持續執行到工作流程中定義的所有工作都完成，或途中某個工作失敗為止。

工作分成依序執行與並行執行兩種類型。圖 3-5 兩邊都執行了五個工作，如果所有工作的執行時間一樣，並行執行可以更快完成處理。工作的執行時間會隨著處理內容而不同。如果要並行執行工作，每個工作要都能獨立執行，以及有可以同時執行工作的伺服器資源。如果資源足夠，最好在工作流程的

早期階段就執行大量工作。倘若資源有限，應先執行處理時間短，可以提供回饋給開發人員的 linter、formatter 和單元測試，之後再執行處理時間較長的構建和端對端測試（E2E testing）(※**3-3**)。

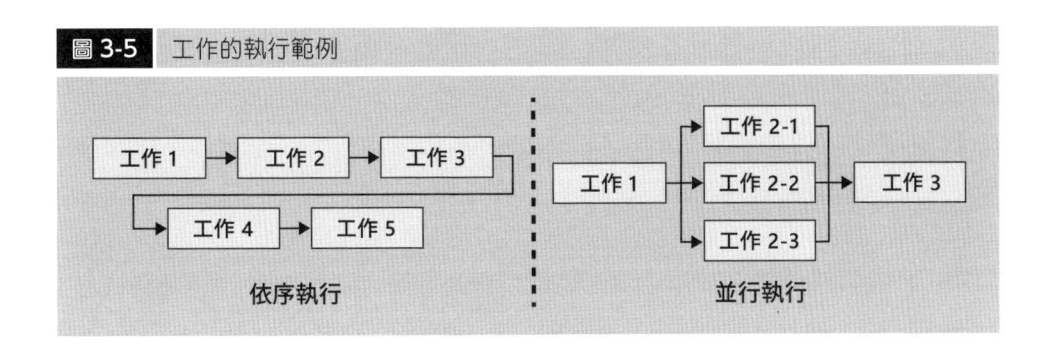

圖 3-5 工作的執行範例

```
工作1 → 工作2 → 工作3        ┊        ┌→ 工作2-1
  ↓                          ┊  工作1 →→ 工作2-2 → 工作3
  工作4 → 工作5               ┊        └→ 工作2-3
      依序執行                ┊           並行執行
```

可以當作工作執行的處理沒有限制。從每個工作現場都需要的構建 / 測試 / 部署等，到效能測試 / 安全掃描都適用。**將發布軟體所需的處理、確認事項、條件包含在 CI/CD 管道並自動化**，是讓持續整合 / 持續交付發揮作用的關鍵。針對合併到主分支的所有變更，頻繁執行在管道定義的檢查，任何時間、任何人都可以確認是否因變更而影響了品質，以及部署是否準備就緒。

支援持續整合 / 持續交付的工具可以依照特定條件執行已建置完成的 CI/CD 管道。工具種類眾多，包括附屬在 Git 託管服務的工具、雲端平台提供的工具、以及安裝為 SaaS 型態的工具（表 3-8）。請根據功能、價格、是否容易整合等條件，選擇適合自己的工具。

※**3-3** 端對端測試（E2E testing）：這是在相當於生產環境的環境中，從頭到尾執行業務流程的一種測試。

第 3 章
可以應用在「CI/CD」的實踐

表 3-8　支援持續整合、持續交付的工具

服務名稱	備註
CircleCI	SaaS 型的 CI 服務
Bitrise	SaaS 型行動應用程式的 CI 服務
GitHub Actions	附屬在 GitHub 的 CI/CD 服務
GitLab CI/CD	附屬在 GitLab 的 CI/CD 服務
Jenkins	開放原始碼的自動化伺服器

連結使用環境與分支策略進行自動更新

開發軟體時，會根據用途準備多個使用環境，在多個環境確認發布之前的運作狀態，修正錯誤並提高品質（圖 3-6）。一般常用的使用環境及其用途如下：

本機開發環境（local）／開發環境（development）

這是開發人員用來確認實作功能的環境，可以在開發人員的電腦上（本機開發環境）或在建置於遠端的伺服器上（開發環境）執行。有時也會依照開發

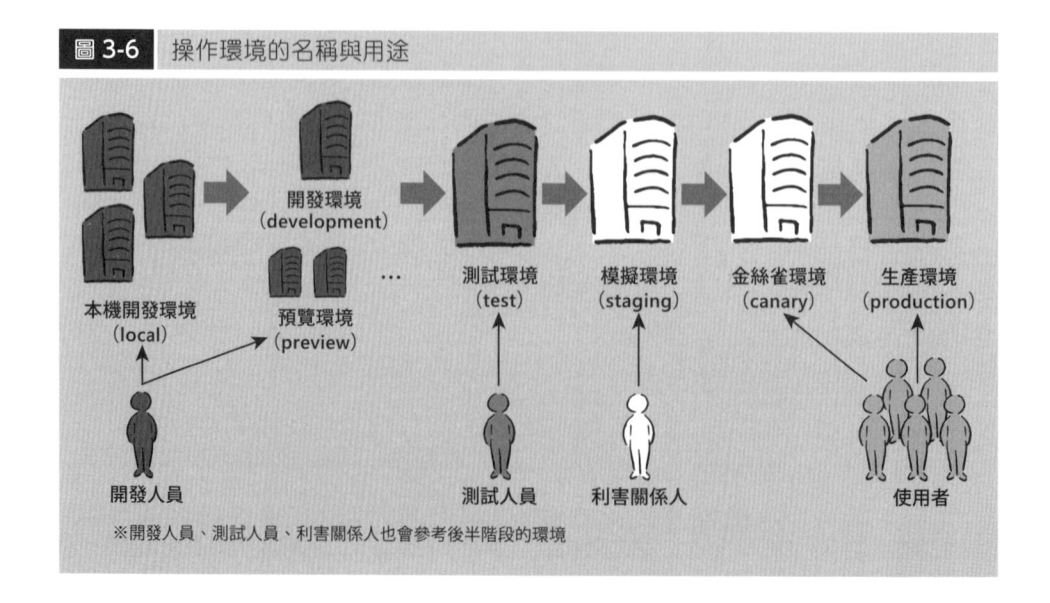

圖 3-6　操作環境的名稱與用途

本機開發環境 (local) → 開發環境 (development) → 預覽環境 (preview) → … → 測試環境 (test) → 模擬環境 (staging) → 金絲雀環境 (canary) → 生產環境 (production)

開發人員　　測試人員　　利害關係人　　　　　　使用者

※開發人員、測試人員、利害關係人也會參考後半階段的環境

中的功能或拉取請求來建置個別的預覽環境（preview）。開發環境要以不影響生產環境的方式來建置。

測試環境（test）

這個環境是用來測試已開發完成的功能。與開發環境分開，可以在測試期間同時進行開發。如果已經把角色分成「開發人員」與「測試人員」，就需要這種環境，若是兩者合而為一進行測試，也可能與開發環境合併。建置測試環境時，要避免影響生產環境。

模擬環境（staging）

這是盡量趨近生產環境與條件，進行最終測試的環境，可以模擬部署到生產環境的工作，找出因執行環境的設定與資料差異而漏掉的檢查，由利害關係人進行發布前的確認。

雖然希望建置這個環境時，不要影響到生產環境，但是有些難以複製或成本較高的部分，如資料庫、快取、檔案儲存等，也會用到生產環境。有鑑於產品特性和漏掉錯誤造成的影響，必須思考要花多少成本來趨近生產環境。

金絲雀環境（canary）

這是在發布到生產環境之前，只對部分使用者公開，以確認有無問題的環境。這個名稱源自於煤礦場中的金絲雀，煤礦工人會把金絲雀放進籠內帶到礦場，檢測是否出現有毒氣體等危險。在金絲雀環境中，可以監控錯誤率和反應速度，如果出現問題，可以在發布到生產環境之前決定停止發布。

生產環境（production）

這是使用者使用的環境。

連結分支策略與使用環境

如果要自動更新使用環境，必須連結分支策略。以下介紹幾個連結範例。

主分支連結模擬環境 / 生產環境

最基本的模式是將主分支連結到模擬環境、生產環境（圖 3-7）。如果有提交或合併到主分支，就自動更新模擬環境。驗證後沒有問題的話，就對主分支加上代表發布的標籤。在主分支加上發布標籤後，更新生產環境。有時不會準備開發環境，有時也可能只對分支準備開發環境。

這種方法的優點是要管理的分支少，但是無法保證主分支的最新版本就是生產環境，而且需要花一點時間從標籤中找出已經發布的內容物。

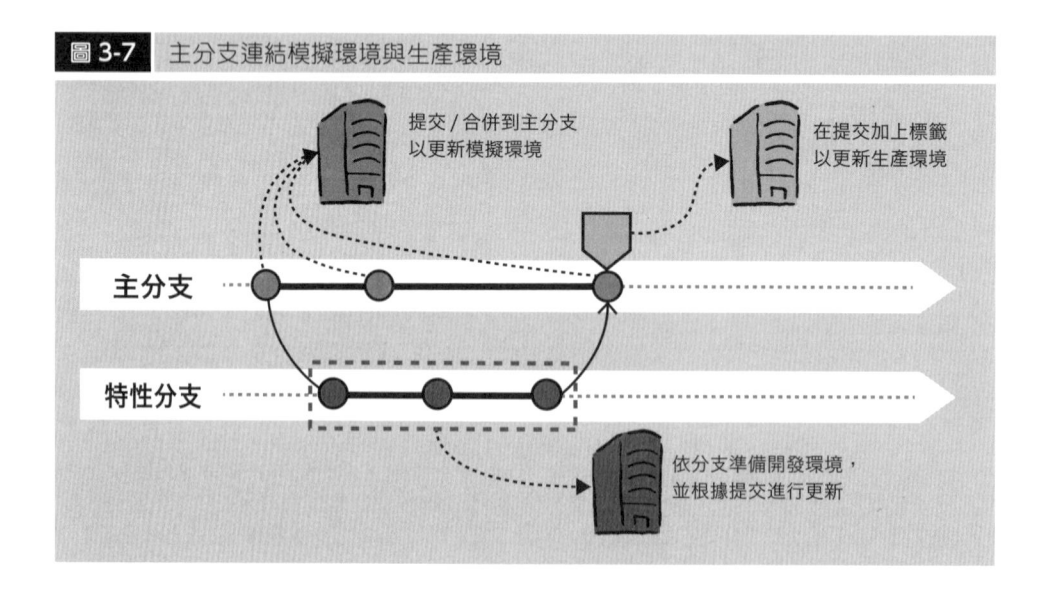

圖 3-7 主分支連結模擬環境與生產環境

- 提交／合併到主分支以更新模擬環境
- 在提交加上標籤以更新生產環境
- 主分支
- 特性分支
- 依分支準備開發環境，並根據提交進行更新

分別連結主分支與開發分支

如果想在開發環境中充分測試影響範圍較大的服務，有時會將主分支與開發分支分開（圖 3-8）。若在開發中運用多個分支，會選擇一個分支當作加入修

改的基準點，這稱作預設分支。此時，開發分支會成為預設分支，並從開發分支建立修改用的分支，透過提交/合併到開發分支更新開發環境。另外，透過合併到主分支以更新模擬環境，在主分支加上標籤，就可以更新生產環境的流程和之前大致相同。

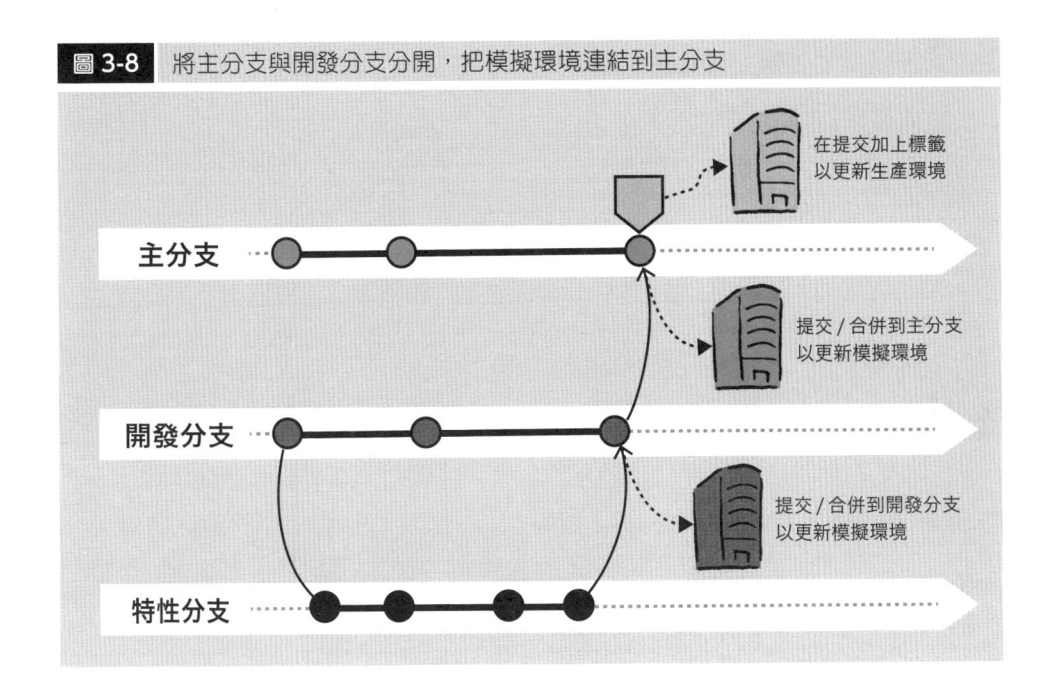

圖 3-8 將主分支與開發分支分開，把模擬環境連結到主分支

有時模擬環境的連結會偏向開發分支（圖 3-9）。模擬環境頻繁更新的優點是更容易在發布之前發現錯誤。此時，預設分支是開發分支，透過提交/合併至開發分支，可以同時更新開發環境與模擬環境。合併至主分支會反映在生產環境，不需要加上標籤。

主分支的最新版本與生產環境相同，可以輕易確認發布內容，如果想在主分支加入修正，如緊急修正錯誤時，就要在開發分支進行相同修正，操作會變得有點複雜。

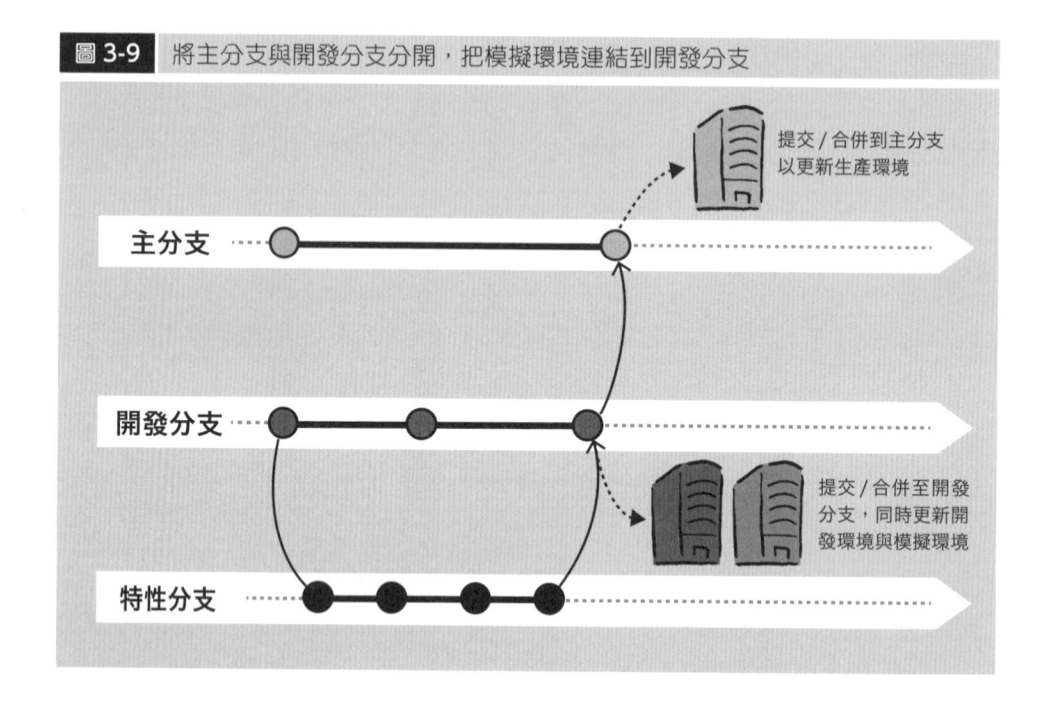

第 3 章
可以應用在「CI/CD」的實踐

圖 3-9 將主分支與開發分支分開，把模擬環境連結到開發分支

（主分支／開發分支／特性分支示意圖）

提交／合併到主分支以更新生產環境

提交／合併至開發分支，同時更新開發環境與模擬環境

設置專用的發布分支

有時我們會希望套裝軟體、韌體、On-Premises 環境等無法輕易更新的產品可以徹底驗證之後再發布，而且也可能需要支援多個版本，甚至出現一個發布分支不夠的情況。此時，可能會從主分支新增一個專用的發布分支。這個分支僅反映與發布有關的錯誤修正，經過充分驗證後，隨時更新生產環境（圖 3-10）。在這種情況下，只要還需要支援發布版本，就不會刪除分支。

由於反映在分支上的修正可以限制為發布前在測試中找到的問題，所以這種方法適用在發布前有指定測試項目的情況。不過，這種方法的缺點是分支管理較為複雜。例如必須將發布分支發現的問題反映到主分支，發布分支與主分支的差異過大，或必須持續支援多個發布分支。

圖 3-10 另外準備發布分支

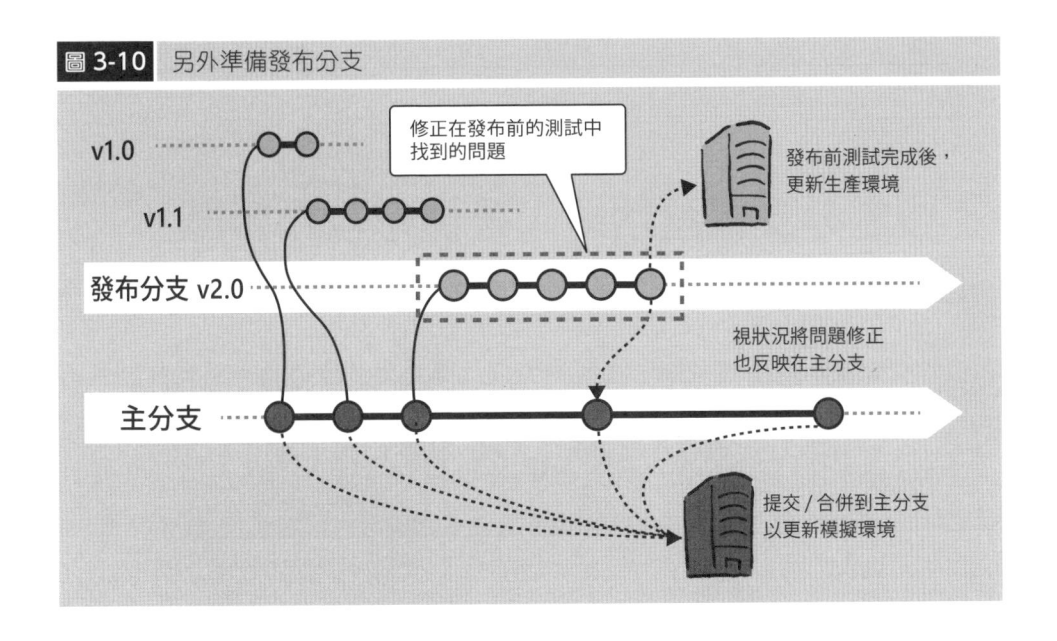

- v1.0
- v1.1
- 發布分支 v2.0
- 主分支

修正在發布前的測試中找到的問題

發布前測試完成後，更新生產環境

視狀況將問題修正也反映在主分支

提交 / 合併到主分支以更新模擬環境

使用主幹開發即時發布至生產環境

具有充分自動化測試與監控生產環境的主幹開發，終極目標是可以在沒有模擬環境的狀態下，積極在**生產環境中進行發布**（圖 3-11）。雖然一天可以部署多次，達到頻繁發布的目的，卻必須注意，如果忽略了錯誤，系統可能會變得不穩定，必須運用高階的工程技能，例如自動測試失敗時取消合併，在生產環境中發現異常行為時自動還原（更新或切換系統之後，恢復原始狀態）等。

圖 3-11 使用主幹開發即時發布至生產環境

- 主分支
- 特性分支

通過自動化測試後，依序發布至生產環境

加入通過自動化測試的部分，排除失敗的部分

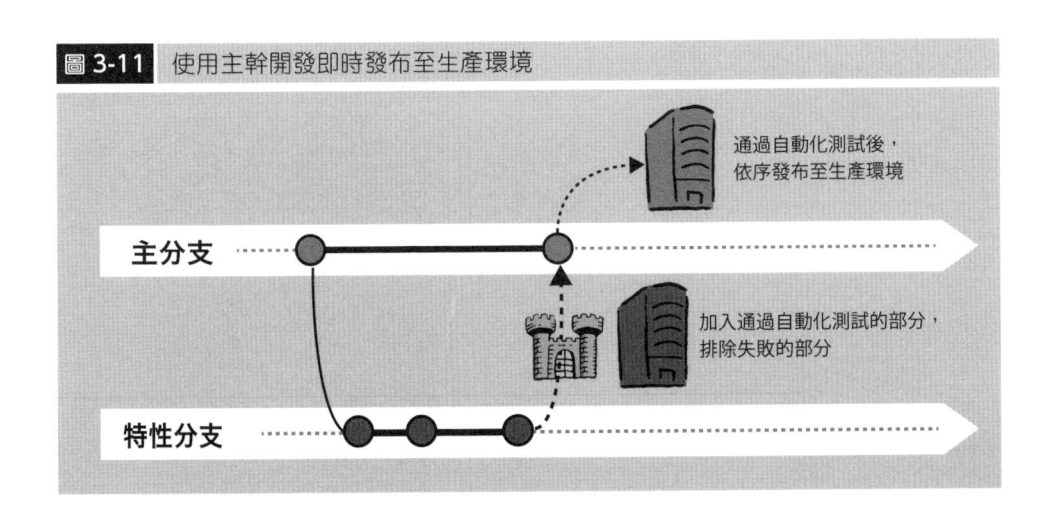

以上介紹了分支策略與使用環境的連結類型。請評估你負責的產品特性與發布前需要的使用環境，當作下決定時的參考。

設定分支保護功能，維持可發布狀態

分支保護功能

在工作現場常出現主分支無法部署的情況。發生這個問題的原因有很多，可能是在程式碼審查時忽略了問題，在持續整合時發生錯誤卻沒發現，或分支操作出錯等。**Git 託管服務有分支保護功能，只在滿足特定條件時，才接受推送或合併**。利用這個功能，可以保護主分支，避免發生上述問題。

常見的保護設定包括以下項目。重要的是找到可以提高分支品質，又不會妨礙開發的適當設定組合。

禁止刪除

防止誤刪主分支或具有特定功用的分支。

檢查持續整合的狀態

這是持續整合執行的檢查失敗時，就禁止合併的設定。檢查項目包括以下內容：

- 沒有 linter 指出的問題
- 所有自動化測試都成功
- 覆蓋率等指標符合指定範圍

禁止直接推送到遠端分支

由於無法直接推送,因此所有修正都以拉取請求形式合併。如果團隊已經達成「所有修正都透過拉取請求進行」的共識,就能避免忘記切換分支而直接推送的情況。

拉取請求必須取得核准

拉取請求必須取得其他團隊成員的核准,證明已經通過審查。若已確定了儲存庫的擁有者或程式碼的所有者,可以設定成必須取得程式碼所有者的核准。

如果設定成需要兩人以上核准,會增加審查時間,延長完成合併的工時。然而,對整個系統影響較大的重要儲存庫若使用此設定,可以促使成員進行更多設計討論和確認,比較容易維持品質。

讓提交歷史記錄單一化

在主幹開發單元中介紹過,如果希望提交歷史記錄保持單一化,可以強制在合併時,追蹤(Rebase)合併對象的分支,或將合併時的變更內容整合成一個提交,進行「壓縮合併(Squash Merge)」。如果合併後的提交歷史記錄沒有單一化,這個保護措施就會禁止合併。讓提交歷史記錄維持單一化可以瞭解變更過程,萬一發生錯誤,也能輕易進行調查。

Q&A 分支保護規則的數量與嚴格程度

如果在開發初期已嚴格保護分支,就不會加入奇怪的修正,我認為這是一件好事。一起徹底執行分支保護吧!

不過這樣可能會改變優先順序而浪費時間。況且,重新開始時,也需要花時間回想。開發初期,原始碼的修改幅度通常很大,如果設定了嚴格的分支保護規則,可能會嚴重影響開發速度。等到開發狀態穩定之後,再逐漸調整規則也不遲,我們就按部就班地完成吧!

基礎架構自動化

Attractor（股）公司
敏捷教練
吉羽龍太郎
Ryutaro Yoshiba

本書介紹了測試、靜態分析、部署等自動化的內容，但是還有許多可以自動化的部分。其中效果最顯著的就是基礎架構自動化。

基礎架構要由敏捷團隊建置，或使用其他團隊建立的基礎架構，取決於產品的規模與階段。不過，如果團隊的認知負荷沒有超載，最好由敏捷團隊自行建置基礎架構，這樣進行工作時，就不需要依賴其他團隊。現在使用雲端服務早已司空見慣，不用像以前一樣要先評估規模再購買硬體，而是可以把基礎架構當作服務來處理，對開發者而言，門檻並不高。

敏捷團隊該如何使用雲端建置基礎架構？

首先想到的方法是按照設計書等內容，在雲端服務控制台逐一手動設定。這種作法對於結構簡單的基礎架構或非常早期的階段可能沒有問題。但是如果演變成包含各種元件的結構，可能需要花較多時間建置基礎架構，或發生步驟錯誤、沒有及時維護操作手冊而無法建置出相同環境等問題。

例如，Amazon Web Services 將主要應用程式及管理畫面放在 Amazon EC2 上，而部分應用程式使用 AWS Lambda、Amazon API Gateway 的無伺服器架構，將資料儲存在 Amazon RDS 和 Amazon DynamoDB。這種結構很難手動啟動所有服務，並正確執行網路和操作權限等設定。因服務成長與業務需求，增加結構元素之後，會變得更複雜且費時。我們為了將軟體快速交給客戶才採取敏捷開發，所以不能讓建置基礎架構變成瓶頸。

面對這些問題，建議採取基礎架構自動化當作解決方案。這是以程式碼描述結構，再執行該程式碼以建置基礎架構，因此稱作 Infrastructure as Code。

只要執行程式碼，就可以建置基礎架構，不論開發環境、模擬環境、生產環境等必要環境，都能立即建置，不用擔心步驟錯誤。另外，編寫驗證基礎架構建置是否適當的測試，可以減少手動驗證的工作，也能持續整合。換句話說，將基礎架構變成程式碼，就能和應用程式一樣進行處理。

可以使用的通用工具包括 Terraform、Ansible 等，而且每個雲端供應商也準備了相關工具。如果可以順利在組織內通用化，效果會更好。一旦體驗過自動建置基礎架構的方便性，就再也回不去了，請務必嘗試看看。

3-3 持續測試

第 3 章
可以應用在「CI/CD」的實踐

自動測試的理想測試量

測試金字塔

雖然有各式各樣確保品質的測試，但是該進行哪些測試？要做到什麼程度才適當？是一個令人頭痛的問題。這個疑問的答案之一就是「**測試金字塔**」。**這是建置執行效率良好的自動化測試時，思考理想測試分量的方法**。測試金字塔是 Mike Cohn 提出的概念，在《Succeeding with Agile》 3-5 有詳細介紹。為了與後面的測試冰淇淋做對照，這裡引用「Testing Pyramids & Ice-Cream Cones」 3-6 的圖來說明（圖 3-12）。

圖 3-12 測試金字塔與測試冰淇淋

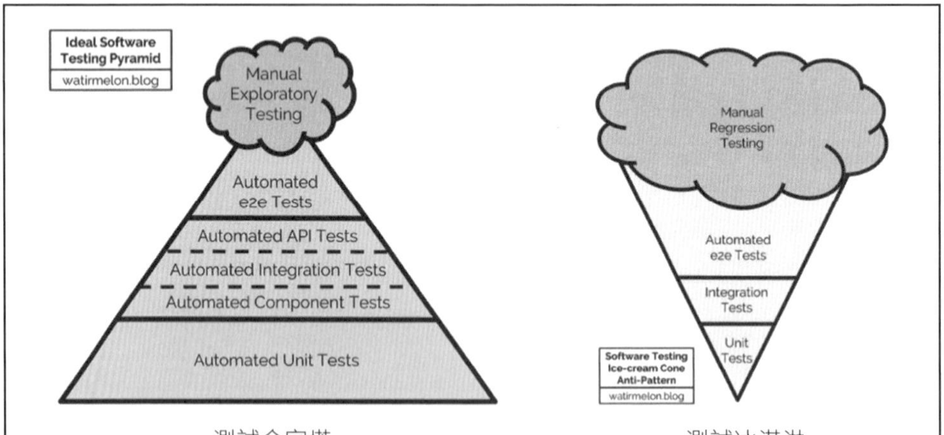

測試金字塔　　　　　　　　　測試冰淇淋

測試金字塔的第一層是自動化的單元測試。這是對方法 / 函式 / 類別等各個單元或元件進行的測試，主要由開發人員編寫、執行。第二層是自動化整合 / API / 元件的測試，測試系統之間的溝通和請求 / 回應。一般而言，這些測試也是由開發人員準備和執行。第三層是自動化的端對端（E2E）測試，以系統終端使用者的角度來測試系統，透過瀏覽器或用戶端應用程式進行測試。雖然可以進行最接近實際使用環境的測試，但是準備與執行都非常費

時，而且稍微修正系統或行為變化都會造成影響，執行狀態也容易變得不穩定，因此會加入手動的探索性測試。

將這三種測試自動化時，愈上層愈能進行接近實際使用環境的測試，不過測試時間會拉長，測試操作也會變得不穩定，測試的維護成本容易變高。因此，最好如同測試金字塔的形狀般，增加單元測試，減少端對端（E2E）測試的次數。

相反地，「**測試冰淇淋**」是思考自動化測試分量的不良範例。和測試金字塔一樣，冰淇淋也是分層排列，但是測試分量恰好相反。單元測試的數量最少，整合測試與端對端測試的比例增加，手動的回歸測試（※**3-4**）變成最多。在實際的開發現場，開發中途才加入測試時，可能因為無法分配工時準備單元測試，或設計難以加入單元測試、整合測試等原因，而投入大量人力來測試整個系統以確保品質。但是這樣的可自動化範圍小，效率差，需要花費較多的時間與金錢。

不過，這裡想傳達的不是增加單元測試，減少端對端測試的數量。由於每個工作現場的情況與先決條件不同，直接套用一般認為的最佳作法不見得是正確答案。因此，請根據現況，參考測試金字塔，把測試比例具體化。討論內容不應侷限在增加單元測試或減少端對端測試的狹隘範圍。重要的是，記住應避免發生的問題，擺脫先入為主的偏見，思考要用何種測試發現什麼問題，準備這些測試需要多少工時，以及透過這些測試發現問題是否有效率。

此外，思考自動化測試的分量時，還要考慮到另外一點。測試金字塔與測試冰淇淋都是在「單元測試容易建立且不易損壞，端對端測試的準備／執行成本高且不穩定」的前提下才成立。不過，端對端測試工具的發展日新月異，已經可以由非開發人員增加測試，或偵測系統的變更並自動修正測試。因此，**我們應思考測試金字塔在現在的工作環境中是否依舊適用**。

※**3-4** 回歸測試：這是修正程式時，用來確認除修改部分之外，其餘是否有問題的測試。

第 3 章
可以應用在「CI/CD」的實踐

模擬使用者環境的整體系統測試

📘 E2E 測試自動化

E2E 測試是和實際使用者一樣，操作瀏覽器或用戶端應用程式來進行測試（圖 3-13）。**使用者實際體驗的功能 / 外觀 / 效能等都可以進行測試。**

圖 3-13 E2E 測試自動化

```
準備 E2E 測試自動化
所需的範圍
                    桌面應用程式
                                            服務
                    瀏覽器/智慧型手機應用程式
E2E 測試自動化工具
```

E2E（端對端）測試自動化看似理想，卻常被延後處理。這是因為在開發初期，要確認的項目少，手動測試就足夠的關係。此外，與單元測試自動化或持續整合 / 持續交付工具的設定相比，E2E 測試自動化工具的設定比較困難且耗時。如果要在裝置 / 作業系統 / 瀏覽器等多個不同環境確認操作，就得分別準備適合的環境。E2E 測試會在各種條件下執行操作，容易變得不穩定，而且失敗時，確認 / 修正成本也會變高，還得花費學習工具的成本以及伺服器的費用。不過，**完全依賴手動測試，測試時間與測試工時都會達到極限，因此必須在某個階段進行 E2E 測試自動化。**

導入 E2E 測試時，常發生試圖將所有手動測試都自動化而失敗的案例。**E2E 測試自動化無法完全取代手動測試**。在 Verification 與 Validation 的單元中曾說明過，我們必須思考適不適合自動化來評估測試項目。**根據前面介紹過的測試金字塔，建議「針對重要的使用者旅程持續執行 E2E 測試」**（圖 3-14）。

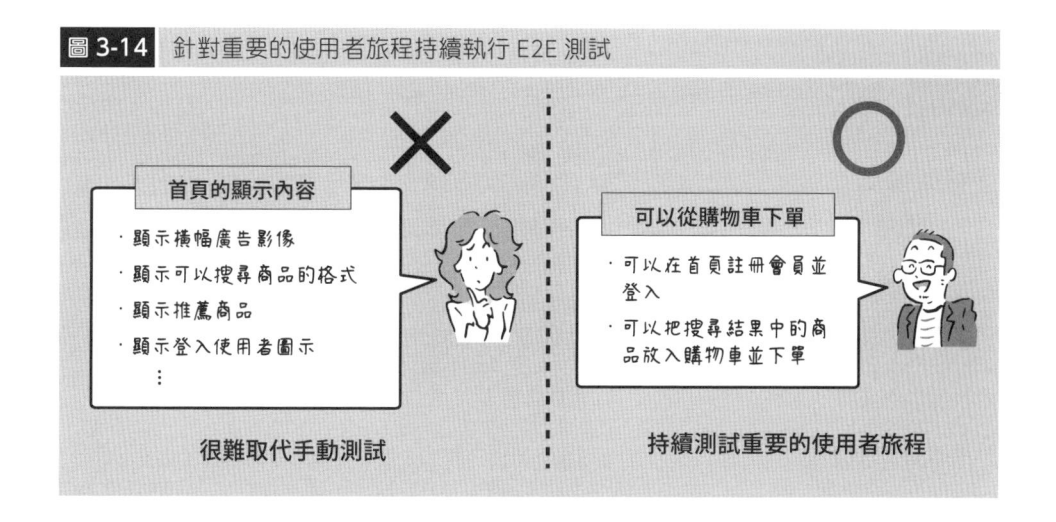

圖 3-14 針對重要的使用者旅程持續執行 E2E 測試

很難取代手動測試	持續測試重要的使用者旅程
首頁的顯示內容： ・顯示橫幅廣告影像 ・顯示可以搜尋商品的格式 ・顯示推薦商品 ・顯示登入使用者圖示 ……	可以從購物車下單： ・可以在首頁註冊會員並登入 ・可以把搜尋結果中的商品放入購物車並下單

首先，放棄將現有的手動測試直接自動化的想法，準備以重複自動執行為前提的 E2E（端對端）測試項目。用具體的確認項目，如「可以從首頁註冊、登入會員」、「可以把搜尋結果中的商品放入購物車並下單」，取代「已經能顯示首頁」等不明確的確認項目。E2E 測試的特色是，執行時間通常比單元測試或整合測試長，容易受到測試對象的些微改變影響而失敗。因此，我們應該針對真正必要的範圍設定簡單的確認項目，這樣比較容易處理，而不是設定大量詳細的確認項目。E2E 測試的自動化工具提供了元件化與重複使用的機制，請將處理通用化並積極使用。

第 3 章
可以應用在「CI/CD」的實踐

E2E 測試容易失敗的另一個原因是「時機」。等待載入顯示頁面或完成轉換等手動測試會下意識執行的操作，在進行 E2E 測試時，都必須設定清楚。有時還要準備資料，因此最好將每個 E2E 測試使用的資料、設定、環境分開（圖 3-15）。例如，每次執行測試時，準備一個測試環境，完成測試後將其刪除。如果可以做到「簡化確認項目」、「思考時機」、「個別準備測試環境」，就能降低 E2E 測試之間的相依性，即使同時執行測試也不容易失敗。

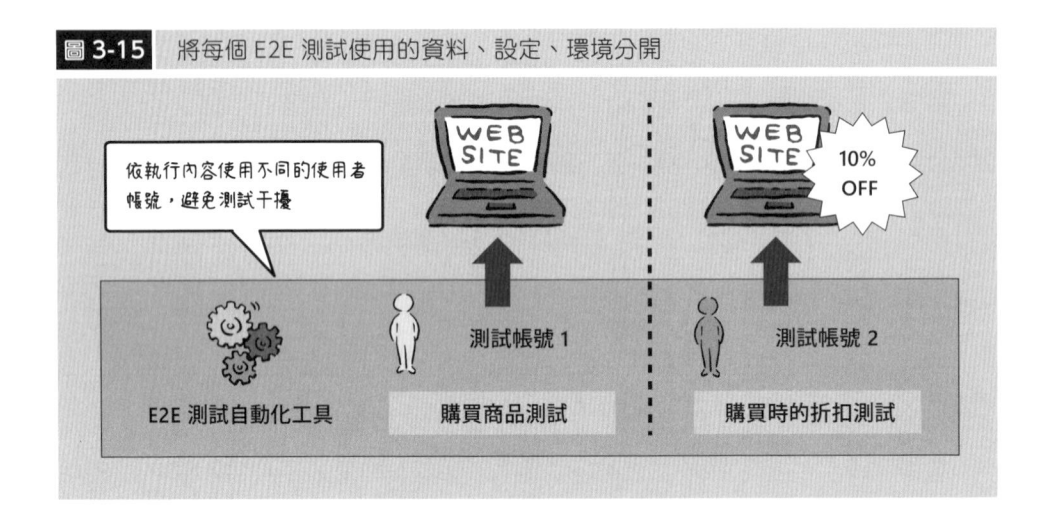

圖 3-15 將每個 E2E 測試使用的資料、設定、環境分開

讓 E2E 測試自動化的工具／服務有很多種類，從 SaaS 型到安裝、設定後才能使用的工具一應俱全。此外，在軟體測試技術振興協會（ASTER）的「測試工具完整指南」 3-7 中，整理了以專有軟體（Proprietary Software）為主的大量工具資訊。

你只要使用適合自己的工具即可，但是如果選擇在 On-Premises 執行這些工具，就必須考量運作工時與學習成本。

- 在伺服器或個人電腦上的設定工作
- 更新伺服器或個人電腦的作業系統
- 更新工具的版本
- 測試失敗時，從伺服器或個人電腦中取得 log 進行調查

SaaS 型工具不需要安裝或升級，可以自動記錄執行測試時的通訊 log 和圖像截圖，調查測試失敗的原因也比較簡單。

測試的設定可能需要程式設計的知識，如果想避開這些門檻，也可以考慮使用付費工具。這些工具讓沒有程式設計知識的人也能記錄應用程式和瀏覽器的操作，輕易完成測試設定，增加測試項目。選擇適合的 E2E 自動化工具，可以讓開發人員以外的成員也能參與測試。單就 E2E 測試的步驟來看，確實會增加額外的使用成本，但是我們應該從整體開發的角度來檢視成本效益。

在所有開發階段進行測試

持續測試

測試不是發布前的最終確認，而是在每個開發階段也能執行的工作。在開發工作的各個必要階段，持續執行測試，整理相關機制與流程並進行最佳化的概念稱作「**持續測試**」，「Continuous Testing in DevOps…」 3-8 有進一步說明（圖 3-16）。

與開發有關的所有階段都可以執行測試。測試開發中的分支，以自動測試驗證實作中的功能是否正常運作，在合併之前進行程式碼審查。合併之後，利用持續整合測試構建是否成功，再部署到驗證環境中，確認操作狀態。第 4 章要介紹的發布／監控可以確認已經發布的產品是否正常運作。團隊必須在軟體開發的整個生命週期中，持續進行各種測試。如果可以在每個階段進行測試，就能及早發現無法順利開發的部分並取得回饋。不過，在每個階段進行測試極為耗時。雖然可以手動執行，但是為了能持續處理，必須積極導入自動化以提高生產力。

在敏捷開發的過程中，團隊可以根據發布後得到的回饋與經驗，重新調整下一步的開發計畫。開發是持續性的過程，會持續重複一連串的開發生命週期。利用技術實踐，可以回饋每個開發階段的測試結果，縮短開發週期。這

第 3 章
可以應用在「CI/CD」的實踐

樣不僅能快速提供高品質的產品，還可以帶來穩定產品品質，減輕部署負擔，提高業務靈活度的優點。

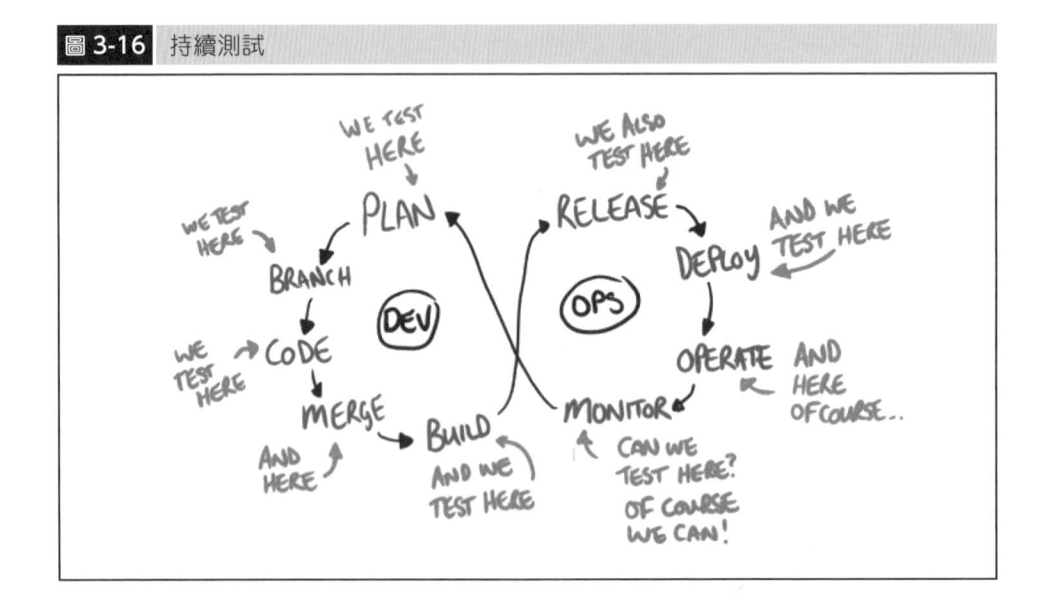

圖 3-16 持續測試

如果要持續開發，不僅要建立可以持續部署的機制，也需要進行監控。第 4 章將介紹與運作有關的技術實踐，讓系統可以穩定工作，持續敏捷開發。

3-1 《Continuous Integration: Improving Software Quality and Reducing Risk》Paul M. Duvall、Steve M. Matyas、Andrew Glover（2007，Addison-Wesley Professional）

3-2 「git/templates」
https://github.com/git/git/tree/master/templates

3-3 《Continuous Delivery: Reliable Software Releases through Build, Test, and Deployment Automation》Jez Humble、David Farley（2010，Addison-Wesley Professional）

3-4 「Revisit the DevOps Origin: 10+ Deploys Per Day by Flickr」John Allspaw, Paul Hammond（2009）
https://www.slideshare.net/jallspaw/10-deploys-per-day-dev-and-ops-cooperation-at-flickr

3-5 《Succeeding with Agile: Software Development Using Scrum》Mike Cohn（2009）

3-6 「Testing Pyramids & Ice-Cream Cones」
https://alisterscott.github.io/TestingPyramids.html

3-7 「テストツールまるわかりガイド」
https://www.aster.or.jp/business/testtool_wg.html

3-8 「Continuous Testing in DevOps…」Dan Ashby
https://danashby.co.uk/2016/10/19/continuous-testing-in-devops/

第 3 章
可以應用在「CI/CD」的實踐

4

第 4 章

可以應用在「運作」的實踐

實作/測試結束後,就會將完成的系統發布到生產環境。在生產環境中,可能發現錯誤,也可能發生故障。我們必須隨時掌握系統的狀態,快速找出問題並處理,才能讓系統持續運作。此外,在產品開發的過程中,準備文件也是非常重要的關鍵,這樣才能讓加入團隊的新成員快速掌握知識。因此,本章將介紹與部署/發布、監控、文件有關的技術實踐。

第 4 章
可以應用在「運作」的實踐

這週末的正式發布沒問題吧？

不安 不安

都測試過了，沒問題啦！

你們連發布或出現問題時的步驟也都確認過了嗎？

還沒

可以的，可以的一！

這樣啊！最好要開始著手與發布及運作有關的準備工作喔

發布與運作也必須徹底思考

如果疏忽掉，可能因為要仔細處理問題而沒有時間開發喔

話說回來，這是我們第一次參與產品運作

有與發布及運作
有關的實踐嗎？
當然有！
筆記
筆記
例如，發布時發現
問題可以還原，或
盡量將發布自動化
等等
我聽過可以用儀
表板讓監控狀況
一目瞭然，還有
將服務 log 集中
在一個地方
監控？
我原以為發布與監
控沒有什麼值得研
究的地方，看起來
並非如此
好ー!!
先討論週末的
正式發布吧！
大家一起
努力吧！

4-1 部署／發布

雖然發布已經自動化，仍然很花時間耶！發生問題時該怎麼辦？
ERROR
如果要再縮短時間，就得徹底調整基礎架構的結構…
花太多時間的話，對使用者而言會很不方便
即使將來發生故障，也要縮小影響範圍
因此，我們需要的是部署策略
策略！
真令人期待！
冷靜一點
別擔心，接下來要介紹幾個發布用的部署策略

部署策略的選擇

完成開發與測試的服務會部署到生產環境並發布。這是將價值傳遞給使用者,開發人員的努力獲得回報的時刻,不過有時發布到生產環境之後,才會發現問題。無論模擬環境與生產環境有多相似,測試做得多仔細,都很難完美防止問題發生,例如修正影響到其他意想不到的地方、因沒有設想到的條件而出現問題、在生產環境出現錯誤等。

部署時,可能因系統結構的差異而發生系統無法運作的停機時間。如果**經常因為部署或故障,導致系統沒辦法使用,會造成使用者的不便**。有幾種部署方法可以縮短停機時間。以下將介紹部署策略的類型。

● 就地部署

「就地部署(In-place deployment)」是用新環境覆寫舊環境的單純作法(圖 4-1)。優點是不需要準備多個環境,可以控制成本。不過因為覆寫同一個環境,無法避免發生停機時間。此外,如果部署時發現問題,需要一段時間才能恢復。

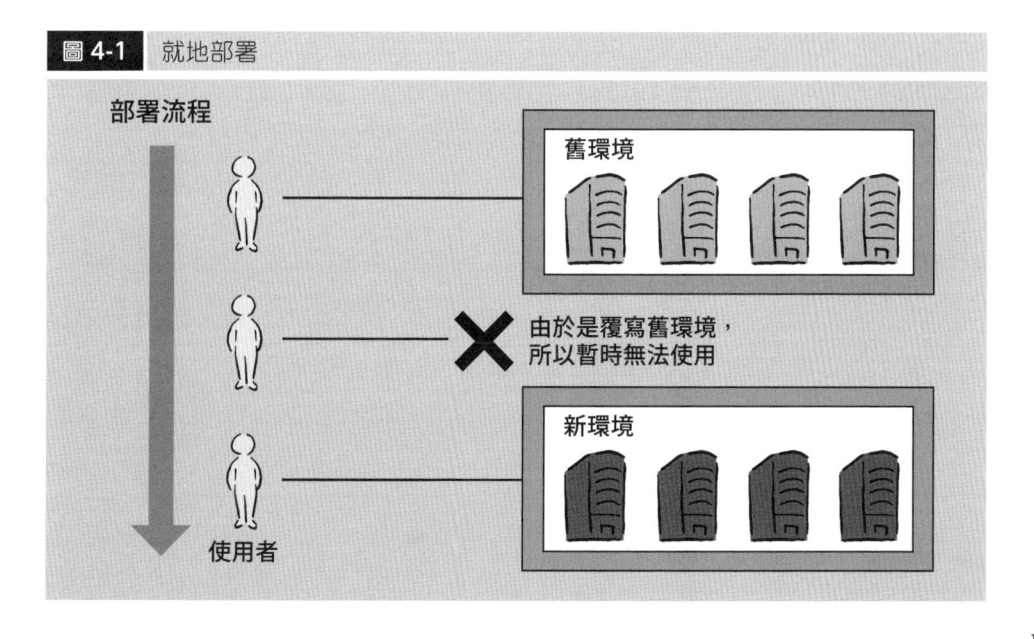

圖 4-1 就地部署

第 4 章
可以應用在「運作」的實踐

如果部署過程中出現問題，必須先確保可以還原到開始部署前的狀態（圖 4-2）。出現意料之外的狀況時，如果沒有先準備可以還原（※4-1）的軟體，就會提高部署時的風險。

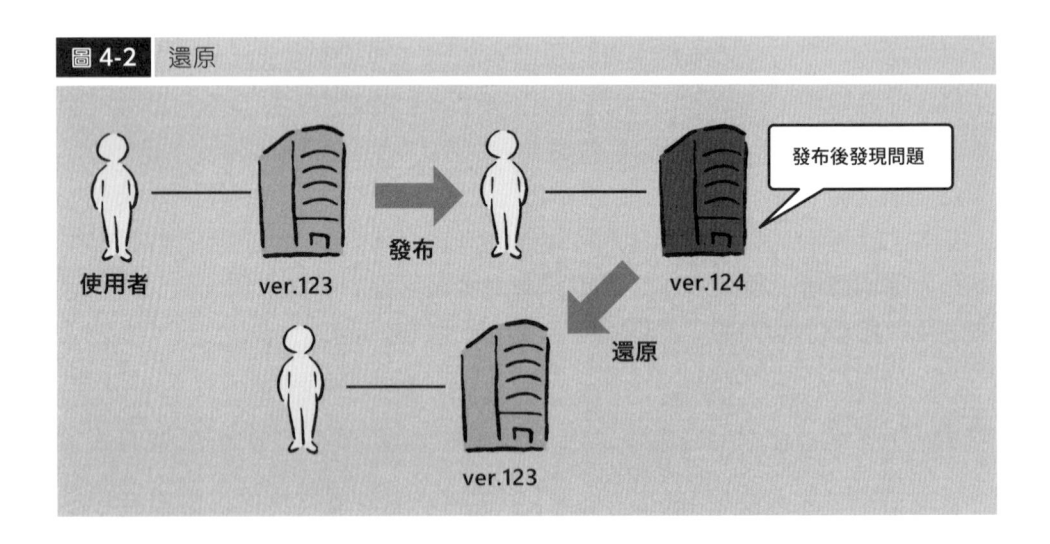

圖 4-2　還原

滾動更新

「滾動更新」4-1 是逐步將運作中的服務取代成新版本的方法（圖 4-3），可以最大限度地避免因部署發生停機時間的問題。要做到滾動更新，除了還原之外，還要有向下相容性以及健康狀態檢測的功能。有了這些功能，即使更新失敗，也能輕鬆回到之前的狀態，保障系統的可用性與可靠性。

向下相容性是指新版本的服務提供了與舊版本相同的規格與功能。有了向下相容性，就能在不影響舊系統的功能下，更新部分系統。在滾動更新的過程中，舊版本將與新版本的服務共存。使用者操作介面和用戶端的部分由新服務提供，從中產生的請求則由舊服務接收。此時，如果呼叫服務的介面不對，或呼叫的功能錯誤，產品將無法正常運作。如此一來，在滾動更新期間就沒辦法使用產品，因而發生停機時間。

※4-1　還原：這是指讓系統回到可以正常運作的狀態。

圖 4-3　滾動更新

逐步將服務取代成新版本

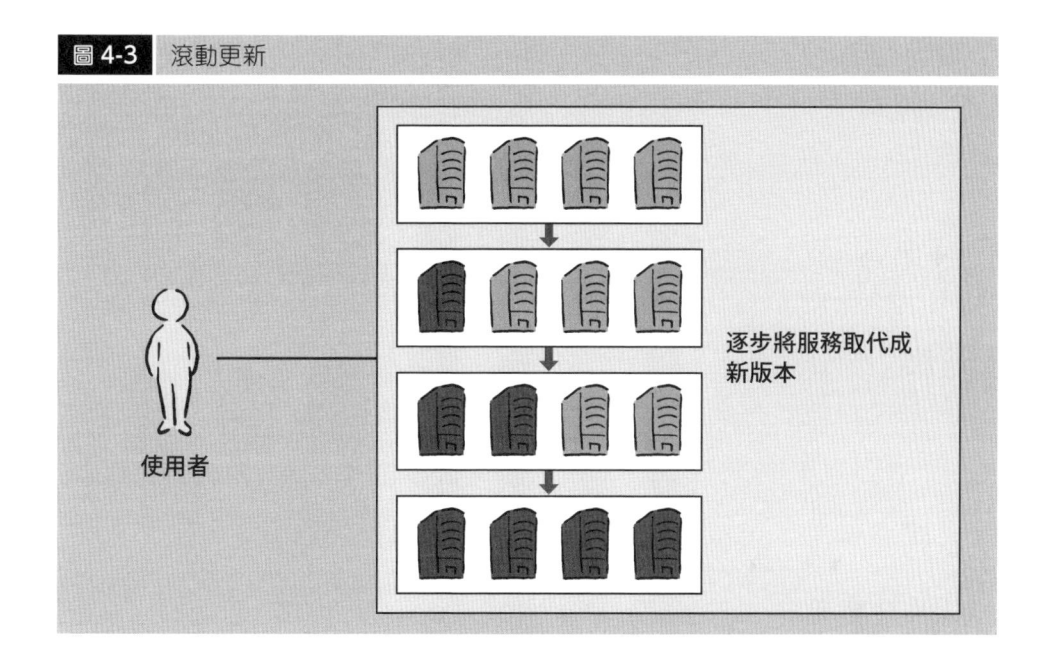

使用者

健康狀態檢測可以確認服務是否正常運作。即使具有向下相容性，存取新版本時，仍可能發生錯誤，必須盡早檢測出來。

在滾動更新的過程中，如果發現錯誤率高等問題，有時會**還原成可以穩定運作的舊版本，恢復原始狀態**稱作「**部署斷路器（Deployment circuit breaker）**」。部署斷路器因為有還原／向下相容性／健康狀態檢測的功能，所以能做到這一點。

滾動更新會逐漸取代服務，缺點是需要較長的時間才能完成部署。此外，還原也需要花費和部署一樣的時間。

🅟 藍綠部署

「**藍綠部署（Blue-green deployment）**」**4-1** 是在新環境部署新版本的服務後，再切換存取（圖 4-4）。沒有停機時間，可以一次完成切換存取。由於保留了現有環境，所以能立即切換回去。藍綠部署的缺點是，除了目前的生產環境，還需要準備一個新的生產環境，所以會增加建置環境的成本。

第 4 章
可以應用在「運作」的實踐

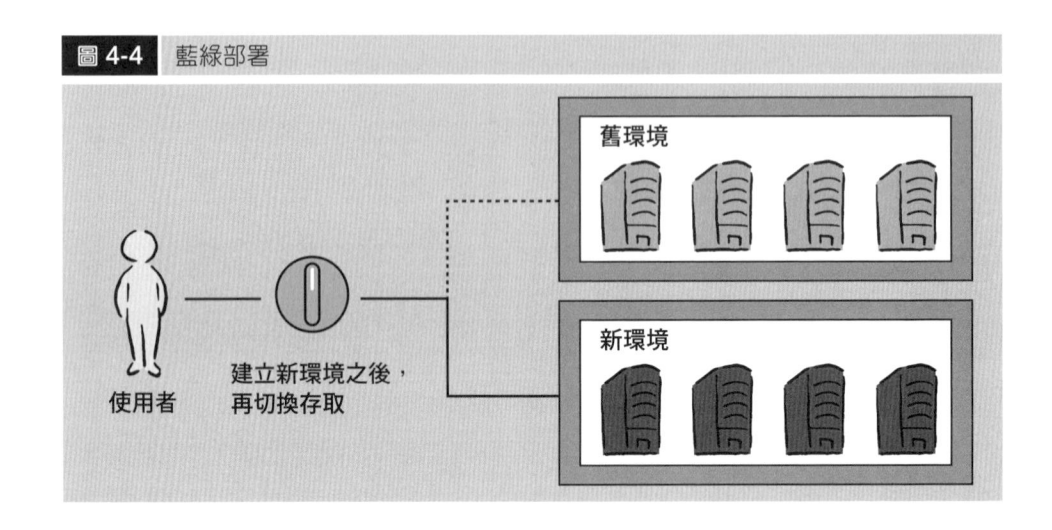

圖 4-4 藍綠部署

金絲雀發布

「金絲雀發布（Canary Release）」4-1 與藍綠部署的結構類似，但是這個方法會逐漸增加對新環境的存取（圖 4-5）。將部分對生產環境的存取導入新環境，或只將特定使用者的存取、部分功能的存取導入新環境，藉此控制更新的影響範圍。雖然可以縮小發生問題時的影響範圍，卻會拉長完成部署的時間。

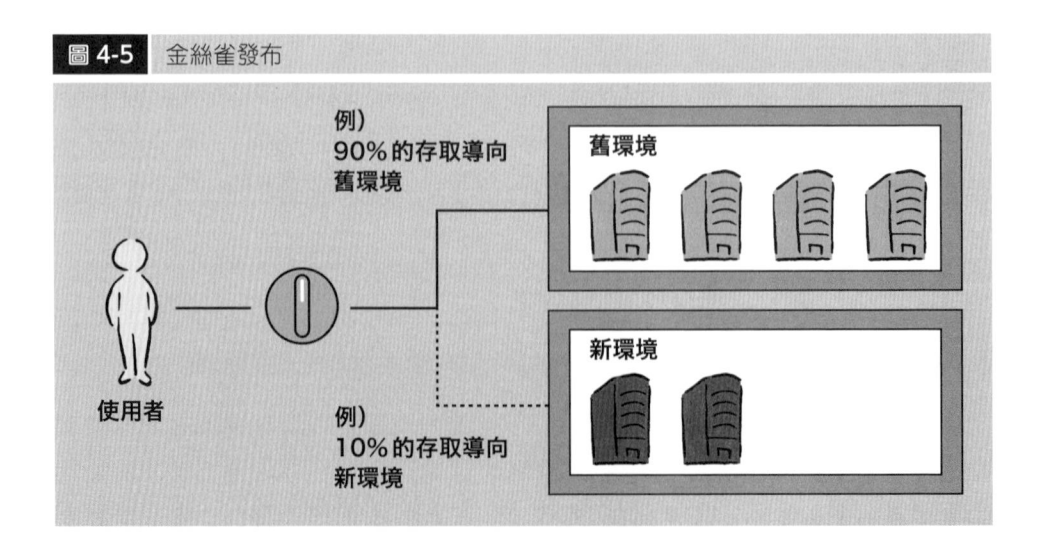

圖 4-5 金絲雀發布

資料庫綱要（Database schema）的管理與遷移

資料庫綱要的定義與管理

雖然應盡量避免隨意更改資料庫的設計（綱要），但是在持續開發產品的過程中，幾乎不可能完全不修改綱要。**我們必須根據產品成長、狀況變化、開發中學到的知識來調整綱要。**

使用 SQL 可以更改資料庫的綱要，但是一般會用工具管理變更內容。這種工具稱作遷移工具，可以執行記錄在遷移檔案中更改綱要的 SQL，或根據更改前後的綱要定義來生成、執行 SQL，藉此更改資料庫的綱要版本。遷移工具有以下三種類型：

「1. 附屬於框架的遷移工具」

- Ruby on Rails
- Django
- Laravel

「2. 根據遷移檔案管理綱要定義的遷移工具」

- Flyway
- sql-migrate

「3. 根據綱要定義生成 / 執行 SQL 以變更現有 DB 的遷移工具」

- sqldef
- ridgepole

在開發的初期階段，參與產品開發的人數較少，系統也不大時，常會使用框架的附屬工具。隨著參與開發的人數增加，開始分割系統，共用資料庫後，

第 4 章
可以應用在「運作」的實踐

通常會改用獨立的遷移工具。使用遷移檔案的工具，可以輕易掌握更改綱要時執行的 SQL，但是要追蹤各個遷移的歷史記錄，才能掌握每個版本的完整綱要，這點並不容易做到。然而，從綱要定義生成 / 執行 SQL 的工具，容易掌握整個綱要，卻必須確認更改綱要時的 SQL 是否正確。請根據實際情況選擇適合的工具。

一般是在部署或還原過程中執行遷移工具。無論是手動或自動操作遷移工具，當記錄數量增加時，都需要花時間，進而產生系統的停機時間。**因此，更改綱要時，最好先在軟體中實作，確保更改前與更改後的綱要都能正常運作。**

準備任何人都可以部署 / 發布的狀態

部署工具

無論選擇哪一種部署策略，只要是人工進行部署，就會出現操作錯誤或漏掉記錄的情況，也容易忽略操作手冊與實際步驟之間的差異。請試著採取自動化，讓每個人都可以輕易部署，以理想的週期進行驗證與改善。以下將自動化工具整理成表 4-1。

表 4-1　部署工具

工具名稱	備註
Capistrano	這是用 Ruby 製作，將網頁應用程式的部署工作自動化的開放原始碼工具
Ansible	這是開放原始碼的結構管理 / 發布工具
Fabric	這是用 Python 製作，將網頁應用程式的部署工作自動化的開放原始碼工具
Shipit	這是用 Ruby On Rails 製作，將網頁應用程式的部署工作自動化，有管理畫面的開放原始碼工具
ecspresso	這是 Amazon ECS 的部署工具
Spinnaker	這是支援多雲端的開放原始碼持續交付平台
ArgoCD	這是 Kubernetes 叢集的持續交付工具

ChatOps

雖然可以直接使用部署工具，但是結合平時使用的聊天工具，透過聊天進行操作（**ChatOps**）能得到更多好處（圖 4-6）。**透過聊天方式用簡單的命令執行操作，可以隱藏很少使用的功能，藉此簡化操作步驟**。這樣也能避免使用多個工具進行部署時，每個人要記住的工具變多的情況。此外，發布後需要監控系統是否正常運作，**結合監控工具與聊天工具就能整合通知**，而且發布記錄會保留在聊天工具中，可與團隊成員分享。利用 ChatBot 框架能建立適合組織或團隊開發流程的操作（表 4-2）。

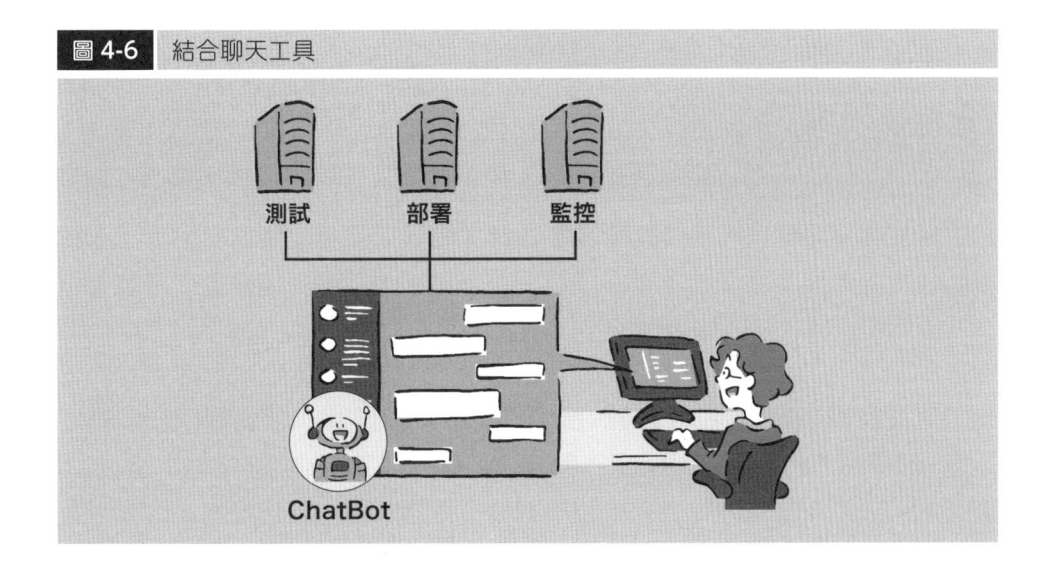

圖 4-6　結合聊天工具

表 4-2　ChatBot 框架

工具名稱	備註
Bolt	這是 Slack 開發的 Slack 應用程式框架，支援 Java、Python、JavaScript（TypeScript）
AWS Chatbot	這是在 Slack 頻道可以輕易操作 / 監控 AWS 資源的服務
Microsoft Bot Framework / botkit	botkit 是 Microsoft Bot Framework 的一部分，以 OSS 的形式發布
Errbot	這是 OSS 的 ChatBot 框架，支援 Python

建立部署工具／ChatOps 時，需要瞭解手動部署步驟、工具的操作方法、結合其他工具的方法等相關知識，但是問題在於，通常只有負責運作的人員才具備這些知識。除了準備文件之外，還要注意別過度依賴掌握知識的特定個人。

無論選擇哪種部署策略，部署時出現問題的風險都不會是零，而且事前測試也不可能萬無一失。**請在充分瞭解部署與發布存在風險之後，和團隊一起建立不依賴特定人員的運作體制。**

定期發布的發布火車

發布火車

為開發中的產品設定發布日期是很常見的作法。但是即使決定了發布日期，也可能因為開發進度和內容而希望更改發布日期。例如，進度落後時，可能會討論「這個功能非加入不可，所以延後發布吧！」即使開發工作按計畫進行，也可能出現「對使用者而言，功能差異不大，一起發布就好」等意見。

先決定定期發布的日期，只發布符合這些日期的內容，這種實踐方法稱作「發布火車（Release Train）」（圖 4-7）。就像火車時刻表一樣，時間到了就發布。如果進度可能延後，可以選擇維持原定發布日期，或更改成下一個發布日期，從這兩個選擇中擇一處理。不用因功能差異不大而爭論是否該發布，只要到了發布時間就進行發布工作。

定期發布需要重複進行發布工作，因而產生了整理持續交付流程的動力，也更容易確定發生問題的時間點。

4-1 部署/發布

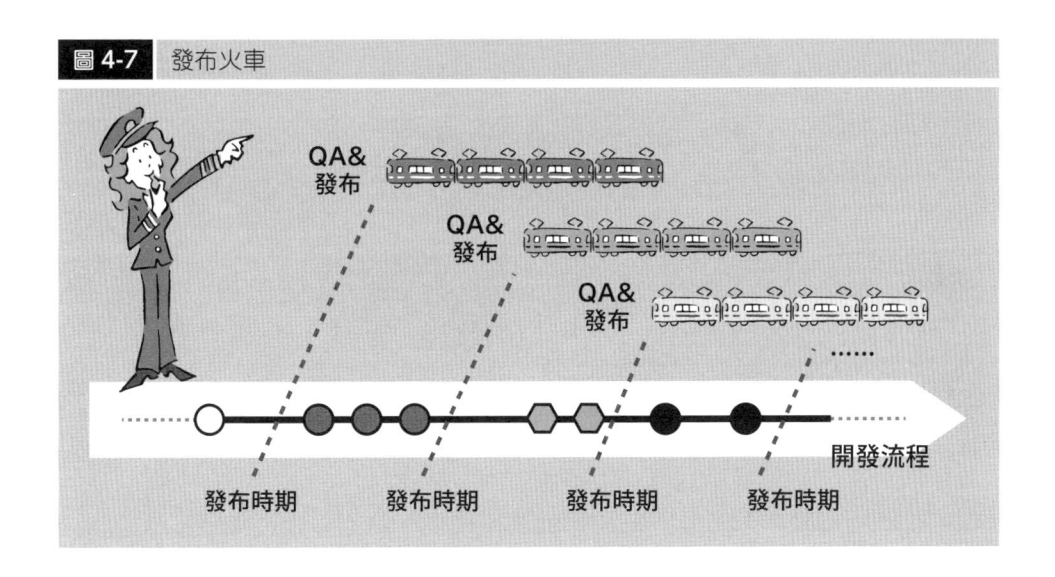

圖 4-7 發布火車

QA&發布

QA&發布

QA&發布

開發流程

發布時期　　發布時期　　發布時期　　發布時期

4-2 監控

指標 / log / 追蹤

系統發布之後，必須監控是否正常運作。定期觀察服務是否在運作中，系統負載是否符合預期，有沒有出現意料之外的行為或錯誤。要收集的資訊包括指標 / log / 追蹤等。

指標

「指標」 4-2 **是顯示系統運作狀態的定量值**，包括 CPU 使用率、記憶體的剩餘容量、儲存空間的剩餘容量、讀寫速度、事件發生次數、處理時間、每單位時間的處理次數 / 待處理數量 / 錯誤次數、網路頻寬、資料庫連接數等。收集、儲存多元化的指標，可以瞭解系統的穩定性與運作狀況。

指標是某個時間點的測量值，可以在傳送端事先計算 / 處理。確認指標資料是為了掌握系統的效能與狀態。因此，通常會把過去幾週或幾個月當作收集資料的期間。先儲存指標，日後就能參考趨勢與變化。不過前提是要確保有足夠的空間儲存資料。成本會隨著儲存期間拉長而增加，有時必須減少要儲存的資料，保留必要的樣本，捨棄多餘的部分。

指標適合當作自動警告的通知標準。我們很難隨時注意系統的運作狀態，只要按照「一定期間內的負載超過指定值」、「錯誤發生次數或發生比例過高」等規則來發送通知，就能確定系統行為出現可疑狀態的時間或地方，藉此縮小發生問題的範圍，有效率地進行調查。

log

「log」 4-2 **是與系統內發生事件有關的資訊記錄**。log 的資料容量通常比指標大，必須在系統運作過程中，重新評估處理方式。當發生無法單憑 log 進行判斷的問題時，必須考慮是否增加輸出內容。如果輸出成 log 的內容過於冗長，就得進行整理。

有些資訊不應該輸出成 log。例如，可以識別存取來源的 Session ID 或存取憑證等，這些資料一旦外洩，可能造成非法存取。此外，也應避免輸出姓名、電子郵件、電話號碼、信用卡卡號等個人資料。與其由開發人員手動注意，倒不如調查 log 輸出程式庫是否有遮罩功能並加以運用。

系統產生的 log 要集中在一個地方。有幾種收集 log 的機制，最簡單的方法是使用能收集、瀏覽 / 搜尋 log 的服務。例如「Amazon CloudWatch Logs」、「Datadog」等 SaaS 軟體。即使無法使用 SaaS，也可以組合「Fluentd」、「Logstash」、「Elasticsearch」、「Kibana」等 OSS 來建置相同機制。此外，智慧型手機應用程式有一個可以在應用程式崩潰時，傳送操作 log 的機制（Firebase Crashlytics）。在網際網路上建置系統時，有許多自動收集 / 分析 log 的選項。不過，如果是 On-Premises 的系統，可能必須從系統中取出 log 進行調查。有時甚至需要麻煩客戶取出 log 傳送過來。

收集到的 log 可以當作一定期間內的搜尋、統計對象，藉此掌握系統的運作狀況。然而，當搜尋 / 篩選 / 統計的期間變長，log 的儲存成本就會變高。因此，必須根據系統運作的條件來思考 log 的儲存程度。

🅟 追蹤

「追蹤」 4-3 是表示請求經過哪些處理路徑的資料。堆疊追蹤是追蹤在服務的某個時間點所處理的呼叫關係與處理時間。分散追蹤是追蹤跨多個服務的處理時，各個服務的呼叫關係和處理時間。開發人員可以檢視追蹤資料，確定何處發生瓶頸，專心改善效能。

圖 4-8 分散追蹤範例

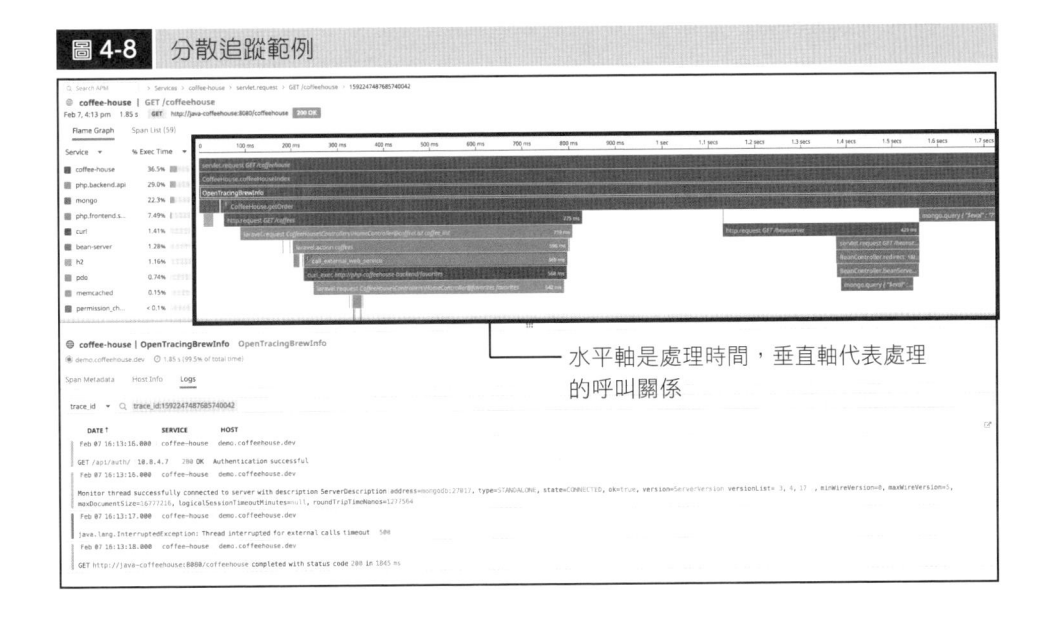

水平軸是處理時間，垂直軸代表處理的呼叫關係

持續監控系統不僅可以在發生問題的當下立即進行處理，還能找到發生問題前的潛在因素，防範問題於未然，提高系統的穩定性和可靠性。此外，運用監控還能掌握系統的效能與使用狀況，進而改善系統，讓系統最佳化。

監控與可觀測性

監控、可觀測性

「**可觀測性**（Observability）」 4-3 一詞是用來表達收集資料以掌握系統狀態的能力。**監控是指「持續觀察異常跡象」的行為，而可觀測性比較偏重在「分析發生異常狀況的原因」。**

無論是監控或可觀測性，都不是把所有資料收集起來就好，而是**要篩選出有用的資料**。如果要收集指標，就得思考這些指標可以偵測出何種異常。你可能希望把所有資料都輸出成 log，但是收集與儲存成本也會隨著資料變多而增加。不過，如果過度篩選資料而缺少調查問題需要的 log，反而本末倒置。

第 4 章
可以應用在「運作」的實踐

無論監控或可觀測性，開發人員都要秉持主動參與的態度，這是很重要的關鍵。別完全依賴負責的團隊，要養成由團隊管理儀表板並定期確認的習慣，避免只靠特定人員發現問題，這樣也能成為改善問題的動力。

儀表板必須讓異常狀態一目瞭然，這點很重要（圖 4-9）。儀表板上可以顯示系統的請求數量、回應時間、CPU／儲存空間／網路等資源的使用情況，以及錯誤數量與錯誤發生率。如果已經收集到應用程式的警告與錯誤，應持續進行處理，讓發生次數降為零。**若對天天發生警告與錯誤的狀態置之不理，就會認為有問題是理所當然，即使出現非解決不可的問題也可能會被忽略。**這種儀表板對第一次接觸的人來說，干擾太多，也很難理解。把團隊工作與開發狀況視覺化的工具稱作「資訊輻射器」，儀表板就是其中之一。提高運作狀況的透明度，可以讓團隊自行判斷並主動採取行動。請天天在晨會上確認這些資訊，或定期發布到聊天工具上，藉此創造每天注意這些資訊的機會。最理想的狀態是，建立不用特別注意，自然就看得到這些資訊，或不用指示也能採取行動的機制。

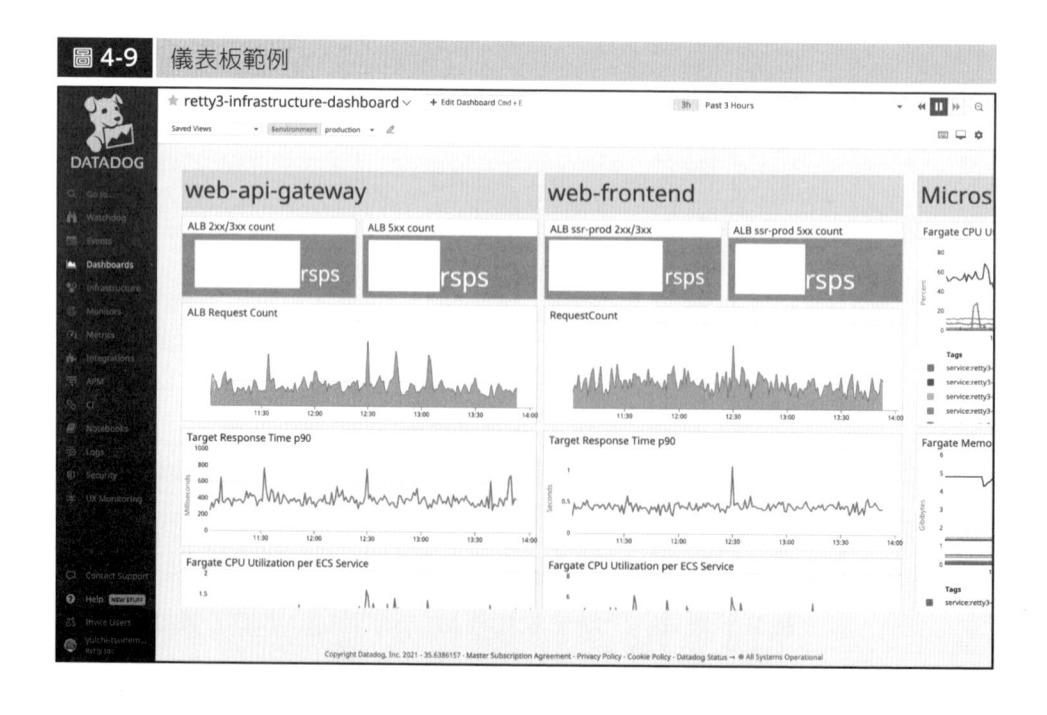

圖 4-9 儀表板範例

輸出有用的 log

系統發生故障時,會導致機會損失或直接損失。**如果要盡快修復,就得輸出對調查有幫助的 log**。雖然最常使用 log 的機會是在發生故障時,但是 log 也有其他用途。

- 故障調查
- 除錯
- 系統監控
- 稽核

雖然 log 包含的內容會因為產品、系統和使用環境(開發/測試/模擬/生產)而不同,但是通常會從以下項目中做選擇。

- 日期與時間
- 識別存取來源的資訊(使用者 ID、追蹤 ID 等)
- 存取資源(URL 等)
- 處理內容(顯示、增加、更新、刪除)
- 處理對象(處理對象的 ID)
- 處理結果(成功/失敗、處理件數)
- 錯誤資訊、堆疊追蹤
- 呼叫/結束函式
- 傳遞給函式的參數內容
- 執行環境、作業系統、程式庫的版本

log 等級

請使用程式庫或程式設計語言提供的機制輸出 log。在這些輸出 log 的機制中,設定了如表 4-3 的 log 等級。

表 4-3　log 等級與用途

等級	概要	用途
DEBUG	除錯資訊	這是以除錯為目的的 log，包括所有與內部發生的事件有關的資訊
INFO	資訊	這是開始／結束處理等操作或排程任務的記錄
WARN	警告	這是將來可能造成錯誤的狀態，例如使用舊版 API、可用資源不足、效能降低等
ERROR	錯誤	執行錯誤
FATAL	致命錯誤	這是伴隨系統異常終止的錯誤。例如，無法確保執行所需的資源，或無法與操作需要的系統通訊

請思考 log 的重要性，以適當的 log 等級進行輸出。log 輸出很難調整到恰到好處，建議從「**發生故障時，能否透過目前的 log 輸出內容發現問題，找到解決方法**」的角度來持續修正。

以 JSON 格式輸出 log

log 的輸出格式有很多種，過去是以逐行輸出每則訊息為主，但是在集中 log 並進行分析的機制變得普及之後，方便機器讀取的 log 格式成為主流。

JSON 格式

這是以 JSON 格式輸出 log 的方式。優點是可以靈活決定 log 的結構，而且容易分析。但是缺點是可能因為冗長，導致資料變大。如果資料大小可以接受，這是最容易處理的格式。

```
{"level":"info", "status":"200", "size":"13599","time":"2022-10-09T14:26:41+09:00"}
{"level":"warning", "status":"404","size":"105","time":"2022-10-09T14:29:41+09:00"}
{"level":"info", "status":"200", "size":"12539","time":"2022-10-09T14:35:41+09:00"}
```

（接下一頁）

```
{"level":"info", "status":"200", "size":"14000","time":"2022-10-
09T14:36:41+09:00"}
{"level":"error", "status":"500", "size":"130", "time":"2022-10-
09T14:40:41+09:00"}
```

LTSV 格式

LTSV 是「Labeled Tab-Separated Values」的縮寫，格式是用冒號（:）連接標籤與值，並以 tab 分隔進行輸出。這種格式容易分析，即使增減 log 的項目也不會有問題，許多 log 傳輸工具也支援此格式。

```
level:info status:200 size:13599 time:2022-10-09T14:26:41+09:00
level:warning status:404 size:105 time:2022-10-09T14:29:41+09:00
level:info status:200 size:12539 time:2022-10-09T14:35:41+09:00
level:info status:200 size:14000 time:2022-10-09T14:36:41+09:00
level:error status:500 size:130 time:2022-10-09T14:40:41+09:00
```

按照指定格式輸出每一行

這是一種按照指定規則將每一行輸出成 log 的格式。在網頁伺服器的存取 log 等常用的應用程式或工具中很常見。優點是不會輸出多餘的 log 內容，但是分析時需要進行處理。還有一個問題是，增減 log 輸出項目時，都得進行相對應的調整。

```
[info]    [2022-10-09T14:26:41+09:00]200 13599
[warning] [2022-10-09T14:29:41+09:00]404 105
[info]    [2022-10-09T14:35:41+09:00]200 12539
[info]    [2022-10-09T14:36:41+09:00] 200 14000
[error]   [2022-10-09T14:40:41+09:00]500 130
```

跨多行的自訂格式

這是一個不良範例。多數組織會優先開發業務上容易理解的功能，如增加新功能，卻不會花時間檢視 log 的規格。在這種情況下，log 容易包含大量不必要的資訊，使得格式難以閱讀而被置之不理。

```
[info]
status: 200
size: 13599
time:2022-10-09T14:26:41+09:00
―
[warning]
status: 404
size: 105
time: 2022-10-09T14:29:41+09:00
―
[info]
status: 200
size: 12539
time: 2022-10-09T14:35:41+09:00
```

一般 log 資訊會輸出成檔案，不過為了盡早發現問題，也可以把有急迫性的 log 傳送到 Slack 或電子郵件中。由於 log 的輸出會嵌入到各個地方的原始碼，之後很難修改整個內容，導致問題往往不了了之。如果要解決這種惡性循環，就得持續檢討 log 的輸出規範，並確保所有開發人員都遵守。優異的故障處理來自持續檢討 log 的格式。一旦發現狀況，就立刻重新檢視，這樣可以減輕未來發生故障時的處理負擔。

Logging as API contract

Microsoft Senior Software Engineer
牛尾剛
Tsuyoshi Ushio

隨著雲端技術的普及，敏捷開發的進步，以及 DevOps 的擴大，大家都感受到分享技術實踐的重要性。我想向大家介紹的技術實踐是「Logging as API Contract」。

這是我的同事兼朋友 Chris Gillum 命名，與 logging 有關的實踐，概念是將 log 當作 API 規範來思考。自分散系統普及之後，對於採取 DevOps 模式進行開發的團隊而言，不論在開發過程中或處理線上問題時，log 都是每天會接觸到的工具，比獨立系統更重要。

logging 在分散系統中如此重要的原因有以下幾點：

- 提高解決服務問題的速度
- 觀察、檢測、驗證分散系統的行為
- 將發現、解決服務上的問題自動化

近年來，log 不僅用於「發現問題」，也會用來觀察、檢測、驗證分散系統的行為。因此，我們很常看到在 Integration Testing、E2E Testing，甚至 Unit Testing 使用 log 檢測預期行為並進行 Assert 的程式碼。

此外，log 還會用在自動發現、解決問題的情況。此時，不加思索就更改 log 可能會破壞結構。因此，必須考慮將更改 log 自動化，讓系統持續運作。如果是平台方，更改 log 可能會破壞客戶的自動化環境。當然，這不代表不能更改 log，考慮到上述影響，將 log 設計成和 API 一樣才是最佳實踐。

附帶一提，我參與的 Azure Functions 團隊就是透過 log 的自動化來達到 Diagnostics and solve problems。這個系統會自動解析無伺服器服務「Azure Functions」的 log 和資料庫，分析問題並提出解決對策。過去工程師只能調查 log 來解決客戶的問題，但是大家平常在檢視 log 時，如果發現故障，一定會有固定的模式。倘若你是老手，可能會分析「當發生 Exception 時，應該是出現了這種問題」。這就是我們要將分析自動化的原因。如果你想體驗看看，請參考「Azure Functions 診斷概觀」（※**A**）。當你邊想像內容邊閱讀，一定會覺得很有趣。

大家何不試著利用 log 把工作自動化，讓工作變得更輕鬆？

※ **A** URL：https://learn.microsoft.com/zh-tw/azure/azure-functions/functions-diagnostics

4-3 文件

話說回來，文件準備好了嗎？

開始開發時就準備過了，可是現在不曉得還能不能用…

文件也要有清楚的目的，不然一點用處都沒有喔！來整理一下吧

產品規模愈來愈龐大，而且日後可能有新成員加入，所以必須把文件準備好才行

包在我身上！大家幫了我很多忙，這次換我來支援大家！

都還沒有決定要加入新成員呢

每次都是有人陪著新人並協助他…

如果準備好文件，新人應該也可以順利跟上進度！

為了團隊而撰寫文件

團隊內部溝通用的文件

敏捷軟體開發宣言中有一句話是「可用的軟體重於詳盡的文件」。這句話真正的用意是，雖然認同文件的價值，卻更重視可以運作的軟體。可惜有人誤以為「在敏捷軟體開發中，文件可以暫時擱置」或「狀況瞬息萬變，沒有文件也沒關係」。**即使是敏捷開發，如果要長期開發／經營產品，也絕對少不了文件。**

在敏捷開發中，撰寫文件的目的大致分成兩個。一個是與團隊以外的成員分享必要的知識與資訊。根據與團隊以外的成員達成的協議，準備整合了整個系統規格、非功能性需求（※**4-2**）、設計方針、運作方法的文件。另一個目的是為了團隊內部的溝通，先保留討論內容與決定，以便日後回想。透過結對／群體程式設計等共同合作，可以傳遞知識與技能，而文件扮演著提高效率的重要角色。在這兩個目的中，前者在專案管理書籍中已有解釋，因此本書將重點擺在後者「團隊內部的溝通文件」。

文件不是一次就全部寫完，必須根據需要隨時更新，並由團隊共同合作，而非單打獨鬥。可是，更新文件需要花費時間與人力。如果是閱讀者較少的文件，耗費工時的缺點可能會超過文件帶來的好處。因此，最好刪除無法維護的文件。刪除舊文件與撰寫新文件一樣重要。

以下將介紹團隊在管理產品時常用的兩種文件。

※**4-2** 非功能性需求：這是指除了想實現的功能之外的其他需求，包括性能、安全性、經營／維護等。

第 4 章
可以應用在「運作」的實踐

📖 README 檔案

參與系統開發時，首先要檢視的文件就是「**README 檔案**」。這個文件通常放置於儲存庫的頂端，過去是一個純文字檔，但是現在大多都是以 Markdown 格式撰寫。

README 檔案由以下內容構成，大部分的資訊都是提供給未來將參與開發的人員。

- 系統或服務的概要
- 開發人員／開發負責人
- 執行環境（作業系統、框架、程式庫等）
- 開發環境的建置步驟（環境變數等）
- 除錯方法、測試方法、部署方法
- 外部文件的連結
- 議題追蹤系統的連結
- 有助於開發的資訊

你可能想在 README 檔案中寫下所有與系統有關的資訊，但是太長會不易閱讀，也很難注意到舊資訊。建議先著重在開發初期所需的重要資訊，把教學／操作指南／參考資料／詳細說明寫在其他地方並提供連結。根據團隊成員的技能以及參與開發時希望得到的開發知識來撰寫文件，省略不必要的內容。

經過一段時間之後，README 的內容可能逐漸背離現狀。當你發現這個問題時，請進行修正，維持 README 檔案的可靠性。新成員的加入是修改 README 檔案的最佳時機。請設計一個機制讓新成員提供錯誤記錄、失敗部分、不懂之處的回饋，並由團隊成員一起修正。

🅟 Playbook / Runbook

針對經常發生的問題或能事先預測的故障，將解決步驟與處理方法整理成文件，該文件稱作「**Playbook**」或「**Runbook**」（※4-3）。整理 Playbook 可以讓不熟悉系統的成員在故障發生時，也能進行初步處理。完整的 Playbook 可以立即提供緊急狀況所需的資訊，提高處理問題的效率，將系統的停機時間縮到最短。

Playbook 是為了收到故障警告的人所準備的文件，包括以下內容：

- 監控內容
- 監控目的、設定警告的原因
- 警告觸發器
- 問題的影響範圍
- 調查方法
- 處理方法
- 聯絡方法
- 確認問題已解決的方法
- 其他資訊

你可以使用任何工具管理 Playbook，但是請將其放在所有參與系統運作的成員都能參照的共用位置上管理。把 Playbook 的 URL 放在故障警告中，可以立即參照，比較方便。在系統持續運作下，增加至 Playbook 的新項目會逐漸增加，因此參與系統運作的成員要持續更新文件。

📋 依目的撰寫文件

🅟 Diátaxis 框架

與軟體開發有關的文件有各式各樣的種類，包括服務規格書、與架構 / 設計有關的資料、說明演算法與 API 的資料、提供給使用者 / 管理者 / 支援人員

※**4-3** Playbook 源自於美式橄欖球的戰術手冊（作戰手冊），而 Runbook 是指操作手冊。

第 4 章
可以應用在「運作」的實踐

的文件等。如果已有現成的文件或範本，通常會著重在擴充內容上，但是真正重要的是，文件的使用目的是什麼。**文件不是分量愈多愈好，沒有人看的文件毫無價值**。閱讀者與作者都得清楚瞭解哪裡記錄了什麼內容，才不會寫出沒人看的文件。因此，要先分類、確定文件的目的。以下將介紹名為「**Diátaxis**」 4-4 的框架。這個框架是**以「實踐（Practical steps）/ 理論（Theoretical knowledge）」和「學習目的（Serve our study）/ 業務目的（Serve our work）」兩個座標軸，把文件分類整理成四個象限**（圖 4-10、表 4-4）。「Ubuntu」（Linux 發行版本之一）的開發商 Canonical 在 2021 年宣布「今後將以 Diátaxis 框架整理文件」。

混合不同目的的文件會讓閱讀者摸不著頭緒。編寫文件時，最重要的是先釐清目的。對照 Diátaxis 框架來思考文件，可以清楚知道該寫什麼內容。確定目的之後，就能把閱讀者所需的資訊寫在文件中。

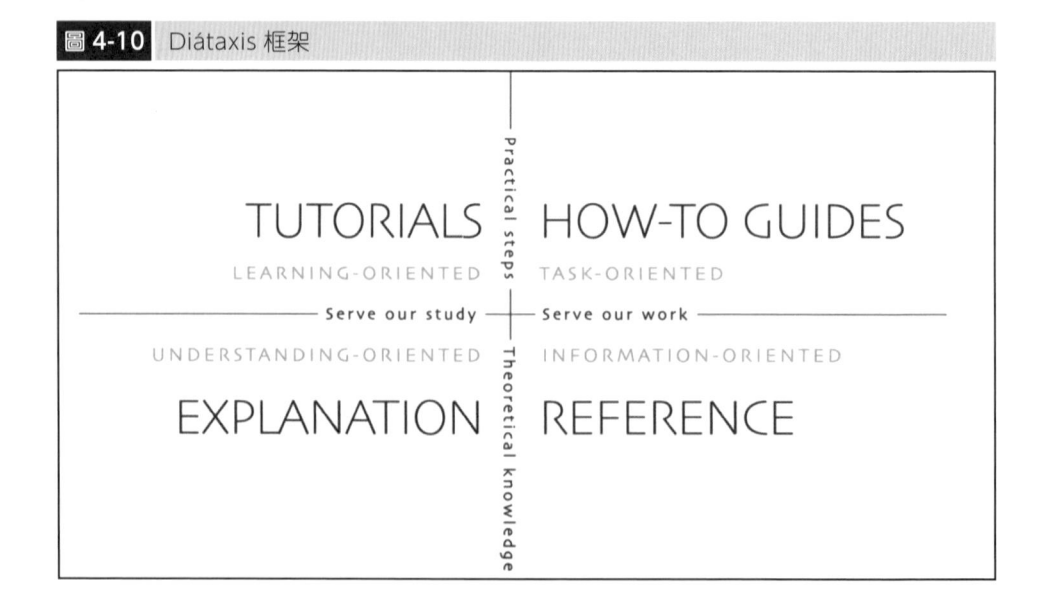

圖 4-10 Diátaxis 框架

	Practical steps	
TUTORIALS LEARNING-ORIENTED		**HOW-TO GUIDES** TASK-ORIENTED
— Serve our study —		— Serve our work —
UNDERSTANDING-ORIENTED **EXPLANATION**		INFORMATION-ORIENTED **REFERENCE**
	Theoretical knowledge	

表 4-4 Diátaxis 框架的四個分類

分類	目的
Tutorials（教學）	這是初學者的學習起點，建議採取可視狀況跳過基本內容的形式來編寫
How-to guides（操作指南）	說明特定任務或問題的作法。除了一般操作手冊的內容，還包括指南、示範等。只要適當描述，不需要過度詳細
Reference（參考資料）	定義規格與行為。以提供所需資訊為目的，說明技術性概要及作法。可以包含更詳細的資料連結
Explanations（說明）	這是用來理解詳細技術的文件。撰寫時會假設閱讀者對技術術語有一定程度的瞭解

到目前為止，我們依照開發流程，介紹了在各個階段可以運用的技術實踐。開發規模擴大之後，通常會牽涉到許多利害關係人。每個利害關係人都有各自的見解和利害關係，對開發目標、範圍和作法的認知也不同。因此，必須持續檢討開發計畫，確保利害關係人之間的認知一致。第 5 章將介紹讓開發內外達成共識的實踐，以及邊進行開發邊檢討計畫的實踐。

References

4-1「Continuous Delivery」
https://github.com/microsoft/code-with-engineering-playbook/blob/main/docs/continuous-delivery/README.md

4-2《Operations Anti-Patterns, DevOps Solutions》Jeffery D. Smith（2020，Manning）

4-3「Observability」
https://github.com/microsoft/code-with-engineering-playbook/blob/main/docs/observability/README.md

4-4「Diátaxis A systematic framework for technical documentation authoring.」Daniele Procida（2017，Diátaxis）
https://diataxis.fr/

第 4 章
可以應用在「運作」的實踐

撰寫 AI 友善文件

服部佑樹
Yuuki Hattori
GitHub Customer Success Architect

AI 技術進步快速，使得工程師的工作方式產生了變革。GitHub Copilot 的出現，大幅減輕了編寫程式碼的負擔，不過工程師們必須扮演引導者的角色，對 AI 下達指令。

AI 在單純和重複性的工作上表現出優異的能力，但是面對複雜的要求，工程師下達指令的技術能力就成為重要關鍵。尤其一般認為高情境領域對 AI 來說很困難。具體而言，AI 沒有完全瞭解應用程式的內部結構和架構，而是依照機率提出程式碼建議。因此，要求 AI 生成複雜的程式時，工程師必須掌控整個程式碼庫。此外，大型專案不僅牽涉到複雜的資料庫與系統，也與商業邏輯和實務操作有密切關係，如果不瞭解背景，很難讓 AI 提供適當的程式碼。

在 AI 與人類共同合作的年代，我們必須精準提供更適當的資訊給 AI，因此建立 AI 友善文件很重要。AI 偏愛文字類型的文件。你的團隊編寫的文件是哪種類型？是不是有許多用 PowerPoint 呈現的圖解或以 Excel 製作的複雜表格？如果是這樣，AI 可能無法充分理解你的文件。

文字型文件有助於與 AI 一起合作。除了可以由表格定義生成遷移程式碼，將測試案例清單轉換成測試程式碼之外，與雲端結構有關的文件也可以轉換為 Infrastructure as Code 的程式碼。換句話說，如果要提高組織的效能，不僅工程師，整個組織都得與 AI 合作，整理資訊。

首先，組織應努力建立容易拷貝指令的文件。非工程師的成員最好從參與議題和拉取請求開始習慣溝通。接著挑戰透過 Git 管理公司內部的文件。

在我工作的 GitHub 公司，不僅工程師，就連業務團隊也積極使用 GitHub。各種資訊都以文字型文件進行管理，這樣可以分享內部知識與整理資訊。要對大型程式碼做出貢獻的門檻較高，但是對內部文件的貢獻不用擔心引發錯誤，因此參與門檻較低。請先從小地方開始試試看。

你所屬的團隊不妨試著培養撰寫 AI 友善文件的文化。希望大家的團隊能成長為可以充分利用 AI 的原生團隊。

你是否將開發與運作分開思考？
—儀表板的未來—

Microsoft Senior Software Engineer
河野通宗
Michimune Kohno

完成程式碼審查並順利合併之後，你會覺得鬆了一口氣吧！不過，這是起點不是終點。接下來，經過模擬環境、生產環境的部署，讓客戶使用（運作狀態），才會開始產生價值。換句話說，這是在運作前的準備階段，其重要性不言而喻，但是確保系統正常運作也同樣重要。

由開發人員負責運作可以縮短系統的改善週期。我所屬的團隊在每週的會議上，都會分享儀表板和程式碼，討論系統狀態及遇到的問題。我們這些開發人員會輪班（稱作待命或 oncall）處理故障問題，待命中的成員以處理故障為首要任務，因此這段期間內不會分配開發工作給他們。我們不會讓新加入的開發成員立即參與輪班，而是在他們對系統有一定瞭解之後再加入。

發生故障時，我們會根據 log 和遙測（Telemetry）資料判斷問題的嚴重程度。如果情況緊急，可能會暫緩追查根本原因，優先恢復整個系統的運作。若有必要，我們會請求其他成員或其他團隊的協助，共同解決問題。部署修正後的程式碼時，有許多事項需要考量，例如是否只要部署二進位制檔案，或需要修復資料庫等。

當故障暫時修復後，要進行事後剖析（post-mortem）。事後剖析是討論故障的根本原因、為什麼沒有透過測試發現問題、如何才能更快辨別原因、有沒有可以自動恢復的方法等。Toyota 生產方式之一的「five whys」就是一個知名的例子。

我所屬的團隊是從包含系統、流程等廣大範圍中選擇幾個主題，而不是和 five whys 一樣進行深度分析。如果有助於理解問題，我們也會撰寫主題以外的內容。由處理問題的人在事後剖析前先撰寫報告，當作討論的起點。

討論過程中，應該聚焦在瞭解問題和改善系統及流程，而不是尋找戰犯或指責任何人。主管也要參與事後剖析，確保每個成員都可以開誠布公地討論問題，努力瞭解技術性關鍵，共同提出積極的改善建議。

第 4 章
可以應用在「運作」的實踐

如果討論之後，可以建立具體的工作項目，如增加新 log 或測試案例等，就優先處理。這些討論通常與系統的細節有關，因此大部分會另外製作對外的根本原因分析（Root Cause Analysis，或簡稱為 RCA）。討論結束後，就視為認同事後剖析的結論。

以上介紹的是我的團隊所採用的一種運作方法。世上沒有萬無一失的作法，我認為最重要的是摸索適合自己的運作方法並定期調整。

5

第 5 章

可以應用在「達成共識」的實踐

軟體開發是很複雜的活動。無論規模大小，要讓多人組成一個團隊共同合作，就得對事情有共識，以相同的立場執行工作。與其邊開發邊統一共識，倒不如一開始就達成一定程度的共識，後續的工作也會比較順利。不過，通常不可能在初期就達成共識。因此，在開發過程中統一認知，並隨時檢視計畫是很重要的觀念。第 5 章將介紹讓開發團隊內外達成共識的實踐，以及在開發過程中檢視計畫的實踐。

第 5 章
可以應用在「達成共識」的實踐

放心！我想將貴賓狗團隊的作法擴大到整個組織，我很期待你的表現喔！
…事情就是這樣
我還在學習中…
不過努力受到肯定是值得高興的事
部長希望擴大哪方面的作法呢？
他似乎期待我們可以因應變化，在短時間內做出成果
原來如此，這是個好機會
閃亮
接下來，讓利害關係人一起參與我們團隊正在進行的實踐吧
這種事做得到嗎？
我們一起檢視每個活動，確保可以達到敏捷開發的目標
我認為這對你來說是很寶貴的經驗喔
我知道了！謝謝！

5-1 與利害關係人達成共識

召集利害關係人，統一目標和範圍

找齊利害關係人 / 統一目標 / 統一範圍

開始執行牽涉多人的工作時，最初的共識很重要。沒有人想在完成實作且通過測試，到了展示階段才發現結果與期望不符。如果要避免這種情況，**就得在初期階段召集利害關係人，持續取得他們對產品的回饋**。

然而，也不是找愈多利害關係人加入就愈好。面對不同立場的期待與需求，很容易迷失開發工作的方向，浪費寶貴的時間與人力。筆者也曾在工作現場看過許多類似的情況。

建議透過以下步驟達成共識，讓牽涉多人的專案可以順利進行（圖 5-1）。

圖 5-1 達成共識的順序

1. 找齊適當的利害關係人　　2. 對目標達成共識　　3. 對範圍達成共識

1. 找齊適當的利害關係人

與開發人員的立場或角色不同的人，可能對開發產品的目標與要求有不同的資訊與期待。**如果在找齊所有利害關係人之前，就做出各種決定，會增加重工的風險**。

利害關係人的範圍廣泛而且多樣化。有些是直接參與開發過程，有些是在開發完成後才開始加入。以使用者的身分使用開發成果的人，以及沒有直接參

第 5 章
可以應用在「達成共識」的實踐

與開發工作，僅提供資源與資訊的人都算是利害關係人。沒有仔細挑選利害關係人，導致日後意見分歧而延誤開發進度，甚至造成失敗的憾事屢見不鮮。因此，請認真找出與產品開發有關的利害關係人，包括未來可能參與的人員。圖 5-2 是列舉出適當利害關係人的一個範例。

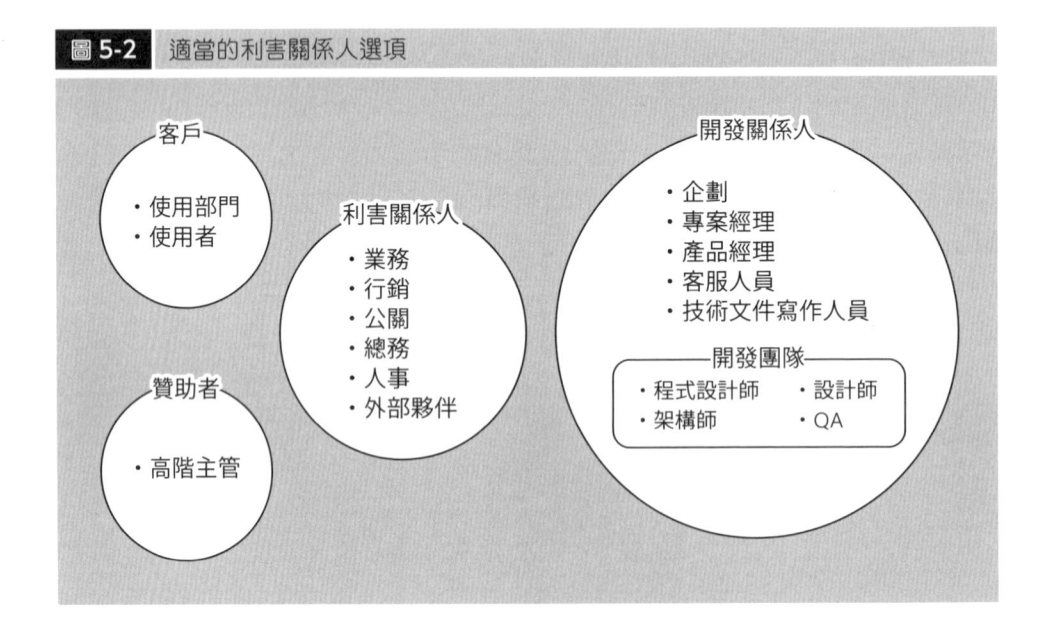

圖 5-2 適當的利害關係人選項

客戶
- 使用部門
- 使用者

利害關係人
- 業務
- 行銷
- 公關
- 總務
- 人事
- 外部夥伴

開發關係人
- 企劃
- 專案經理
- 產品經理
- 客服人員
- 技術文件寫作人員

開發團隊
- 程式設計師
- 設計師
- 架構師
- QA

贊助者
- 高階主管

如果要確定對方是否為利害關係人，可以試著詢問對方「這次要開發這種功能，是否與你有關或會影響你嗎？」即使突然被問到，但若對方是利害關係人，在思考片刻之後，應該會提供自己在意的觀點。由於問題簡短，不會占用對方太多時間，應該很少有人會覺得困擾。考量到日後才發現對方是利害關係人可能產生重工的風險，及早詢問是比較明智的決定。

即使是利害關係人，每個人感興趣的事情也很廣泛。有些人只對產品有興趣，有些人與自己的工作有直接關係或會受到影響。此外，他們對開發的權限和影響力也各不相同。要整理每個人與開發的關聯性很困難，但是**只要透過「興趣高低」和「權限／影響力高低」兩個座標軸，將利害關係人分類，就可以整理出需要注意的事項與適當的溝通方式**（圖 5-3）。

206

圖 5-3　利害關係人的分類

	興趣低	興趣高
權限/影響力高	「必須滿足的利害關係人」 ・興趣低但權限/影響力高 ・必須定期諮詢，傾聽對方的意見/擔憂/想法，讓他們覺得自己被理解與接受	「重要的利害關係人」 ・可以決定開發成功與否 ・必須建立密切的合作關係/信賴關係，使其深入參與
權限/影響力低	「不重要的利害關係人」 ・進行最低限度的溝通，只要定期分享資訊即可	「必須注意的利害關係人」 ・權限/影響力低但興趣高 ・適當分享資訊，使其參與開發，有助於推動工作

根據筆者的調查，這種分類方法最早出自於「Strategies for Assessing and Managing Organizational Stakeholders」 5-1 。此外，搜尋「利害關係人的分類」，可以找到幾個細節不同的分類方法。

2. 對目標達成共識

詢問過利害關係人之後，接著要對目標達成共識。**這裡所謂的目標是指所有利害關係人希望透過產品實現的事項**。聚集在一起的利害關係人對於「所處狀況」、「擁有的基本知識」、「想解決的問題」都有不同的認知（圖5-4）。請先溝通、分享彼此理解的情況與想法。

這裡必須注意，你是否已經確認清楚希望透過產品實現的終極目標。傾聽利害關係人的意見，可以逐漸瞭解在開發過程中應該做什麼。不過，**就算已經完成所有該做的事情，也可能無法達成目標**。例如，電子商務網站在思考「讓使用者想購買多件商品」的動機時，可以想到很多原因，而且不同立場的人可能提出「希望可以提高每個人的消費金額」、「想減輕運費負擔」、「希望讓消費者定期購買」等目標。即使成功讓使用者購買多件商品，卻沒有完成透過產品想達成的目標就毫無意義。沒有先對目標達成共識，就無法判斷

第 5 章
可以應用在「達成共識」的實踐

圖 5-4 對目標達成共識

目標位於眼前的開發對象之後

開發內容是否合適。如果利害關係人討論的是解決問題的方法（How）而不是目標（What），就容易出現這種問題。還有一種情況是，已經決定了成功的指標與標準，但是解決方法沒有與目標連結。此時，應該先達成共識的是目標而不是解決方法、時程 / 範圍。聽完利害關係人大致的想法之後，請詢問他們接下來想實現的目標是什麼。

試圖把理想目標當作產品討論時，往往會變得抽象、不著邊際。例如，理想的電子商務是「所有使用者都滿意的無壓力購物體驗」，達到這個目標的方法有很多種。在達到理想目標之前，**選擇一個具體的目標**，如「每個人的消費金額提高 10%」、「運費負擔減少 10%」、「6 個月的固定購買率提高 5%」，**可以確定應該做什麼，也更容易討論後續的範圍**。

先就你瞭解的狀況，討論業務策略和長期方向。業務方向對系統設計的影響很大。在討論未來計畫時，如果完全沒有評估影響設計的元素或擔憂，極有可能無法做出適當的結果。然而，在探討可行性的階段，很難確定所有細節，也可能出現偏離期望的情況。儘管如此，只要先討論業務策略與方向，即使實際展開專案之後出現問題，也可以根據討論概要來處理。這也是讓專案成功的重要步驟。

3. 對範圍達成共識

召集利害關係人，達成對目標的共識之後，接著**要確認想在何時達成什麼目標、產品的必要功能以及使用者故事，建立對開發範圍的共識**（圖5-5）。

圖 5-5 對範圍達成的共識

第一步是確定要做什麼。請分享你正在思考的事情以及腦中浮現的想法。**「這不是我的工作，所以不說也沒關係」這種想法是錯的**。即使是微不足道的小事也要確認是否需要討論，以免日後才發現其實這些事是必要的。

確認必要項目後，思考急迫性與重要性再加上優先順序。決定順序是為了避免出現順序一樣的項目。如果沒有決定優先順序，卻判斷「所有事情都很緊急」或「全都很重要」時，第一次發布所包含的使用者故事就會變龐大，無法縮小討論範圍。範圍太大會拉長發布期間，違背短期發布並從中學習的敏捷開發目標。然而，首次發布並非愈快愈好，還要考慮到產品所需的基本品質與功能。因此，必須經常討論範圍，**除了「必須完成」的項目之外，還要分成「希望完成」和「有餘力完成」的等級，這點很重要**。確定功能與使用者故事之後，就可以預估工作規模，要達成這些功能所需的工時。團隊可以根據過去的實績推算每次迭代需要的工作量。如果是沒有實績的新團隊，可

以花一點時間實際執行並計算進度。工作規模可能與你最初的假設或期望不同。如果以第一次的發布時間為優先考量，就得重新檢視並減少範圍內的使用者故事。調整範圍時，必須注意你重視的是什麼。

一般認為，範圍應該包括所有功能及使用者故事，不過這是想像未來可以理所當然使用該系統才產生的認知。例如，剛開始資料很少，不需要搜索或篩選功能，或本來就不需要該功能。**請先思考在哪些前提條件下需要該功能，由開發端逐一向利害關係人確認。盡量縮小範圍，鎖定明確的內容是非常重要的關鍵**。即使已經將範圍控制在適當大小，仍可能包含對達成目標沒有幫助的內容。要設定適當的範圍很困難，必須仔細討論。該透過哪些步驟來達成目標、哪些地方可能需要重新排序、何時需要怎樣的合作等，互相討論直到達成共識。**認知與想法的落差無法立即消除，必須持續討論**。

🅿 通用語言

確定範圍時，必須注意統一利害關係人使用的術語定義。**討論時要使用一致的術語，開發的系統也要使用相同名稱**。你以為說的是同一件事，之後才發現雞同鴨講，有時可能造成問題。當你注意到這個情況時，可以說出來，或建立諮詢／報告窗口，運用 Wiki 或聊天工具等機制來統一術語（圖 5-6）。

所有人使用相同語言進行溝通的術語集稱作「通用語言（Ubiquitous language）」 5-2 。注意利害關係人是否使用相同定義的術語，倘若發現有人使用了不一致的術語時，請建立一個可以輕鬆與利害關係人溝通的場所或環境（圖 5-7）。

5-1 與利害關係人達成共識

圖 5-6 統一利害關係人使用的術語定義

位置	描述
規格書	折價券
原始碼	Coupon
業務資料	兌換券
說明	網頁折扣券

▼

位置	描述
規格書	折價券
原始碼	coupon
業務資料	折價券
說明頁面	折價券

圖 5-7 統一術語的範例

使用折價券	
程式碼的描述	consume coupon
UI 文字 / 公司內部的稱呼	使用折價券
定義	消化使用者使用的折價券
注意事項	完成結帳時，折價券呈現已使用的狀態
類似用語 / 相關用語	消化折價券
相關文件	VIP 會員折價券發送企劃書

P 需求規格實例化

確定了要執行的內容後，從最優先的項目開始，逐步統一對系統的期待認知（圖 5-8）。召集利害關係人，一個一個討論實際可能發生的具體使用案例（※5-1）。確認系統執行或人員操作的每個步驟之後，可以從對話中發現範圍、規格和系統架構可能疏忽的部分。先準備好簡單的使用者、系統和服務結構圖，可以避免對系統的哪個部分要承擔何種責任產生認知落差。

※5-1 使用案例：這是指使用者使用系統達到目的的流程或腳本。

第 5 章
可以應用在「達成共識」的實踐

圖 5-8 根據使用案例進行確認

- 收到的商品有短缺時該怎麼辦？
- 如何知道商品有短缺？
- 如何才算處理完畢？
- 請在管理畫面指示補寄短缺的商品以留下記錄。補寄部分不需要顯示在使用者的訂單記錄中
- 客服人員收到客戶詢問並確認
- 補寄商品送達後，在公司內部的系統中，以手動方式輸入貨運公司的聯絡結果，這樣才算完成

這與 Gojko Adzic 提出的「需求規格實例化（Specification by Example）」**5-3** 有共通之處，亦即使用實際的使用案例，由利害關係人共同整理需求，可以統一利害關係人對需求的理解。需求規格實例化是使用自然語言的實際案例，按照「Given（事前條件）-When（觸發）-Then（事後條件）」的觀點整理規格需求。與依照開發人員／測試人員／利害關係人的角度分別整理需求再整合相比，這樣做可以避免造成誤解或重工。

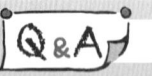

Q&A 應該確認到何種地步？

我覺得有很多事情要先試著開發才會知道，如果要討論到達成共識，會花很多時間吧？

如果你感受到以下狀況，代表已經充分確認。
- 知道下一步的方向與多久才能達成目標，覺得沒有重要的事情被隱藏起來
- 可以使用適當的語言順利討論專案
- 出現新的使用者故事時，知道該修正哪個部分

每天討論直到減少問題

該如何建立前面說明的統一共識及進行討論的場所？筆者**建議先以啟動會議或訓練營打好基礎，設定每天討論的時間，持續達成共識／進行討論**。啟動會議與訓練營可以有效率地分享重要資訊，集中討論，也能提高利害關係人的士氣。不過因為日期與時間固定，可能在討論不夠完整的狀態下就結束。如果只進行啟動會議，也可能在認知不一致的狀態下就著手開發。

在啟動會議或訓練營之後，安排每天溝通的時間，繼續討論不夠充分的部分，過程中可以發現認知落差（圖 5-9）。此外，每位參與者消化／理解討論內容的時間都不一樣。持續進行個別討論，能讓參與者有充分的時間可以理解。每天持續討論，達到「利害關係人有一定程度的共識，不需要再花時間討論」的狀態後，再降低開會頻率。比起只舉辦短期啟動會議或訓練營，這種方法有足夠的討論時間，可以讓所有利害關係人有更深入的瞭解。

圖 5-9 每天討論直到減少問題

每天安排討論時間的缺點是，參加人數較多時，舉辦會議的成本以及分享資訊給未出席者的成本可能會成為另一個問題。此時，可以考慮分成積極參與討論的核心成員，以及為了掌握當時對話內容而參加的聽眾。限制參與者可

第 5 章
可以應用在「達成共識」的實踐

能讓提出的觀點變少或產生偏差,無法獲得足夠的意見。但是允許旁聽,可以讓任何感興趣的人都能參與。除了分享會議記錄之外,錄製影片並發布也有不錯的效果。

以下是幾種建立討論環境的類型:

- 啟動會議:在開發初期進行
- 訓練營:在開發初期進行
- 每天討論直到減少問題:在開發初期進行
- 例行會議:在開發期間內以一定頻率進行
- 臨時討論:在開發期間內視狀況進行

要讓來自不同背景的團隊成員與利害關係人在一定期間內朝著同一個目標努力,需要大家共同解決各種誤會和小衝突。我們無法預測需要進行多少溝通,如果「等到開會再討論」,誤會就會在這段期間內持續擴大,即使會議時間再充裕也不夠用。「立即討論」、「每天討論直到減少問題」是讓敏捷開發順利進展的祕訣之一。

≡ 對開發方式達成共識

即使對範圍達成共識,開發方式也不只一種。基本原則是,先從高價值且為產品的核心功能開始著手。此外,還必須檢視整個開發工作,優先處理容易延遲或失敗的項目,思考減輕風險的策略。如果沒有先對已經確定的範圍達成開發方式的共識,團隊和成員就會從比較容易著手的使用者故事開始進行。

以下將說明降低整體開發風險時,必須思考的事項。

從不確定性高的事項開始著手

軟體開發產生不確定性有以下幾個原因：

- 不知道想到的系統規格是否能解決實際的問題
- 從未接觸過的陌生領域
- 對系統的效能與可用性要求較高
- 有自己無法控制的外部因素
- 沒有掌握整體開發的瓶頸及關鍵路徑

如果從較容易處理的使用者故事開始著手，就會延後不確定性高的使用者故事，可能在之後的開發工作中引發問題。處理不確定性高的使用者故事，對於確定開發瓶頸或關鍵路徑，取得讓工作順利進行的資訊非常重要。此外，不確定性較高的項目的會嚴重影響整體進度。**請優先處理不確定性高的項目並盡早解決，以降低開發風險。**

盡早決定可以控制的事項

在我們職責範圍內可以決定的事項最好盡早下決定。如果有多種設計方針或實作方針，分別整理優缺點並盡快討論是很重要的關鍵。不過實際上，即使經過整理，仍常見到缺乏決策關鍵而無法下決定，不斷拖延時間的情況。**要讓所有利害關係人都可以確認必須做決定的事項，同時明定截止日期**。如果參與討論的成員無法做決定，請往上提升至權限更高的利害關係人，請他盡早下決定。

無法控制的事項盡量延後下決定

如果產品需要依賴外部的服務或元件，就會有無法自行決定的外部因素存在，因為沒有辦法預測情況的變化而難以下決定。遇到這種情況，設計系統

第 5 章
可以應用在「達成共識」的實踐

時就要考慮各種可能性，收集資訊之後再做決定。具體而言，可以插入處理抽象層，限制變更的影響範圍，或允許日後可以更改處理方式。雖然我們無法因應所有狀況變化，但是對於極可能發生的情況，應先討論並確認處理方針。

對進度達成共識

詢問利害關係人的期待值以達成共識

開始開發之後，就會立刻面臨到進度認知的問題。客戶／贊助者／利害關係人都希望開發工作進展順利，如果團隊遇到困難，他們會催促團隊採取改善措施。團隊為了專心工作，也為了讓利害關係人放心，會透過各種方式表示進度沒有問題。可是，如果是高不確定性領域的開發工作，常出現一開始的假設或計畫就錯誤的情況。

因此，**在向利害關係人確認開發狀況的共識時，請直接詢問對方，比起期望值，你的實際的感受為何**。無論是提早完成計畫，或達成某項困難的目標，最後的重點都是實際表現是否符合對方的期待。坦率討論才不會讓事情變複雜（圖 5-10）。

圖 5-10　詢問利害關係人的期望值以達成共識

① 上個月賣窩狗團隊的績效如何？

② 我以為會更好，是人力不足的關係嗎？

③ 應該是上個月同時進行折價券的使用邏輯測試，所以進度比較少吧

④ 兩個月後要開始的活動來得及嗎？最好稍微加快腳步比較好吧

⑤ 開發工作只剩下簡單的任務，我想已經克服了最困難的部分

⑥ 我知道了。這樣再看看兩週後的狀況吧

5-1　與利害關係人達成共識

「速率（Velocity）」是指在 Scrum 中，團隊估算完成的工作量對應故事點（※5-2）的總和，用來測量一個團隊在處理特定開發對象時的速度。但是速率不適合比較不同團隊或開發對象的生產力，應該當作定量的進度標準。不過，在將速率變成數值進行報告時，如果只靠數字比較生產力或做決策會有風險。雖然速率可以將進度視覺化並做出預測，卻可能誤以為是生產力指標，在傳達給利害關係人時，必須小心謹慎（圖 5-11）。

圖 5-10　勉強數字化卻無法取得共識會造成問題

① 上個月賣萌狗團隊的速率是40

② 聽說吉娃娃團隊是80，表現不是很好耶

③ 每個團隊的速率不一樣，不可以用來比較喔

④ 上上個月賣萌狗團隊的速率是35，代表績效提升了嗎？下個月能到45嗎？

⑤ 嗯，如果能維持和這個月一樣的期望值就好了

⑥ 不曉得究竟順不順利呢？

統一報告的格式

在公司內部的正式會議上，向利害關係人報告進度時，根據對象調整報告的格式就可以避免不必要的誤解（圖 5-12）。不是組織裡的每個人都瞭解敏捷方法和實踐。你的主管和上層主管可以理解，但是更高階的管理者可能不會。**在組織階層中，有些地方存在著敏捷方法或報告格式無法傳達的界限，需要花時間改革。**與報告對象溝通，持續解釋說明，讓他們理解很重要，但是在這段期間內，站在界限上的產品負責人可以試著根據對方的狀況調整格

※**5-2**　故事點：這是代表對象規模或大小的相對數值。

圖 5-12　統一報告的格式

> 上個月,貴賓狗團隊主要執行的工作是折價券的使用邏輯實作與測試。**整個活動的進度是 60%,與計畫相比,進度稍微落後**。剩下的工作大部分是顯示活動、修改文字等簡單任務,我認為可以加快進度,先觀察這兩週的狀況再討論下一步。

式進行溝通。有時甚至需要製作甘特圖(※5-3)讓對方理解,或許他們會對敏捷實踐產生興趣,進而有機會摸索出更容易傳達團隊細節的報告格式。第 6 章要介紹的燃起圖(275 頁)就是一種比較容易理解的報告格式。

對進度達成共識後,就會出現「可以分配多少資源給最優先的使用者故事」的問題。敏捷開發的目標是重視流程效率,把最優先的使用者故事分解成小部分並逐步發布。但是,**實際上不可能將 100% 的時間都分配給最優先的任務**,難免會出現以下與目標／範圍沒有直接關係的運作任務:

- 修正現有錯誤或處理故障問題
- 處理安全性問題
- 更新程式庫或框架
- 重構
- 技術調查,為將來的工作做準備

※5-3　甘特圖:這是一種以時間為水平軸,工作內容為垂直軸,呈現工作計畫與進度的長條圖。

圖 5-13　開發比例

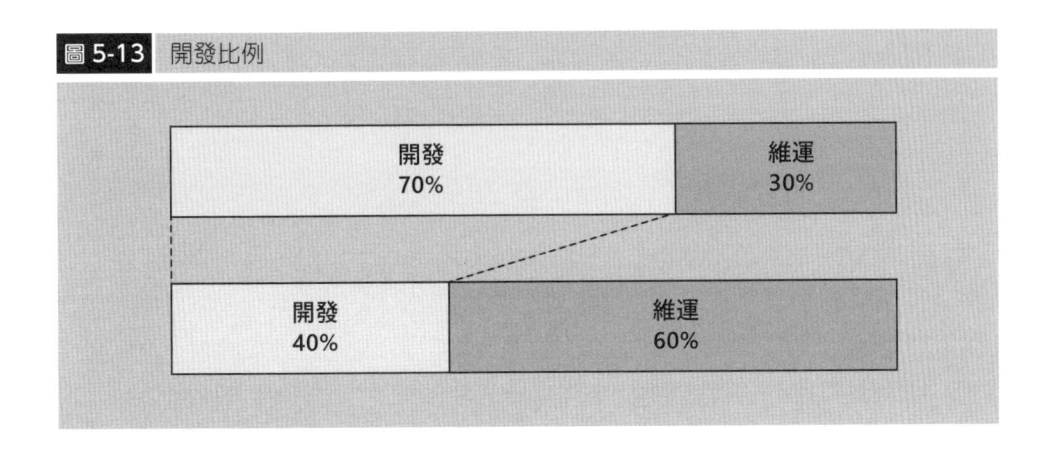

| 開發 70% | 維運 30% |
| 開發 40% | 維運 60% |

適當的比例會依實際狀況而定，但是筆者預估維運方面的工作會占整體 30% 左右的時間（圖 5-13）。我們常聽到希望延後處理錯誤或重構等工作，先進行開發，以盡快達到目標的想法。不過，這種作法得到的速度會逐漸衰減，無法持久。根據筆者的經驗，像貴賓狗團隊負責的網站開發工作能維持三個月已經很好了。最後，團隊會忙著改善錯誤和故障問題，沒空處理開發功能。另外，還常遇到的難處是無法做到「剩下的 70% 時間可以隨時用來開發」。按照筆者的經驗，應先預估開發比例可能降到 40%，否則很容易出現需要修改計畫的情況。修正錯誤和處理故障問題在所難免，面對有完成期限的重要開發工作時，應建立時間寬裕的計畫。

確保有餘力進行技術實踐

討論時間表時，綜合考量如何運用前面各章介紹過的多種技術實踐是非常重要的關鍵。例如，是否已經仔細評估了第 4 章介紹的運作實踐？是否有足夠的時間改善 log 操作？何時導入第 3 章介紹的持續交付工具？另外，可以徹底實施第 2 章提到的自動化測試與重構嗎？還有許多未曾用過的工具，何時要進行調查？隨著程式碼庫的擴大，需要花更多時間進行維護。

技術實踐必須持續演進，才能維持與業務價值有密切關係的功能成長速度。「我沒空做這種事情」這種想法每個人都有。正因為時間、預算、人力有

第 5 章
可以應用在「達成共識」的實踐

限,更要善用時間,持續改進。因此,必須確保工程師有時間提升自我、進行學習。沒有人願意在無法成長的環境下工作,必須保留足夠的時間以重複進行實驗與測試。

雖然上面提到了現實的困境,但是本書介紹的技術實踐大多都是可以有效運用時間的方法。在商用軟體世界裡,開發人員需要有智慧與勇氣來提高效率和經濟性。筆者希望透過技術實踐幫助各位在取得成果的同時,也有時間可以學習。

5-2 在開發過程中達成共識

事先協商設計

事先討論設計

開發軟體時,設計是很重要的步驟。少數人認為敏捷開發不用設計就能進行開發,不過這是誤會。當然需要設計,但是必須考量到整體狀況,避免討論過細,並依照進度不斷調整整體設計。設計應考量到各個方面,包括需求(使用者想做什麼)、條件(系統該做什麼)、規格(系統的具體行為)、設計(如何實現該行為)。

每個人對設計一詞的想法都不一樣(圖 5-14)。開發人員會考慮程式設計語言或框架的選擇、資料庫的表單設計,但是站在整體開發的立場,要考量的是整個系統的擴充性、可靠性、可維護性等。事前的設計討論可以分成「**實作前應考慮的概要**」與「**實作後應具體化的事項**」。

圖 5-14 對設計的想法因人而異

「實作前應考慮的概要」包括專案初期的技術選擇與架構評估。如果有兩個以上的團隊合作開發,或有影響整個系統的事項時,團隊之間必須互相討論。有時會先決定一些角色,如負責技術的技術主管或負責設計的架構師等。即使沒有跨團隊進行實作,但是選擇的技術或設計與其他部分差異過大

時，可能衍生出運作或維護問題。由多個團隊進行開發、運作、維護時，團隊之間應在實作之前先對設計方針達成共識，這點很重要。

「實作後應具體化的事項」包含系統內的詳細設計。實作前很難完整考量套件、模組、類別、函式、原始碼等細節。因此，愈接近系統內部的細節，愈應由團隊內部的成員或負責人來設計。如果沒有整理上層的使用案例或使命，就無法討論下層的實作設計，如資料結構、類別／套件等。只想到堆疊資料結構、類別設計以及可執行的原始碼不算是設計（圖 5-15）。

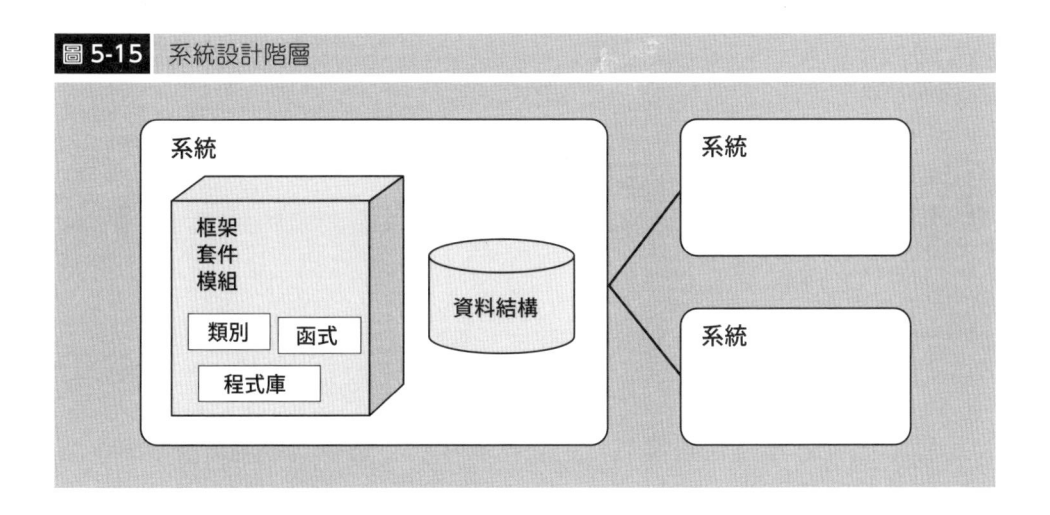

圖 5-15 系統設計階層

有風險的使用者故事要進行「探針調查」

探針調查

部分使用者故事可能無法立刻確認執行方法或技術限制。沒有確認清楚就直接進行開發，會有浪費時間與人力的風險，如日後才發現不可行或無法預估需要多少時間才能完成。在敏捷開發中，如果遇到這種高不確定性的情況，有時會進行初步調查或實驗，這稱作「**探針（Spike）調查**」 5-4 。探針調查是指事先進行的技術性調查，**主要是針對無法確定實現方法或技術限制的事項，收集相關資訊，或尋找解決方法**。適合探針調查的範例如下：

第 5 章
可以應用在「達成共識」的實踐

- 使用者故事的執行方法不明確，也無法預測調查時間
- 不瞭解要採用的新技術，缺乏下決定的自信
- 使用者故事依賴外部 API 或程式庫，有技術性風險

探針調查的優點是在實際著手開發之前，可以取得各種資訊。有助於確定使用者故事，提高開發工作的預估準確度，提前注意到技術風險。

探針調查沒有固定作法，但是執行時必須注意以下幾點：

- 關於範圍
  先處理最優先的使用者故事，後續暫不調查。
  根據目的和問題，只對必要的故事進行調查。

- 關於時間
  不要花太多時間驗證所有內容。
  這不是事前設計階段，所以不要花過多時間。

探針調查的目的是加深對調查對象的理解，而不是直接取得開發成果。因此，事先討論瞭解到何種程度可以判斷下一步也很重要。請投入一定時間，確認結果，視狀況決定是否要額外調查或改變方向。探針調查的時間應該占開發時間的 20% 左右，如果無法在規定時間內完成，應該在整理情況後重新規劃。

> **Q&A 探針調查的作法**
>
> 🧑 我們是以 Scrum 進行開發工作，可以把探針調查當作產品待辦清單來處理嗎？
>
> 👨 只要是容易執行的方式都可以。如果團隊可以進行探針調查，就當作產品待辦清單管理。

> **Q&A 探針調查要執行多久**
>
> 🧑 有太多高開發風險的使用者故事，所以最近都在進行探針調查。
>
> 👨 應該只針對最近開始的事項進行探針調查。你也可以設定探針調查的時間上限，用完所有時間卻還未完成時，再重新思考方針。

大型開發要用 Design Doc 統一觀點

P Design Doc

「Design Doc」 5-5 是指開始開發之前，整理開發背景／目的／設計／替代方案的文件手法。目的是與利害關係人分享／討論文件，確定處理方式，減少重工。由 Google 率先執行，現在已有許多技術公司導入。Design Doc 的定位比較接近會議記錄，而不是設計書或規格書，重視在不斷討論並修正中逐漸完成文件。這種方法的功用類似編寫原始碼之前的程式碼審查。

Design Doc 可以充分討論／詳細列出開發內容，卻也要夠精簡，方便忙碌時閱讀。重點在於要寫出重要事項，不要寫得太詳細。不是所有開發都需要先準備 Design Doc。筆者在處理要花上幾個月的開發工作、可以想到多種執

第 5 章
可以應用在「達成共識」的實踐

行方案的開發工作，以及不熟悉新技術 / 領域的開發工作時，通常會花一到兩週的時間來準備 Design Doc。

Design Doc 的項目沒有制式規定，原本的定位就是「比較不正式的文件」。準備 Design Doc 時，不是項目或寫的分量愈多愈好，而是要討論在我們的開發中，必須明確留下什麼內容再取捨。「非目標的事項」與「替代方案」很少有機會記載在規格書或設計書等文件中，但是在 Design Doc 卻有其意義。隨著開發時間拉長，可能會愈來愈偏離目標，如果一開始先清楚列出非目標的事項，就可以控制範圍。此外，記錄下討論時曾思考過的替代方案，能推測開發過程中考慮到的事項與決定，不僅可以當作決策時的參考，也有助於培養設計技能。

「Design Doc 包含的項目」

- 概要
- 背景
- 對象範圍
- 目標
- 非目標的事項
- 解決對策 / 技術結構
- 系統關係圖
- API

- 資料儲存
- 替代方案
- 里程碑
- 擔憂事項
- log
- 安全性
- 可觀測性
- 參考文件

5-3 持續檢討計畫

第 5 章
可以應用在「達成共識」的實踐

將使用者故事分解成小部分

P 分解使用者故事

反覆進行開發時，必須維持整體運作狀態，同時依照每個迭代確實準備增量，以取得回饋。但是迭代可以處理的量是有限的，如果一個大型項目佔了迭代的大部分，可能導致整個迭代失敗。而且大型項目很難估算，誤差幅度也較大。因此，迭代中的使用者故事最好小而明確。在著手開發之前，先將大型使用者故事分解成小部分，避免留下不明確的地方。小而明確的項目比較容易估算，誤差也較小。

分解使用者故事時，要以最可能立即著手的部分為優先（圖 5-16）。因為花時間考慮不知道會不會執行的事項毫無意義。不需要細分所有使用者故事，太多小的使用者故事會很難掌握整體狀況，而且也沒有時間可以處理所有使用者故事。長期沒有進度（根據專案長度，可能是幾個月到一年以上）的使用者故事，未來執行的可能性也很低。如果以較小的單位管理所有使用者故事，反而要花時間在那些未來不太可能處理的使用者故事上。先把要立即著手的項目分成小單位並完成估算，讓團隊可以隨時開始實作，最好準備最近兩到四週內要開發的項目。對於那些不確定是否會開發的項目，請用較大的粒度來管理。這樣可以按照較大的單位來調整優先順序並將部分計畫視覺化。

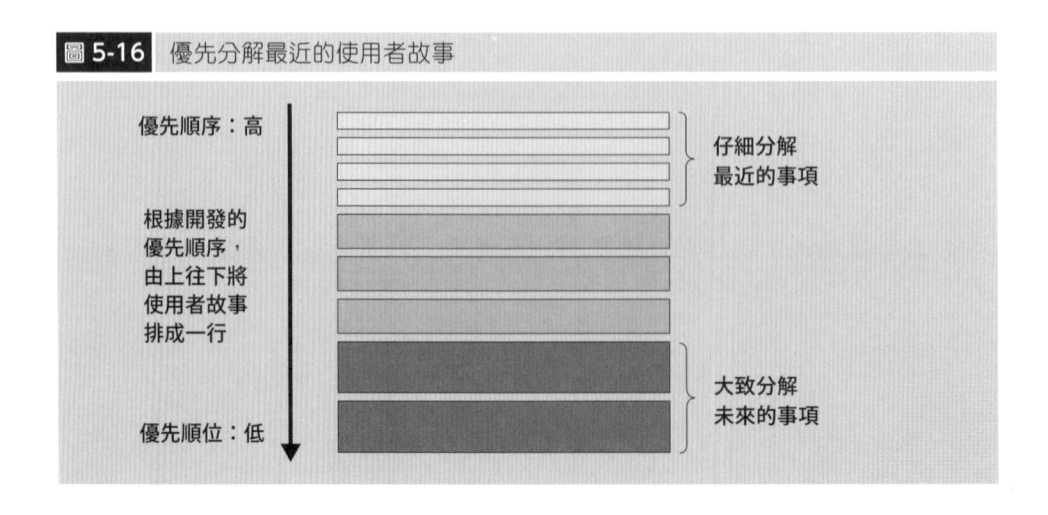

圖 5-16 優先分解最近的使用者故事

INVEST

分解使用者故事時，必須考慮幾個重點。**在重視對話的迭代開發中，有一個稱作「INVEST」 5-6 的標準，這個名稱取自各個項目的第一個字母，裡面整理了容易處理的使用者故事特性**（表 5-1）。如果遇到很難處理的使用者故事，可以對照 INVEST，思考是否有改善空間。

表 5-1 使用者故事應符合的特性：INVEST

第一個字母	意義	解說
Independent	獨立	彼此獨立，最好沒有相依性或前後關係
Negotiable	可協商	沒有既定事項或約定，有討論或協商的餘地
Valuable	有價值	對使用者而言有價值
Estimable	可估算	以可以估算的大小具體化
Small	小型	分解成足夠且適合團隊處理的大小
Testable	可測試	可以判斷是否完成

分解使用者故事時，有一些反面例子可以參考。以下是在不熟悉的時候，常出現的類型。

- **依步驟分解**
  無法建立符合使用者角度的增量，沒有價值
  （例）設計→實作→驗證→發布等

- **依技術／階層分解**
  無法建立符合使用者角度的增量，沒有價值
  （例）資料庫設計→後端實作→前端實作等

- **依畫面單位分解**
  先製作構成畫面的內容，沒有參考回饋
  製作時沒有考慮前後畫面的切換

筆者已將建議的分解類型整理成表 5-2。請確認分解之後是否符合 INVEST 條件，逐漸學會理想的分解方法。

表 5-2　使用者故事的分解類型

分解類型	範例
以使用案例 / 功能分解	• 可以下單 • 收到確認下單的電子郵件 • 可以用訂單確認畫面進行確認
以角色 / 人物誌分解	• 管理者 / 一般使用者 • 新手 / 重度使用者
以裝置 / 平台分解	• Windows / Mac / Linux… • Chrome / Firefox / Safari… • iOS / Android…
以 CRUD 分解	• Create：增加 • Read：顯示 • Update：更新 • Delete：刪除
以測試 / 非功能分解	• 正常 / 異常 • 低負載 / 高負載
資料格式	• JPEG / PNG / WebP… • JSON / XML…
介面	• CLI / GUI • HTTP / gRPC
虛擬資料	Stub、Mock 操作 / 實際資料操作

整理使用者故事以提高透明度

定期盤點使用者故事

長期管理使用者故事，會逐漸累積不清楚目前狀態的部分（圖 5-17）。請定期盤點累積下來的使用者故事，避免漏掉重要的使用者故事。

圖 5-17 避免以不適當的狀態累積使用者故事

優先順序：高

根據開發的優先順序，由上往下將使用者故事排成一行

在無法判斷是否應處理的狀態往下累積，變得很難管理

優先順序：低

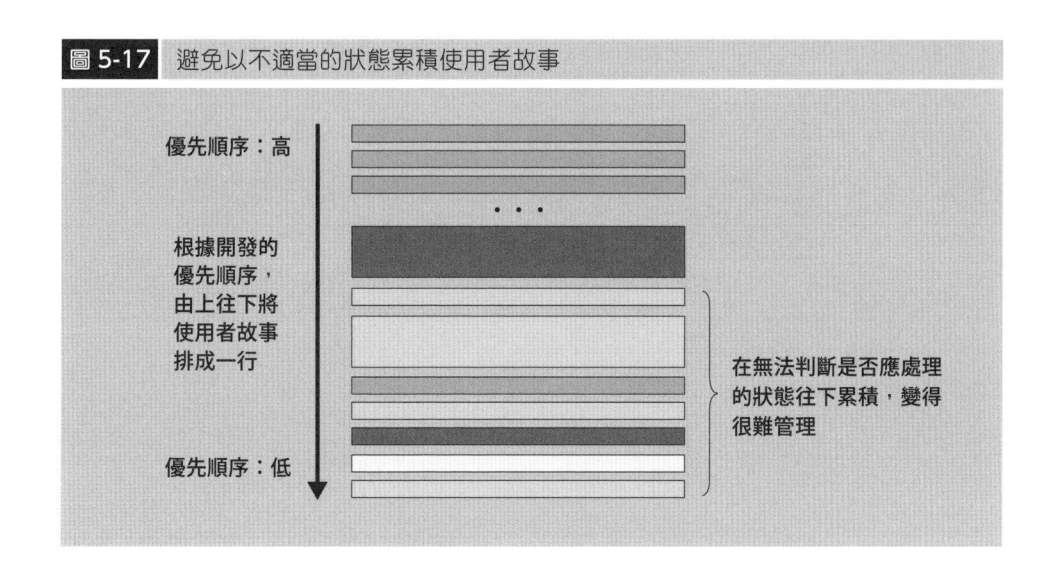

不瞭解使用者故事的現狀是因為沒有執行以下的維護工作。

- 開發內容改變卻沒有修改內容
- 擱置臨時增加卻不完整的使用者故事，沒有進行改善
- 留下已經不需要的使用者故事

聽到「盤點」一詞，你可能覺得這是一項困難的任務，其實很簡單。只要按照以下方式進行盤點即可。

首先，檢視使用者故事，挑出你認為「狀態似乎錯誤」、「應該不需要了」的部分。接著與提出這個使用者故事的人或瞭解情況的人確認。要定期進行盤點，修改使用者故事，例如每三個月一次。下定決心捨棄掉「現在做不到，總有一天會做」的使用者故事，當你可以處理或必要性提高時再寫出來即可。

另一個方法是限制使用者故事的數量。隨時注意使用者故事的數量是否達到上限，除了優先順序較高的故事，其餘不定期刪除，管理起來比較輕鬆。你

第 5 章
可以應用在「達成共識」的實踐

可能會擔心放棄的使用者故事中是否包含了需要的部分,當你發現有必要,只要重新與利害關係人確認再加入即可。

Q&A 是否有最好別丟棄的使用者故事?

例如,已經準備好設計概念的策略,或雖然無法立即著手,卻應該記錄下來的使用者故事?

留下總有一天想做的內容,卻忽略更重要的使用者故事,反而造成困擾。請以堅定的信念,專注在更有價值的使用者故事上。

Q&A 想另外製作清單來管理

我另外準備一份「有朝一日想做的使用者故事清單」,裡面包括了還沒確定的想法、個人注意到的改善問題等。

如果有另外準備或由個人管理的清單,團隊成員就無法掌握,失去討論的機會,應該把這些資料合併起來共同管理。

隨著開發規模的進一步擴大,可能會分成多個團隊。即使有多個團隊,也要進行跨團隊的溝通,納入更大範圍的利害關係人,達成共識,把產品當作一個整體來維護與發展。第 6 章將介紹適合交付客戶價值的團隊組成方法,讓團隊之間有效溝通的實踐,以及納入利害關係人以達成共識的實踐。

5-1 「Strategies for Assessing and Managing Organizational Stakeholders」Savage, G.T.、Nix, T.W.、Whitehead, C.J.、Blair, J.D.（1991，ACADEMIA）

https://www.academia.edu/35352360/Strategies_for_Assessing_and_Managing_Organizational_Stakeholders

5-2 《領域驅動設計：軟體核心複雜度的解決方法》Eric Evans（2019，趙俐、盛海艷、劉霞 譯，博碩）

5-3 《Specification by Example》Gojko Adzic（2011，Manning Publications）

5-4 《Agile Estimating and Planning》Mike Cohn（2005，Pearson）

5-5 「Companies Using RFCs or Design Docs and Examples of These」Gergely Orosz（2022，The Pragmatic Engineer）

https://blog.pragmaticengineer.com/rfcs-and-design-docs/

5-6 「INVEST in Good Stories, and SMART Tasks」Bill Wake（2003，XP123）

https://xp123.com/articles/invest-in-good-stories-and-smart-tasks/

第 5 章
可以應用在「達成共識」的實踐

讓開發項目保持簡潔的乾淨程式碼

Splunk Senior Sales Engineer, Observability
大谷和紀
Kazunori Otani

我在廣告投放服務的經驗中，常做的工作之一，就是停止對特定廣告媒體投放效果差的廣告。例如，把在媒體露出的廣告案件及其效果指標整理成表格，廣告經營團隊的負責人看了之後認為「再投放廣告也沒用」，就可以停止投放。但是，在這種情況下，負責人必須隨時打開這張表格，確認數百個廣告案件。如果需要幾天的時間才能確認停止投放，就會產生不必要的廣告費用。因此，最好把這個工作系統化和自動化。

接著來討論這個待辦事項。假設我們要每小時進行定期批次處理。停止投放廣告的條件就會是很重要的關鍵。如果要將廣告經營團隊做的決定「再投放廣告也沒用」自動化，應該怎麼做呢？

廣告經營團隊表示，現在的運作規則有五個。原本應該使用以 or 連接的 if 條件式，寫出第一個是這個，第二個是那個，第三個是……的條件，不過可惜的是最後一個規則不明確。身為開發團隊，你可能會要求廣告經營團隊「如果要著手處理待辦事項，必須確定第五個規則」。你可能認為如果沒有確定「第五個條件」就無法執行，也沒辦法完成工作，但是這樣做適合嗎？

廣告經營團隊提出的四個條件已經很明確，可以執行，而且已知「第五個條件」是獨立的。此時，可以先進行符合前面四個條件的處理，最後再加上第五個條件。就算只將前四個條件自動化，也能大幅減輕廣告經營團隊的工作負擔。

或許將來會出現「使用機器學習判斷是否停止投放廣告」的新方法，屆時只要當作第六個條件加入即可。不過未來有許多未知數，也可能需要重寫，到時候再處理吧！

重要的是，交付最小功能的同時，要維持程式碼的簡潔，整理部署，靈活提供符合需求的選項。程式碼不是執行之後就結束。

第 6 章

可以應用在「團隊合作」的實踐

到目前為止,介紹的技術實踐都是針對一個團隊的活動。但是,在實際的工作現場,會有其他團隊或不同職務的利害關係人。第 6 章將介紹適合交付客戶價值的團隊組成方法、消除依賴特定個人的方法、衡量開發績效的方式、溝通順暢的實踐,以及納入利害關係人達成共識的研討會。

第 6 章
可以應用在「團隊合作」的實踐

不過，只有一個團隊可能比較吃力，也讓吉娃娃團隊一起合作開發吧？
欸……
這樣一來人數有些不平均，是不是應該考慮把一些人調到其他專案？
哇啊……
要將團隊打散啊！！難得上個專案凝聚了團隊的向心力…
抱歉！能不能讓我參與貴賓狗團隊與吉娃娃團隊討論結構和開發方法的會議？
我之前也加入過吉娃娃團隊，所以很瞭解狀況
說的也是，那就麻煩你了
一起摸索讓新專案也可以工作愉快的方法吧！
好的！

6-1 團隊的基本單位

因此，我們會和吉娃娃團隊一起負責新專案
需要和貴賓狗團隊一起調整團隊成員嗎？
不，這個部分預定不變
因為大規模更換成員可能導致績效大幅下滑
呼
我原以為會根據專案重新安排團隊成員
團隊成員是怎麼決定的？
我也很好奇
敏捷開發希望可以由團隊獨立完成到發布為止的工作
接下來我會說明這個部分

由團隊負責工作

提到團隊開發，你是否不自覺地樂觀思考「只要召集成員，就會自然形成團隊，交出一個人無法完成的成果」、「只要確定了團隊體制，其他問題就會迎刃而解」？然而，實際上，需要花很長的時間才能讓團隊合作並正常運作。短時間更換成員會破壞好不容易步上軌道的團隊，可能造成無法挽回的後果。開發對象和重視的領域會隨時間產生變化。因此，**我們必須換個想法，不是根據專案組成／解散團隊，而是提供專案給團隊**。思考開發體制時，基本單位是團隊不是個人。

我們該如何組成團隊呢？如果團隊想達成「踏出一小步，根據經驗中學到的知識，不斷改進」的敏捷目標，就應該以特性團隊（Feature Team）組成多數團隊。**特性團隊是指「不受組織現有框架或元件的限制，可以逐一完成客戶價值並交付的長壽團隊」** 6-1 。在詳細介紹特性團隊之前，我們先從常見的團隊結構開始依序說明（表 6-1）。

表 6-1 常見的團隊結構

結構	特性及優點	問題
專案團隊	・為了專案而組成的團隊	・團隊壽命短 ・一般會隨著專案結束而解散
目的團隊	・依架構重組、運作維護等特定目的而組成的團隊	・動機容易隨著目的而降低 ・團隊之間容易產生對立
職能團隊	・召集有相同職能的成員 ・容易提高專業性 ・容易發揮成員已經擁有的專業技能	・團隊未必能獨立交付客戶價值 ・很難預測長期需要何種能力。而且經常煩惱能否安排擁有該能力的人員
元件團隊	・召集負責相同元件的成員 ・容易增加領域知識及專業性	・團隊未必能獨立交付客戶價值
跨職能團隊	・團隊成員擁有多種職能／知識	・團隊未必能獨立交付客戶價值
特性團隊	・以提供客戶價值為目的的團隊 ・團隊能獨立交付客戶價值 ・交叉功能＆交叉元件	・必須涉及多個領域（職能、元件） ・難以實踐

第 6 章
可以應用在「團隊合作」的實踐

「專案團隊」是按照專案召集成員，結束後解散。而「目的團隊」是根據特定目的召集成員，如中長期的架構重組、沒有期限的運作維護等（圖 6-1）。專案團隊在達成目標後，通常會重新檢視團隊結構，因此團隊壽命較短。目的團隊常出現過了一段時間之後，變得墨守成規，很難維持長期積極進取的狀態。此外，過度專注於自己的目標，可能與其他團隊產生對立。例如，建立專門修正錯誤或進行架構重組的特性團隊，集中精神減少產品的技術負債。這個特性團隊會積極達成使命，可是該團隊的成員可能逐漸對其他團隊積累的漏洞和技術負債感到不滿，甚至口出惡言，態度惡劣，導致職場上的人際關係惡化。

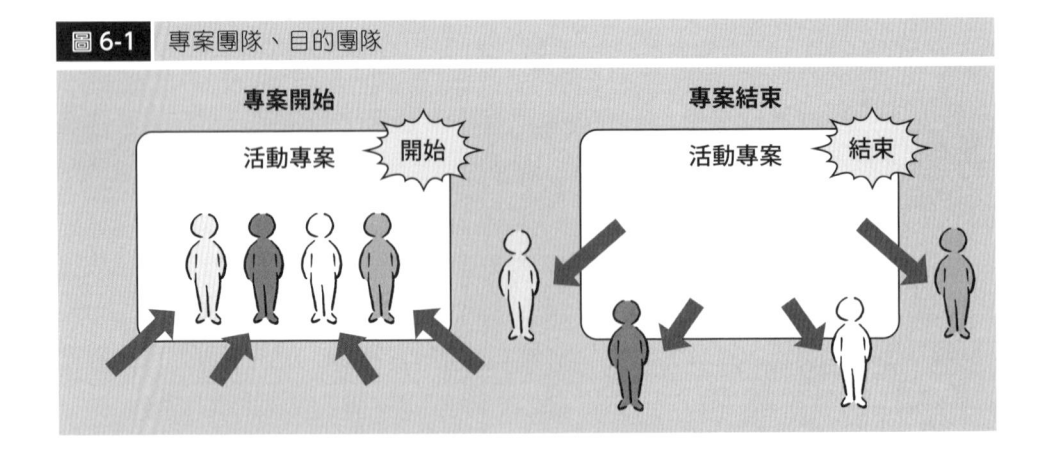

圖 6-1 專案團隊、目的團隊

依設計師／前端工程師／後端工程師／基礎建設工程師等職能組成的團隊稱作「職能團隊」（圖 6-2）。通常由瞭解該職能的人負責成員的人事評估。把有類似技能的成員聚集起來的優點是可以提高技術的專業性。不過，這種團隊可能因為「只要關注個人專業領域」的想法，而對其他領域漠不關心，難以提升與領域有關的知識。此外，如果要交付客戶價值，就需要多個團隊的知識與合作，因此必須與其他團隊密切溝通。例如，設計師需要借助前端工程師的力量，而前端工程師需要借助後端工程師的力量。

圖 6-2 職能團隊

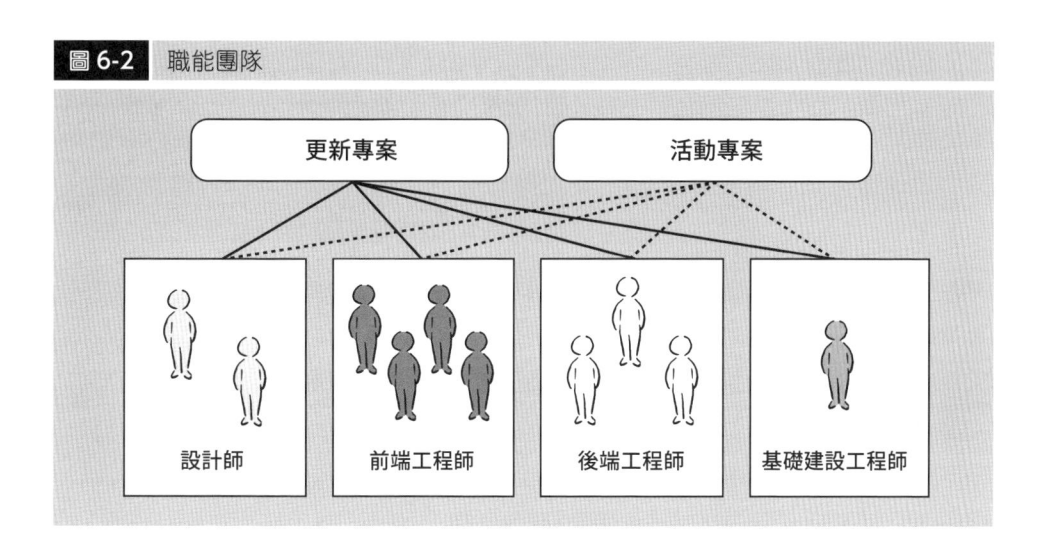

[設計師] [前端工程師] [後端工程師] [基礎建設工程師]
更新專案、活動專案

「元件團隊」是依照整合特定功能的元件或服務來分配團隊的方式（圖 6-3）。這種方式有助於加深領域知識及專業性，團隊可以獨立發布元件。團隊能不能獨立交付客戶價值取決於架構中的元件使命。由於整個開發工作的優先順序和元件團隊的優先順序常無法整合，如果要交付跨多元件的功能，各個團隊與利害關係人必須進行協商。

圖 6-3 元件團隊

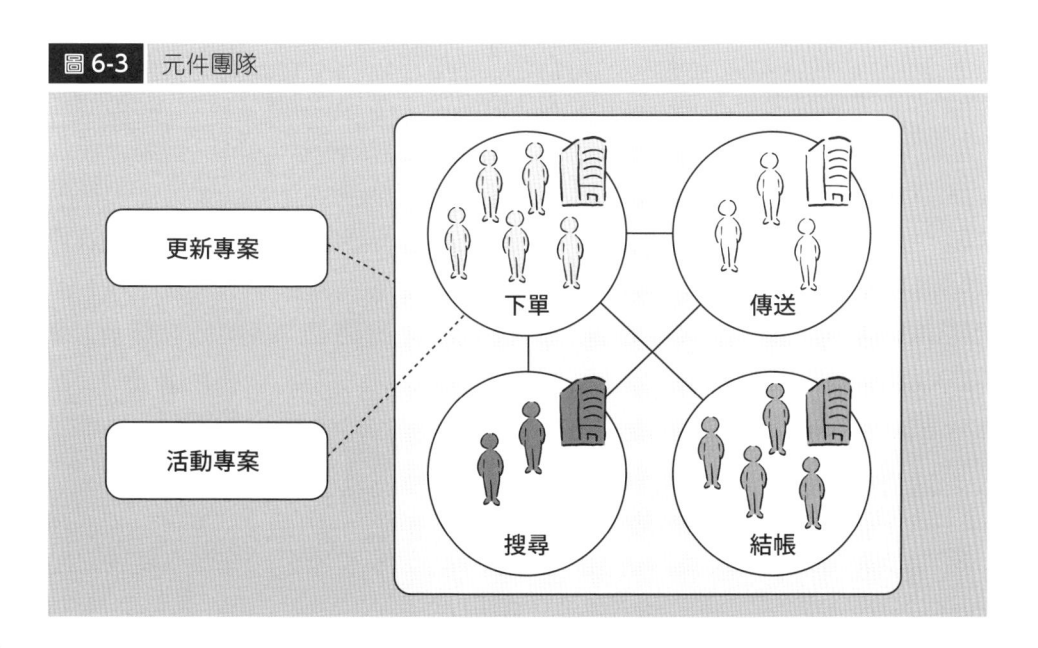

更新專案、活動專案：下單、傳送、搜尋、結帳

第 6 章
可以應用在「團隊合作」的實踐

P 特性團隊

敏捷開發會建立跨功能型團隊，團隊具備各種提供價值所需的職能與專業知識。組成團隊時，重視團隊能否獨立交付客戶價值勝過團隊是否廣泛涵蓋所需的開發技能。具有這種能力的團隊稱作「**特性團隊（Feature Team）**」**6-2**（圖 6-4）。特性團隊**不是依照元件組成團隊，而是讓每個團隊可以跨元件進行處理**。團隊有責任為客戶創造價值，並學習取得缺乏的知識與技能。

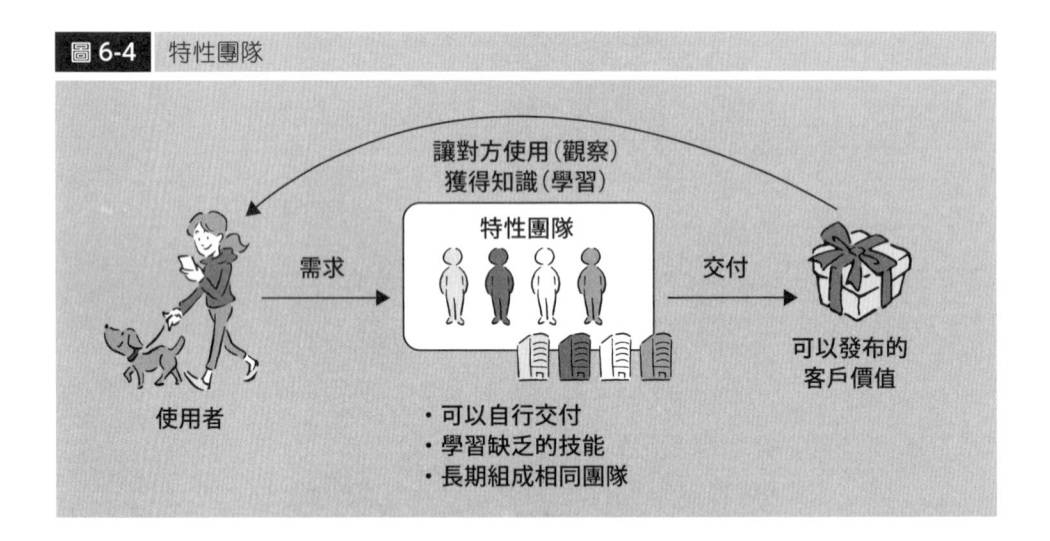

圖 6-4 特性團隊

- 可以自行交付
- 學習缺乏的技能
- 長期組成相同團隊

元件團隊必須「按照元件分解使用者故事」、「將各個任務交給元件團隊」、「定期收集資訊並管理進度」。這種作法需要有協調者，一般稱作「專案經理」。在這種模式中，除了團隊之外，還有管理者與協調者，團隊無法自我管理，因此很難獨立交付客戶價值。我們應該改變「誰管理這個原始碼，由哪個團隊負責」的想法，轉而組成特性團隊，才能建立「共同擁有原始碼與服務」的觀念（圖 6-5）。

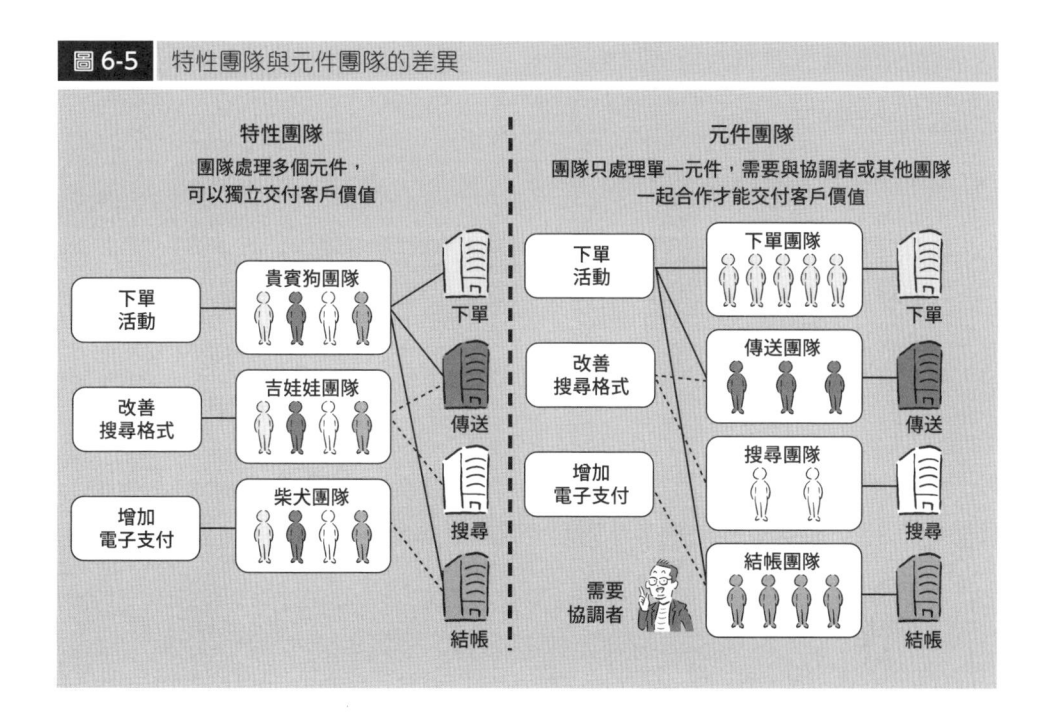

圖 6-5 特性團隊與元件團隊的差異

專案團隊、目標團隊和元件團隊重視淺顯易懂，因此目標或負責的元件通常會直接沿用團隊名稱。但是**特性團隊的團名要使用與內容無關的名稱**。如果使用與目標或負責內容有關的團隊名稱，相關工作就會傾向由該團隊負責。特性團隊應成為可以獨立提供價值的自主團隊。團隊名稱最好由團隊成員自行決定，這樣可以培養團隊的歸屬感，建立團隊獨特的文化。

特性團隊需要花一些時間才能建立，**不能以一週、一個月來判斷成功與否，要用更長的時間來支持團隊成長**。即使是人數較少的團隊，也常需要處理許多元件，必須在遇到知識不足或缺乏技能時持續學習。請相信團隊，仔細處理以下幾點：

第 6 章
可以應用在「團隊合作」的實踐

- 詳細說明組成特性團隊的用意
- 鼓勵教學相長
- 接受因學習而暫時減少產出
- 如果有利害關係人提出擔憂,應向他們說明並獲得理解

此外,請評估是否稍微調整使用者故事的優先順序,避免一次學習大量元件。有了這些後援,特性團隊可以逐一擴大處理的領域,消除對個人的依賴。

特性團隊常見的疑問與誤解

即使可以理解特性團隊的概念,實踐時卻常遇到各種難題。

● 能獨立交付客戶價值的團隊可接受技能偏差

團隊可能有技能不平衡或某些職務人數不足的情況。不過,重要的是「團隊可以獨立交付客戶價值」。如果團隊能獨立交付客戶價值,即使有技能偏差的情況也不會有問題。指派給團隊的成員未必能完整涵蓋所需技能。

在組成團隊的階段,即使缺少特定領域的技能,只要可以交付客戶價值或學習並獲得所需技能,就不用擔心。組成團隊時,除了目前成員擁有的技能之外,還要考慮成員本身感興趣的領域、打算學習的領域、學習新技能的適應能力等(圖 6-6)。

如果基礎建設工程師或 QA 人員在不同團隊,團隊仍然可以交付客戶價值的話,就不一定要把這些職務的成員納入團隊中。

6-1 | 團隊的基本單位

圖 6-6 特性團隊與技能組合的關聯性

	貴賓狗團隊	吉娃娃團隊	柴犬團隊
設計師		👤	👤
前端工程師	👤	👤 👤	👤 👤
伺服器端工程師	👤		👤
基礎建設工程師	👤		👤

🅿 任命元件導師

沒有元件負責人可能造成混亂，或因為偏離專業領域而讓團隊變成像外包商，這些都是令人擔憂的問題。不過，元件是產品的一部分，團隊之間應該共同負起責任。如果擔心沒有負責人員，可以依照元件，在每個團隊指定一位**元件導師** 6-3 。

245

第 6 章
可以應用在「團隊合作」的實踐

🅿 公司組織與團隊體制的整合方法

在開發過程中,可能會遇到希望改變公司組織以符合團隊體制或活動的情況。不過這是一個高難度的工作,處理起來也非常花時間。請從逐步改變實際的開發流程以符合特性團隊開始著手,而不是先調整組織。例如,可以考慮使用以下方法:

- 打破步驟或組織的界限,共同合作,交出成果,獲得信任
- 改善特性團隊時,如果需要與有關聯性／受影響的組織一起合作,應依照現狀進行對話。建立理解與合作關係,一起參與實驗
- 逐步擴大領域並反覆執行
- 足夠穩定後,評估符合開發工作的公司組織並進行調整

即使是以職能單位構建的組織,也可以從小規模實驗開始,確認團隊體制是否可以成為特性團隊。

第 9 章

建立技能地圖，確認依賴特定人員的技能

🅿 技能地圖

「技能地圖」是列出開發重要的技能，每個人分別回答該技能的熟練度（圖6-8）。

圖 6-8 技能地圖範例

	Git	React	CSS	Ruby on Rails	CI 認定	基礎建設認定	認定	故障處理
鈴木	○		○	△	↓	▽	○	◎
佐藤	○	▽		↓	○	↓	○	
伊藤	◎	▽	↓	○	↓	◎	↓	▽
渡邊	◎	○	▽	◎	○	↓	↓	
高橋		△	○					
可以獨立完成的人數	4	1	1	3	2	2	2	1

作法非常簡單。先列出開發所需的技能，接著把圖表的目的在意識團隊所有技能，所以可以排除自己已經擁有的技能和知識。接著，團隊成員一起討論，各自針對開發所需技能，以及有沒有繼任者人員的技能。

接著填入之後，算上每個欄目選在的熟練度，以下是回答該技能等級的教案。

- ◎（雙圈）：可以回答他人的問題
- ○（圓形）：可以獨立完成
- ▽（三角形）：如果有人幫助就可以完成
- ↓（向上箭頭）：未來請學習
- 空格：止業

三、瓶頸分析指訣「瓶頸路徑 = 1」

▶ 瓶頸路徑

有時可能因為被其他人的待辦事項所影響，我們採用「瓶頸路徑」
(※6-1)，來拿走一些關鍵人力的待辦情境（圖 6-7），這是我的隊成員中，
為少這個人就會無法繼續開發的數字。也稱作「貨車搭數」(Truck factor)，
或「巴士搭數」(Bus factor)。例如，在開發工作中共有待辦者工作，可以執行
這工作的人數都是兩個人，瓶頸路徑就是「2」，表示只有一個人，我們分字
並這個人有事，團隊內無人可以執行工作，開發工作就無法進繼續，這個數字
越少，對於待辦者人員的依賴就越大，風險就越高。

圖 6-7 瓶頸路徑

沒有人學到任待辦者人員的問題，
就會變大家團隊的問題

這是非常常見大家輕忽待辦者人員的問題？而且的方式是在著準備作手冊。
準備管式，把職務待辦者人員的情況？如有必要能準備還用的
種種風險，提醒隨者在現職工作也能有效傳遞和擴散的方式。我們可以無視童
之間勞累了，在練待辦者人員的情況，因此實作以下方法將來能取圖，就是能
隨時變化，就能有效避免這個問題。

※6-1 這個名詞來自於救貨車搭數，（或者的例為卡車）所以又稱作搭搭數字。

6-2 消極看待工人員的從轉

格1： 老闆的縫護工作報告甲你做好，今天可以交出嗎？

格2： 為什麼看起來悶悶不樂？

通常接縫行工作團隊來處理若發事

格3： 我們來輪調工作吧？

如果工作做久了沒有中，我整理在文件中也做得很煩

格4： 今天我拜託老手吧，你休息吧！

工作時間不長，應該沒問題吧！⋯

格5： 可能還有其他地方需要調整人員的工作，先確認一下吧

讓團隊注入活力的目標設定

身為運作中的持續改善的傳道者的我工作在團隊之中，認識我的團隊成員也說「目標設定」是非常重要的事。如果沒有設定這個熱烈的目標，不僅是開發團隊工作會毫無意義，如果可以設定團隊重要的目標，「目標設定」，就可以讓開發的工作變得更有意義。而且可以讓團隊工作變得有趣、好玩，並與目標保持在一起工作。這會是目標的團隊只追著每天的雜事在跑，「哎呀！今天要吃的咖哩！」「你的工作初音勞」，為為多人選出了「哎呀！」

目標並不是給人看的，團隊必須要有可以動員之間有共鳴才對。

感謝各位，但是，第一次以往持有團隊來說，也許是開發工作的團隊與之經驗，發生目標時，通常要吃足苦頭等。因此，以下提出少數我在完成設定目標時候轉換的方法。

其次，用多個同時間軸都有一個引為的整個目標。以接為例的，通常發現我認為的Sprint目標（1-2週）、季的目標（1-3個月）、半年年的目標一半年的目標一半年（Why），要進行這項活動是說的為什麼（Why），要進行這項活動的原因。

從不被動書目標達成而設定成重要，目標也不是像業績一樣的守成棒，而是說的為什麼這個工作有價值，因此，目標的員工。

訪談觀察

- 你覺得你的價值是什麼？
- 你最希望收到幾個人說什麼？
- 一年後最終想成什麼樣子？
- 進一步要做什麼？
- 如何確認已達成目標？
- 這個目標幫分你做什麼？

前團隊我現在，目標才是起點是一次設計本身提出出來，多在目標達成時間軸上的目標發想的份收重要敬趣，持續與強化團隊的發展分方面以達成完成的目標更重要。

我喜歡以「差不多少人協助」來判斷這個目標好不好。

遊戲必須決是，整個團隊因此必有整個這樣階段的必須是必，個個人也來要的目標，這個人讓浮是原因團隊人越團隊的會者，團隊人越團隊的會者，團隊人越團隊人只有一起做越遊戲，但是像現狀來說的人只有一個，這樣不僅可能是很快的一致的。

如果可以設定讓團隊成員有共鳴的目標標，就樣你可以該多少人——讓團隊越添活力。

天野祐介
Yusuke Amano

Cybozu（股）公司
資深ScrumMaster
暨團隊教練

填完之後，在所有成員都看得到的地方分享這張圖。此時，先用顏色強調追蹤號碼較少的項目（可以獨立完成的人數較少），這樣比較容易注意到。

建立技能地圖之後，追蹤號碼為 1 的技能或團隊中較弱的技能都可以一目瞭然。對於逐漸依賴特定人員的項目可以考慮採取一些對策。此外，從這張圖也能瞭解每個人擅長的領域，比較容易互相提問。清楚列出想學習的技能，可以成為討論未來團隊內誰應該獲得哪個技能的契機。

雖然我們可以輕易製作 / 運用技能地圖，卻也有必須注意的地方。技能等級很主觀，每個人的標準不一。頂多只能當作自我聲明，再由團隊領導者或主管進行微調。重要的是，別嚴格管理技能等級或沿用在人事考核等用途，應把現在團隊的技能狀況視覺化並制定對策。此外，別填寫過多欄位。不要盲目填空，要努力減少「△：如果有人幫助就可以完成」的項目，增加「○：可以獨立完成」的項目。

製作技能地圖很簡單，但是如果沒有維護 / 運用，等到發現問題，通常已與實際情況不符。**建立好的技能地圖請在三個月或半年等一段時間之後，重新檢視項目與等級是否有變化**。利用以下方法可以長期維護技能地圖。

- 除了團隊的定期活動之外，另外安排修改機會
- 技能地圖的製作範圍不要太廣（例如公司共用的技能地圖等）
- 因人員異動 / 離職導致依賴特定人員的情況變嚴重時，應重新檢查

儘管已經注意到追蹤號碼的問題，仍可能因為各種原因，讓工作負擔集中在特定人員的身上。筆者也曾聽過這樣的心聲：「沒辦法，教別人太花時間了」、「沒有可以放心交付工作的人選」、「沒關係，我可以繼續做」。如果表示「希望傳授技能給別人」或「想解決依賴特定人員的問題」，卻無法讓人理解時，可以具體描述解決依賴特定人員的問題之後，希望打造的團隊狀態及帶來的效果。例如，可以列出以下的團隊狀態：

第 6 章
可以應用在「團隊合作」的實踐

- 臨時休假,回到工作崗位後,本該由自己處理的工作已經在進行
- 當負責的產品或所屬團隊出現變動時,不需要把工作交接給其他人

尤其有人員異動或離職時,若有大量事項需要交接,代表依賴特定人員的問題嚴重,沒有進行分工或培訓。我們應透過日常活動加以防範,不該視為理所當然。

● 流程傳承和技能傳承

知識傳承有各種深度。例如,如果要傳授服務的部署流程,只要在文件內記載最基本的指令或操作方法,或許看完就能理解。自動化之後,指令或流程變簡單,任何人都能輕鬆執行相同工作。這種流程傳承比較容易評估,屬於淺型傳承。

但是,如何將自己設計服務部署流程的技能傳授給其他人?如果其他服務也需要部署,透過技能傳承,可以快速進行處理。需要具備哪些知識才能設計效率良好且簡單的部署方法,或導入新軟體並加以改良?這種技能傳承要先篩選出必要知識,討論學習這些知識的方法,屬於難以定義的深型傳承。

文件化與自動化對淺型傳承項目可以發揮不錯的效果,而深型傳承項目則需要一起工作一段時間,觀察對方的想法與行為,或透過書籍學習大量的基本知識。這就是敏捷開發提倡團隊合作的原因。透過頻繁的合作,才能互相學習開發和運作所需的各種知識與經驗,並在工作中不斷成長。

6-3 衡量績效

話說回來，老手加入團隊之後，團隊的績效有多大變化呢？

我覺得解決了開發方面的困擾，進展變順利了

也減少了開發延遲的拖拉狀態呢

有沒有什麼指標可以知道是否接近敏捷目標？

是有幾個指標，但是如果誤會指標的意義，有時會朝著錯誤的方向前進

指標？

要根據是否接近原訂目標來謹慎選擇

請告訴我們詳細的內容！

第 6 章
可以應用在「團隊合作」的實踐

☰ 避免產生過度追求指標最大化的驅動力

📖 檢視多組相關的指標組合

導入實踐之後，必須選擇客觀指標來衡量，確認是否已實際改善。選擇的指標應符合要實現的目標。產品或團隊追求的目標是什麼？想維護、改善的事項是什麼？可以用哪種形式確認？團隊與利害關係人要彼此討論再決定。

可是，用指標衡量有缺點。**一旦決定特定指標，就會產生「想將該指標最大化」的驅動力**。如果沒有注意這一點，將手段變成目的，逐漸改善指標的同時，可能引起開發狀態沒有改變，甚至惡化的情況。

例如，常見的指標包括以下幾種。這些指標都可以輕易作假。

- **把提升團隊的開發速度視為提高速率（Velocity）**
  預估灌水
  優先考慮自己的團隊，拒絕其他團隊的合作請求

- **把覆蓋率高低視為追求系統品質**
  為了資料轉移等簡單操作不會失敗而撰寫測試程式

- **把故障發生次數少視為追求系統穩定性**
  降低發布頻率，減少發生故障的機會

指標並非單獨存在，而是擷取整個系統中的一部分。系統內有多個元素相互作用且關係複雜。因此，當某個指標發生變化時，其他相關的指標也可能跟著改變。此外，只注意單一指標可能會忽略整個系統的觀點。因此，最好選擇有關聯性的多個指標組合，如下個單元介紹的「Four Keys Metrics」，以掌握整個系統狀態。

以「Four Keys Metrics」衡量團隊績效

Four Keys Metrics

「**Four Keys Metrics**」是衡量交付績效的一種指標。這是 Google Cloud 的 DevOps Research and Assessment 團隊研究出來的成果，在每年公布的調查報告「Accelerate State of DevOps Report」 6-5 ，以及「ACCELERATE：精益軟體與 DevOps 背後的科學」 6-6 中有介紹。Four Keys Metrics 包括以下四個項目：

1. 前置時間：從程式碼提交到在生產環境中運作為止需要的時間
2. 部署頻率：發布至生產環境的頻率
3. 平均修復時間：在生產環境中修復故障問題所需要的平均時間
4. 變更失敗率：因發布而造成生產環境發生故障的比例

Four Keys Metrics 不是獨立指標，而是選擇改善特定指標會影響其他指標的指標。例如，試圖增加部署頻率時，可能增加變更失敗率，試圖減少變更失敗率可能延長前置時間，前置時間拉長可能在發生故障時，增加調查的難度，進而拉長平均修復時間。

Accelerate State of DevOps Report 依照績效將團隊進行分類（圖 6-9）。2022 年的調查把團隊分為低績效、中績效和高績效三組，但是在 2021 年之前的調查中，高績效的上面還有菁英績效，共分成四組。低績效到高績效的團隊之間有著極大的差異。這個數字只是統計值，調查結果橫跨多個組織，他們對產品規模、修復 / 變更失敗的定義都不一樣。請把這些資料當作每日持續改善的參考值，以超越現在的自我為目標，別只關注數字與分類。

Four Keys Metrics 是根據部署 / 變更 / 事件等活動資訊計算出來的。這些資訊通常位於試算表、持續整合服務、專案管理系統等各個系統中，必須視實

第 6 章
可以應用在「團隊合作」的實踐

圖 6-9 Four Keys Metrics 的數值與團隊績效關係圖

	高績效	中績效	低績效
前置時間	一天到一週	一週到一個月	一個月到六個月
部署頻率	依要求 （一天數次）	一週一次到 一個月一次	一個月一次到 六個月一次
平均修復時間	不到一天	一天到一週	一週到一個月
變更失敗率	0-15%	16-30%	46-60%
2022 年的分布	11%	69%	19%

際狀況收集、計算。此外，如果要長期追蹤並有效利用指標，需要思考收集／儲存／加工／視覺化的步驟並自動化。不過，與其重視準備工具，倒不如先開始測量，就算是手動也沒關係。

最近發布了可以自動收集 Four Keys Metrics 等有助於建置儀表板的 Script 與 SaaS，請當作參考（圖 6-10）。

圖 6-10 利用 GoogleCloudPlatform/fourkeys 輸出儀表板的範例

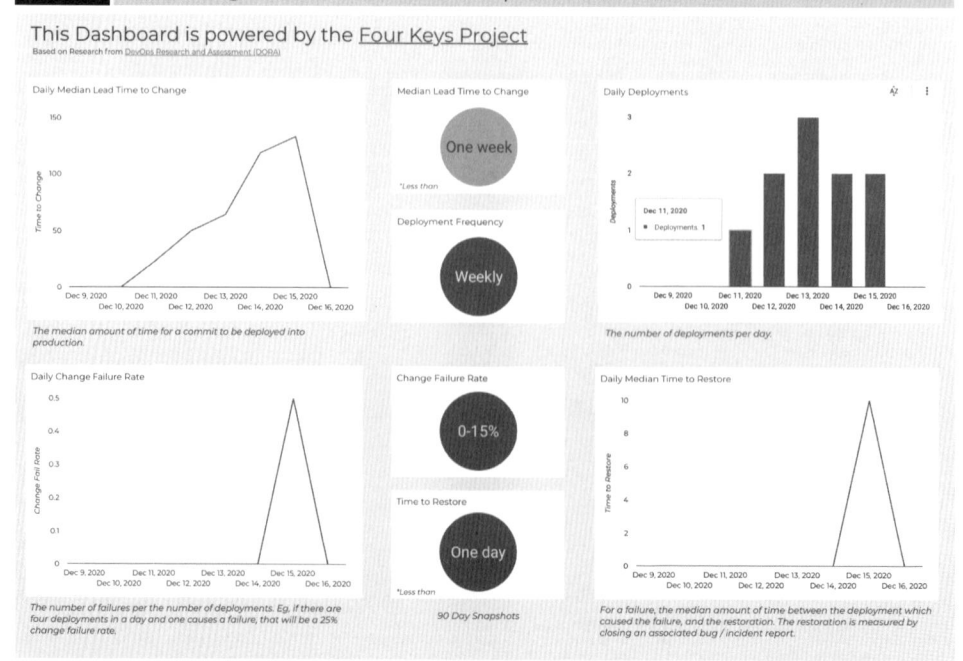

6-4 溝通順暢的方法

第 6 章
可以應用在「團隊合作」的實踐

到目前為止，我們已經組成適合交付客戶價值的團隊，解決長期依賴特定人員的問題，完成衡量團隊績效的準備工作。要讓團隊順利運作，還需要加入適當的溝通方法。以下將介紹幾個讓溝通順暢的方法。

有必要就直接溝通

直接開口

必要時，站起來走向對方（如果是遠距工作，就連上視訊會議系統），坦誠地與對方商量 6-7 。你可能覺得「這是理所當然的」。但是，請回想一下你平常的工作狀態。當有事要傳達時，是不是等到定期會議才說，或請主管介入溝通，甚至取得某人的許可才說？無論團隊內部或團隊之間，「直接開口」是推動工作的最佳作法（圖 6-11）。當你實際意識到這件事並採取行動時，你會意外發現，如此理所當然且簡單的方法竟然一直沒有做到。

圖 6-11 直接開口

× 例行會議　　介入　　許可

○ 必要時直接溝通

跨團隊的旅行者

旅行者

在特性團隊的說明中提到「團隊應該長期存在」。頻繁更換團隊成員會出現以下問題：

- 妨礙團隊的成長與成熟
- 彼此的理解與建立的關係歸零
- 難以衡量團隊的開發速度
- 難以瞭解對團隊採取的措施和改善效果

另一方面，由固定成員長期持續開發可能出現以下問題：

- 感覺千篇一律
- 團隊過度依賴特定成員
- 工作集中在擁有特定技術或知識的人身上

此時，可以採取「**旅行者**」的作法當作解決問題或改善狀況的實踐。「旅行者」是指擁有技能的人員在一定期間內調到需要該技能的團隊，以轉移知識和經驗。轉移知識和經驗時，通常會採取以下作法 6-8：

- 組成結對或利用群體工作分享業務知識／技術知識
- 提供團隊缺乏的技能／技術教育
- 舉辦研討會，輔導團隊
- 以旅行者的身分加入團隊進行開發
- 傳遞團隊的優良文化與作法

一段期間結束後，就像旅人一樣轉調至另一個團隊，因此稱作「旅行者」。旅行者轉調到其他團隊的過程和原因都不同。有些旅行者可能在某個團隊待

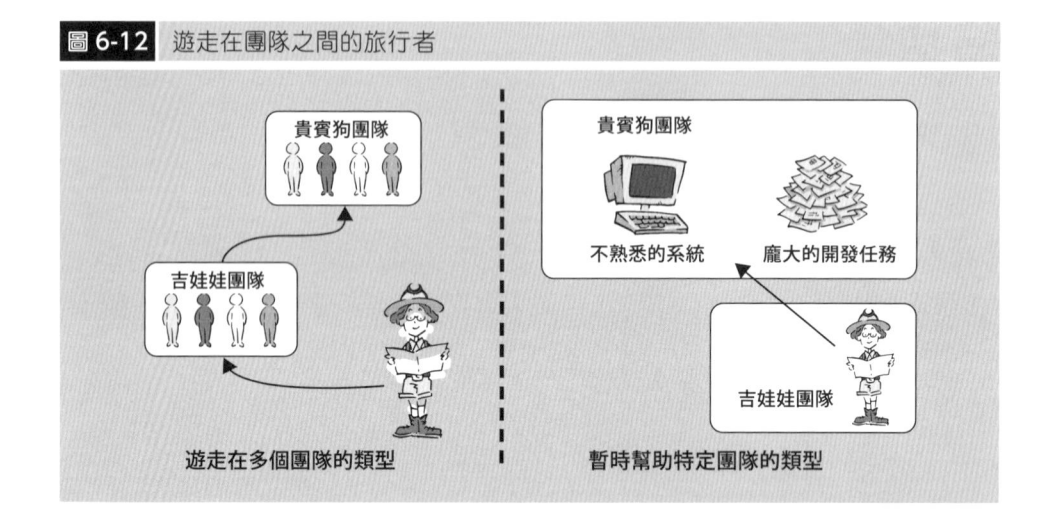

第 6 章
可以應用在「團隊合作」的實踐

圖 6-12 遊走在團隊之間的旅行者

遊走在多個團隊的類型	暫時幫助特定團隊的類型
貴賓狗團隊 ← 旅行者 → 吉娃娃團隊	貴賓狗團隊（不熟悉的系統、龐大的開發任務）← 旅行者（吉娃娃團隊）

了一段時間之後才調到別的團隊，有些可能回到原本的團隊。當團隊負責超出團隊能力的使用者故事或不熟悉的系統時，可能會請求旅行者加入，有時旅行者也會主動提出協助。採取旅行者的作法有以下幾個優點：

1. 將未知資訊變成已知，避免開發過程中的阻礙
2. 減少調查時間，能以較少的工時進行處理
3. 分享領域知識，解決依賴特定人員的問題
4. 分享技術知識，提升開發能力
5. 團隊之間可以進行協調

旅行者加入多個團隊提供幫助，可以讓團隊之間擁有相同的知識和技術。如果團隊具有相同知識和技術水準，就能自行與其他團隊協調，推動開發工作。

依照開發內容頻繁更換團隊成員會帶來先前提到的問題，而且事先增加團隊人數也會讓平常花在溝通上的時間變多，效果不佳。期間限定的旅行者形式可以符合依開發內容調整團隊組成的需求。使用旅行者時，別盲目調動人員，先確認未來的目標狀態後再進行。

大聲工作

Working Out Loud

你認識擅長把人拉進來的人嗎？如果你仔細觀察這個人，就會發現他會把**自己的狀況、想法、困難詳細告訴所有人**，這種工作方式稱作「**Working Out Loud**」 6-9 6-10 。

> Working Out Loud ＝可以觀察工作＋說明工作狀況
> （Working Out Loud ＝ Observable Work ＋ Narrating Your Work）

Working Out Loud 的行為可以分成「開始 / 結束工作」、「分享正在進行的工作」、「分享遇到的困難」、「分享學到的知識」等。以下是一些實際的業務案例（圖 6-13）。

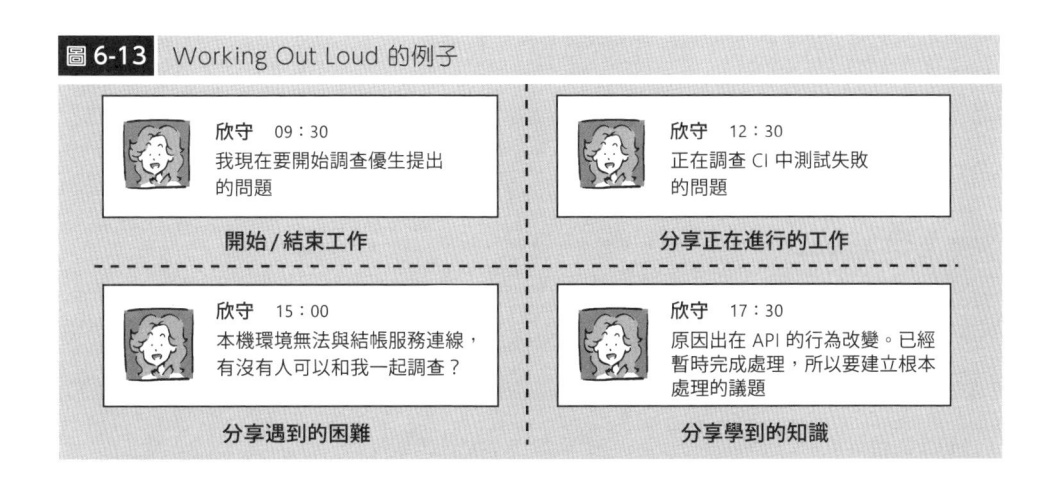

圖 6-13 Working Out Loud 的例子

欣守 09：30 我現在要開始調查優生提出的問題	欣守 12：30 正在調查 CI 中測試失敗的問題
開始 / 結束工作	分享正在進行的工作
欣守 15：00 本機環境無法與結帳服務連線，有沒有人可以和我一起調查？	欣守 17：30 原因出在 API 的行為改變。已經暫時完成處理，所以要建立根本處理的議題
分享遇到的困難	分享學到的知識

進行 Working Out Loud 有以下優點：

- 將工作視覺化，留下工作順利與遇到困難的記錄
- 提高及早獲得建議的可能性。如果正在進行不適當的挑戰，別人也可以阻止
- 提高說明問題的能力，整理學習過程，增加分享機會

第 6 章
可以應用在「團隊合作」的實踐

常常一個小建議就可以縮短工作時間。提供建議的成員往往認為「這種小事只要馬上問我就好了」，但是實際做事的人會想「我調查一下，希望我自己就能解決問題」，或「我得自行調查，獨立解決問題才行」，結果白白浪費時間。平常就要讓別人看到你的工作，而且執行工作時，要積極找別人一起參與。

利用以下方法可以讓「Working Out Loud」順利發揮作用，並讓成員之間隨時保持輕鬆聯繫的狀態。

- 在 Slack 上建立 times 頻道，當作輕鬆分享個人想法的地方
- 導入即時通訊工具（Discord 等），直接與別人通話
- 遇到困難時，提出「可以談一下嗎？」的需求，進行簡短的視訊會議（Quick Call）

以遠距工作為前提的機制

現在遠距工作極為普及，因此思考開發流程時，不能忽略相隔兩地卻一起工作的團隊或成員。因為「分散在不同地區」或「希望工作有彈性」等各種原因，而採取遠距工作的情況愈來愈多。但是，遠距工作也不是一開始就能順利進行。即使分散各地，多人一起合作時，溝通一樣重要。我們必須定期評估溝通是否有效果並進行改善。**遠距工作要拿出成果，就需要進行符合遠距環境的溝通練習和建立開發機制。**

P 彈性加入同步溝通

團隊成員共同分擔工作時，常會發生工作方向錯誤或工作因為某個原因受阻的情況。此時，成員之間必須溝通以解決問題，但是遠距工作減少了溝通的機會。為了以最快的速度進行各自負責的工作，必須仔細確認整個開發流程和作法。如果確實完成準備，即使成員中途離開／回來，也能順利返回開發

崗位。採取遠距工作時，往往傾向以非同步的方式進行溝通。但是請在適合的情況下，彈性加入同步溝通。

🅟 工作協議

彼此信任才能合作愉快，不管是現場一起工作或遠距合作，這一點都不會改變。但是，建立新團隊或有新成員加入時，你認為理所當然的事也要仔細溝通，否則一點小事也可能造成問題。

「工作協議（Working Agreement）」是指將所有團隊成員認為重要的事，或自己同意的事項用白紙黑字寫出來，算是團隊對自己的承諾（圖 6-14）。把取得共識的事項放在顯眼的地方，可以分享「團隊重視的事情」，導出符合心態的行為。這樣做的副作用是，容易互相指出不適當的行為。抱怨「口頭決定沒有分享給團隊會很困擾」，也無法建立合作體制。把「口頭決定也用文字記錄下來並分享給團隊」納入工作協議，可以在忘記分享時相互提醒，也比較輕鬆。

圖 6-14 工作協議的範例

> **貴賓狗團隊的工作協議**
> ・遇到不懂的事情在10分鐘內提問
> ・開會時發表意見並回應
> ・不論進辦公室或遠距工作，都要與團隊分享出缺勤狀態
> ・透過團隊頻道提問，不要使用個人私訊

第 6 章
可以應用在「團隊合作」的實踐

工作協議不是一次就建立完整版本，而是從真正達成共識的事項開始，以每幾個月一次的頻率逐步增加。創造定期審視的機會，當作團隊的例行活動。

🅟 現場與遠距的條件一致

即使環境準備的再完善，也無法在遠距工作中取得和現場工作一樣的資訊量。在面對面的環境中，可以在短時間內交換包括非言語的肢體動作與態度等大量資訊，也能輕鬆詢問隔壁同事，或透過辦公室閒聊確認方針。但是，遠距工作的成員無法掌握離線後發生的事情。長久下去，遠距工作的成員和現場工作的成員會產生知識和認知落差，讓溝通變困難。有時這種問題會以「我的意見很難被採納」的不滿情緒表現出來。**只要有遠距工作的成員，就應該一併考量遠距工作的條件**。透過以下觀點統一條件，可以避免遠距工作造成的問題（圖 6-15）。

- 各自登入視訊會議
- 不共用麥克風／喇叭，各自使用自己的頭戴式耳機／耳機麥克風
- 分享畫面進行討論
- 以全體都能看到的位置與方式分享討論的時間／地點／內容、決定

圖 6-15 現場與遠距的條件一致

₽ 運用協作工具

協作工具的功能不斷進步,即使是遠距工作,也能期待達到與現場合作一樣的生產力。支援共同合作的協作工具有以下幾種(表 6-2)。

表 6-2 支援共同合作的協作工具

種類、用途	工具範例
共同編輯文件	Google 文件／Office 365／Confluence／Notion／esa／Kibela／Scrapbox／HackMD 等
管理專案、管理問題	GitHub Issues／Jira／Azure DevOps／asana／Backlog／Trello 等
商務聊天	Slack／Microsoft Teams／Chatwork 等
視訊會議	Zoom／Google Meet／Microsoft Teams 等
線上白板	Miro／Mural／Figjam 等
共同編寫程式碼	Visual Studio LiveShare／Code With Me(IntelliJ Idea)
隨時連線通話	Slack huddle meeting／Discord／Gather 等

隨著工具的進步,讓過去做不到的工作方式變得理所當然,以下列舉了一些例子:

- 可以在任何地方工作
- 所有成員都可以編寫會議記錄
- 可以同時進行通話與文字聊天
- 會議或討論可以錄影,並自動將內容轉換為文字

第 6 章
可以應用在「團隊合作」的實踐

然而，每個工具都有各自的設計理念和設定的用法，因此選擇特定的工具時，該工具的理念可能會影響團隊／成員的行為。別以「這個工具很有名」、「很多人用」、「之前用過」等理由來決定要使用的工具，而是要多方嘗試，從中選擇符合自己的狀況或目標的工具。如果沒有立即導入工具的需求，也可以考慮不使用工具，最好在清楚自身需求和要求的條件再做出選擇。

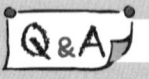

Q&A 積極嘗試新工具

平常先試用工具以瞭解工具的設計理念很重要對吧？

沒錯。工具發展日新月異，平常就要嘗試，瞭解它們與現有工具的差別，以及有哪些新功能，培養自己的洞察力。

6-5 透過工作坊取得共識

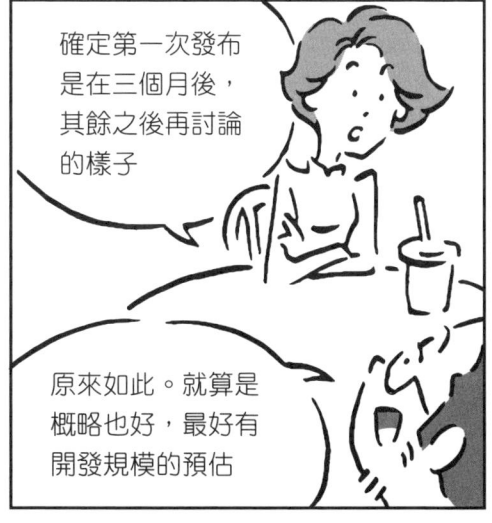

第 6 章
可以應用在「團隊合作」的實踐

工作坊是短時間內讓利害關係人達成共識的有效方法。在書籍、網站、研討會和讀書會中,介紹了各式各樣的工作坊。工作坊涵蓋了破冰遊戲、建置團隊、自省、溝通、瞭解客戶／產品、產品開發等不同領域,有多種選項可以選擇。

工作坊沒有標準答案,我們必須根據情況選擇適合的方法。本書特別介紹了與瞭解客戶／產品以及產品開發有關的三種實踐方法。

以使用者的立場確認優先順序

P 使用者故事對照

進行「使用者故事對照(User Story Mapping)」 6-11 ,能以使用者的立場整理使用案例的優先順序(圖 6-16)。純粹列出需求,往往會變成「這個也想,那個也要,全都需要」的功能清單。使用者故事對照不僅可以篩選第一次發布要包含的功能,也能讓利害關係人對中長期的目標方向達成共識。此外,還可以發現開發時漏掉的必要項目,列出發布計畫。建議在開始進行專案時,或多個團隊共同開發時,可以採取這個方法。

圖 6-16 使用者故事對照的完成圖

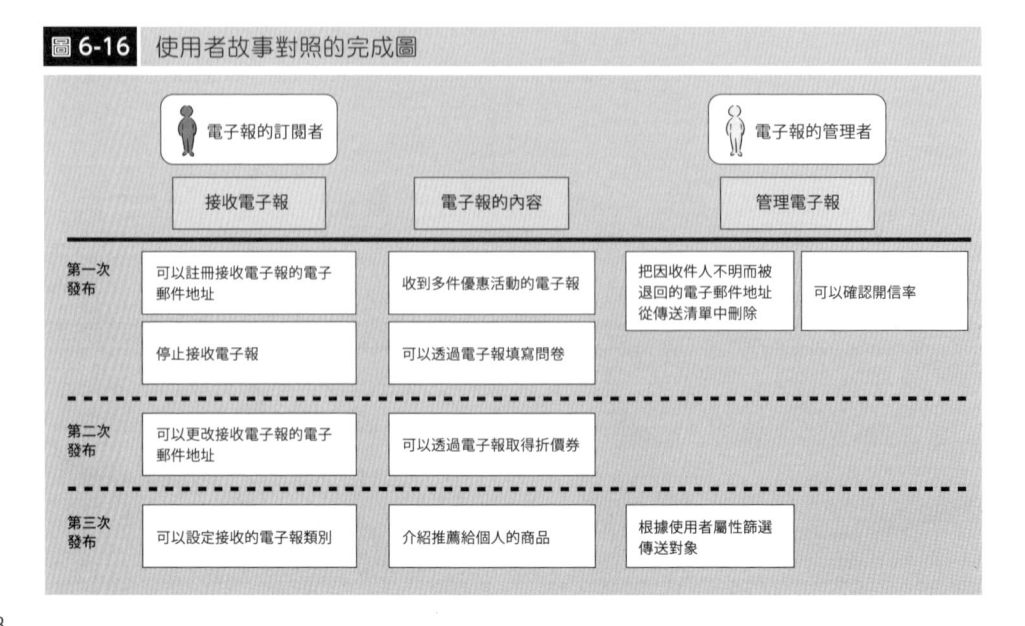

	電子報的訂閱者		電子報的管理者	
	接收電子報	電子報的內容	管理電子報	
第一次發布	可以註冊接收電子報的電子郵件地址	收到多件優惠活動的電子報	把因收件人不明而被退回的電子郵件地址從傳送清單中刪除	可以確認開信率
	停止接收電子報	可以透過電子報填寫問卷		
第二次發布	可以更改接收電子報的電子郵件地址	可以透過電子報取得折價券		
第三次發布	可以設定接收的電子報類別	介紹推薦給個人的商品	根據使用者屬性篩選傳送對象	

使用者故事對照的執行步驟如下：

1. **選擇使用者**
2. **寫出使用者的任務（行動或問題）**
3. **根據使用者體驗排列卡片**
4. **評估每個體驗的達成時間**
5. **根據達成時間劃分**

接下來將詳細說明每個步驟。

1. 選擇使用者

列出客戶或使用者，決定要思考哪個使用者體驗（圖 6-17）。 即使有多個使用者，只要是連續的體驗，也可以整合在一張地圖上。如果太難整合，分成多張地圖可能比較清楚。當出現「沒有假設的使用者」或「所有使用者都是假設的使用者」的對話時，代表沒有徹底瞭解使用者，這是一個警訊。請與利害關係人取得對使用者的共識。

圖 6-17 選擇使用者

第 6 章
可以應用在「團隊合作」的實踐

2. 寫出使用者的任務（行動或問題）

接著是寫出使用者的任務（行動或問題）。重點不是需求或功能，而是要依照使用者想採取的行動或面臨的問題來撰寫。如果覺得難寫，可以試著套用常用的使用者故事範本來思考（圖 6-18）。這個使用者故事能成為大家一起討論的契機。

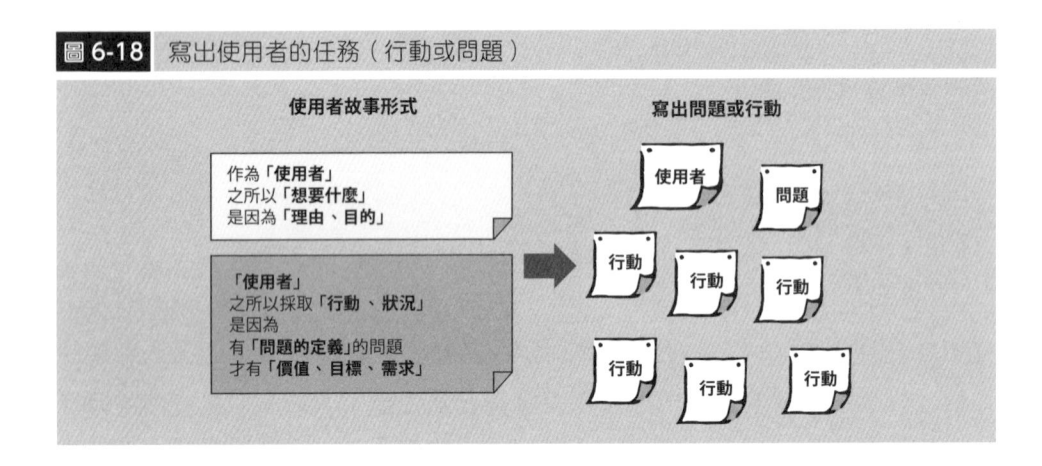

圖 6-18 寫出使用者的任務（行動或問題）

使用者故事形式

作為「使用者」
之所以「想要什麼」
是因為「理由、目的」

「使用者」
之所以採取「行動、狀況」
是因為
有「問題的定義」的問題
才有「價值、目標、需求」

寫出問題或行動

使用者　問題
行動　行動
行動　行動　行動

3. 根據使用者體驗排列卡片

將使用者故事寫在卡片上，根據使用者體驗的順序排列，先體驗的放在左邊，後體驗的放在右邊（圖 6-19）。

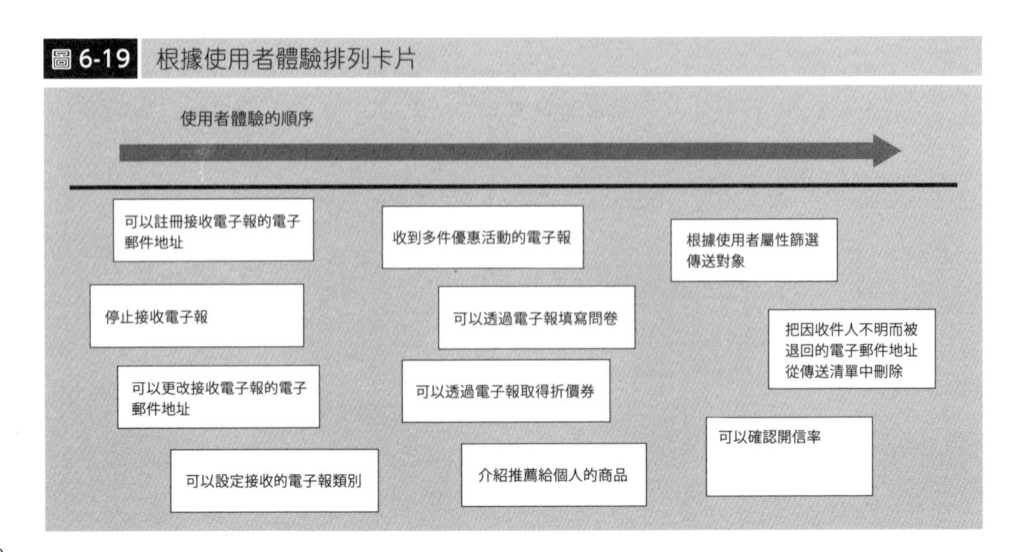

圖 6-19 根據使用者體驗排列卡片

使用者體驗的順序 →

- 可以註冊接收電子報的電子郵件地址
- 收到多件優惠活動的電子報
- 根據使用者屬性篩選傳送對象
- 停止接收電子報
- 可以透過電子報填寫問卷
- 把因收件人不明而退回的電子郵件地址從傳送清單中刪除
- 可以更改接收電子報的電子郵件地址
- 可以透過電子報取得折價券
- 可以確認開信率
- 可以設定接收的電子報類別
- 介紹推薦給個人的商品

排列比對後，發現使用者故事有大有小，規模沒有統一。統一大小比較容易排序和討論，因此請分解、合併使用者故事。

體驗時間接近的使用者故事會垂直排列，但是類似的使用者故事可以在上層整合成「活動（Activity）」（圖 6-20）。例如，把「可以註冊接收電子報的電子郵件地址」和「可以設定接收的電子報類別」整合成「接收電子報」的活動。如果製作的地圖有多位使用者，請在活動的上方註明主要使用者。活動是有共同目標的使用者故事集合。

請以活動為單位，確認使用者體驗的流程是否有遺漏或不妥的地方，並進行修正。最初列出的使用者故事與功能清單愈接近，按照使用者體驗整理任務時，愈可以感受到漏掉了很多項目。

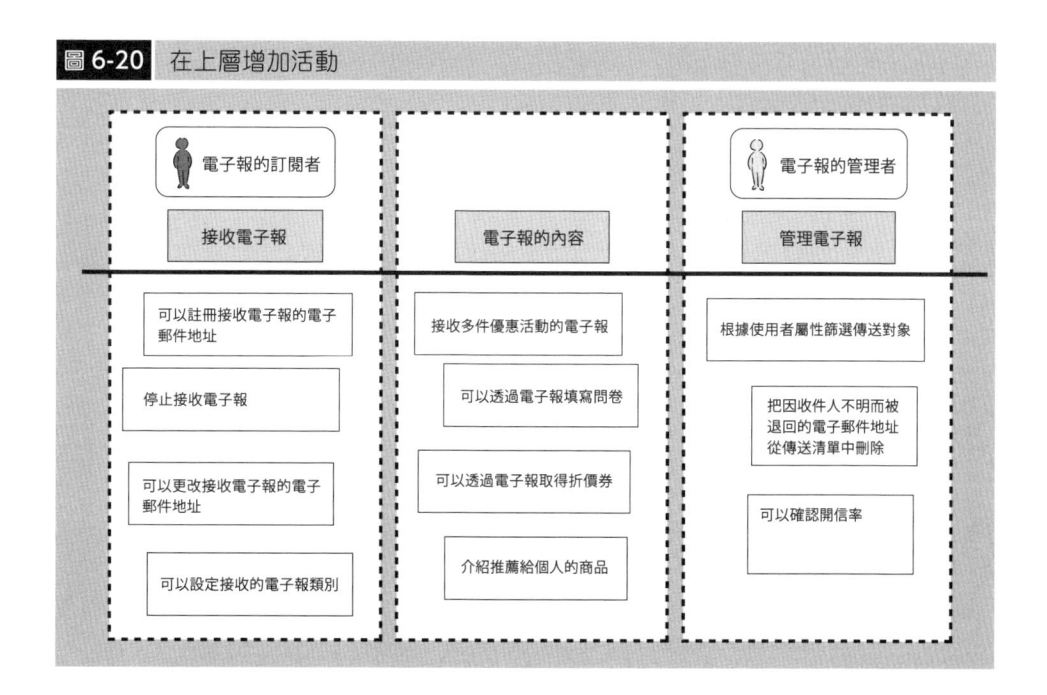

圖 6-20　在上層增加活動

4. 評估每個體驗的達成時間

屬於活動的使用者故事會依照時間垂直排列（圖 6-21）。把使用者體驗的基本項目及應該盡早提供的項目排在上面，附加功能及可以延後的項目排在下面。

第 6 章
可以應用在「團隊合作」的實踐

圖 6-21 根據達成時間排列

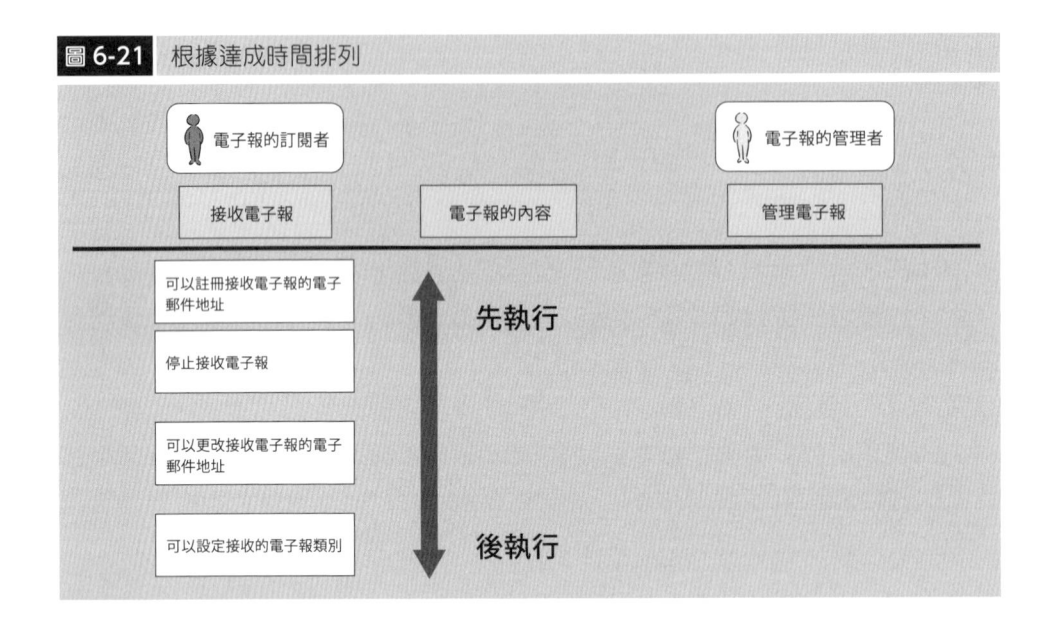

電子報的訂閱者 — 接收電子報
電子報的管理者 — 管理電子報
電子報的內容

- 可以註冊接收電子報的電子郵件地址
- 停止接收電子報
- 可以更改接收電子報的電子郵件地址
- 可以設定接收的電子報類別

↕ 先執行 / 後執行

5. 根據達成時間劃分

最後是依照達成時間劃分使用者故事（圖 6-22）。

圖 6-22 以達成時間分解

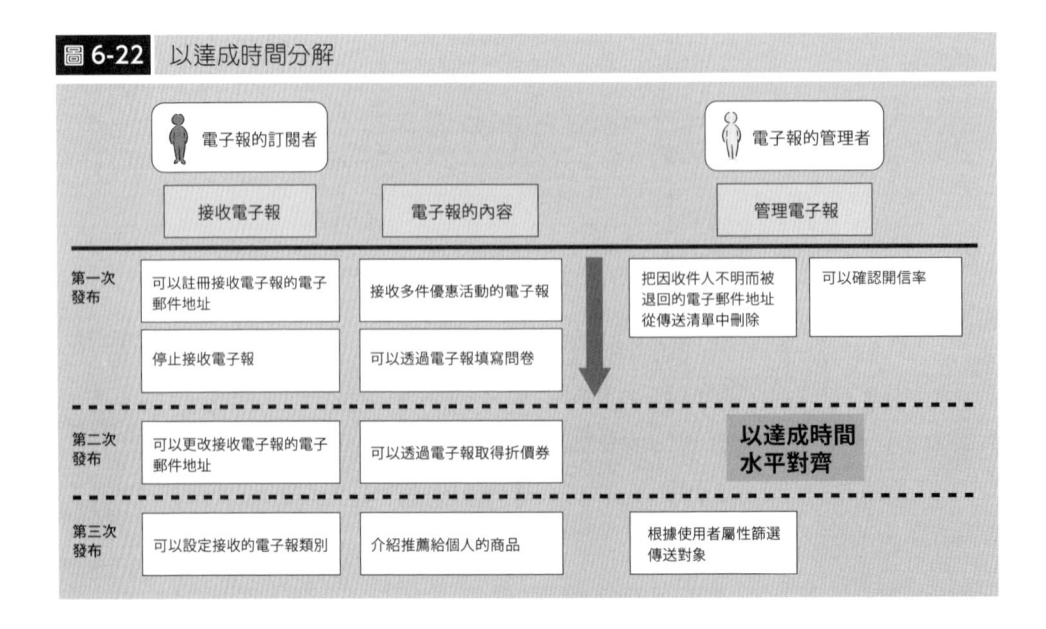

電子報的訂閱者 — 接收電子報
電子報的管理者 — 管理電子報
電子報的內容

	接收電子報	電子報的內容	管理電子報	
第一次發布	可以註冊接收電子報的電子郵件地址 / 停止接收電子報	接收多件優惠活動的電子報 / 可以透過電子報填寫問卷	把因收件人不明而被退回的電子郵件地址從傳送清單中刪除	可以確認開信率
第二次發布	可以更改接收電子報的電子郵件地址	可以透過電子報取得折價券		
第三次發布	可以設定接收的電子報類別	介紹推薦給個人的商品	根據使用者屬性篩選傳送對象	

以達成時間水平對齊

272

按照以下方式用策略劃分，可以與里程碑或發布連結。

1. 學習策略：「達到這個階段後，使用者就能 XXX」
2. 發布策略：「希望在 2024 年 XX 月之前提供到這個階段的使用者故事」
3. 開發策略：找出可以之後再達成的內容，縮小 / 減少要開發的內容

進行一次演練，確認與同一達成時間內的其他故事相比，使用者體驗有沒有問題。水平排列某次發布要達成的功能，確認是否已經包含符合這個目標的功能。此時，常會出現特定活動的使用者故事過多，或從整體體驗來看，使用者故事不足的情況。

這樣使用者地圖就完成了（圖 6-23）。請從包含在第一個里程碑或發布中的使用者故事開始開發。如果在製作地圖前思考的開發順序與第一個里程碑或發布內的使用者故事不同，代表使用者故事對照發揮了效果。這是根據使用者體驗來思考，整理開發順序，將學習最大化，才能得到的成果。

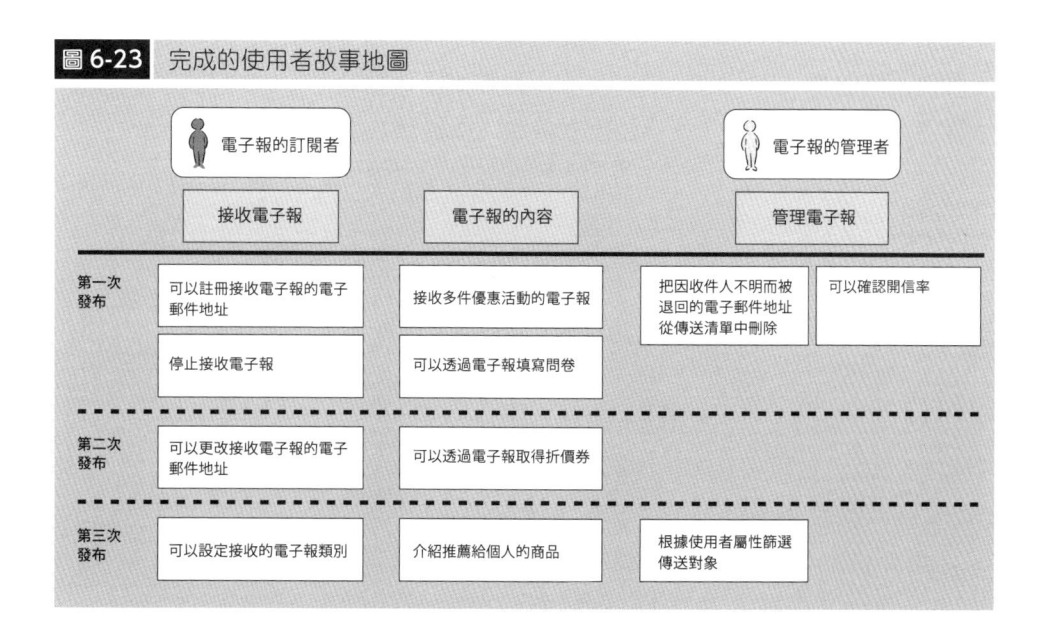

圖 6-23 完成的使用者故事地圖

	接收電子報	電子報的內容	管理電子報	
	（電子報的訂閱者）		（電子報的管理者）	
第一次發布	可以註冊接收電子報的電子郵件地址	接收多件優惠活動的電子報	把因收件人不明而被退回的電子郵件地址從傳送清單中刪除	可以確認開信率
	停止接收電子報	可以透過電子報填寫問卷		
第二次發布	可以更改接收電子報的電子郵件地址	可以透過電子報取得折價券		
第三次發布	可以設定接收的電子報類別	介紹推薦給個人的商品	根據使用者屬性篩選傳送對象	

第 6 章
可以應用在「團隊合作」的實踐

除了完成地圖本身，在製作地圖的過程中，與利害關係人一起討論也同樣有意義。製作出來的地圖不應視為完成版，若能根據發布後學到的經驗進行更新，就可以長期運用。

短期估算並根據實績顯示進度

專案初期通常會想估算需要多少開發工時。雖然可以依照每個需求仔細估算工作規模，但是在著手開發時，可能完全沒有相關知識與經驗，因此不論花多少時間都無法準確預估。要求估算的人可能只想知道概略數字，而不是精確的時間。以下將介紹遇到這種情況時，短時間進行估算的方法「Silent Grouping」。

P Silent Grouping

「Silent Grouping」6-12 是排列收集到的使用者故事，以不同工時大小分組，同一組套用相同估算值的手法（圖 6-24）。你可以使用便利貼排序，也可以使用 Excel 或試算表排序。以絕對值估算使用者故事的規模非常困難，但把兩個使用者故事排在一起，判斷「哪個比較大」比較簡單。一次整理所有內容會很混亂，建議每次增加五個使用者故事，對估算規模建立共識並排序。

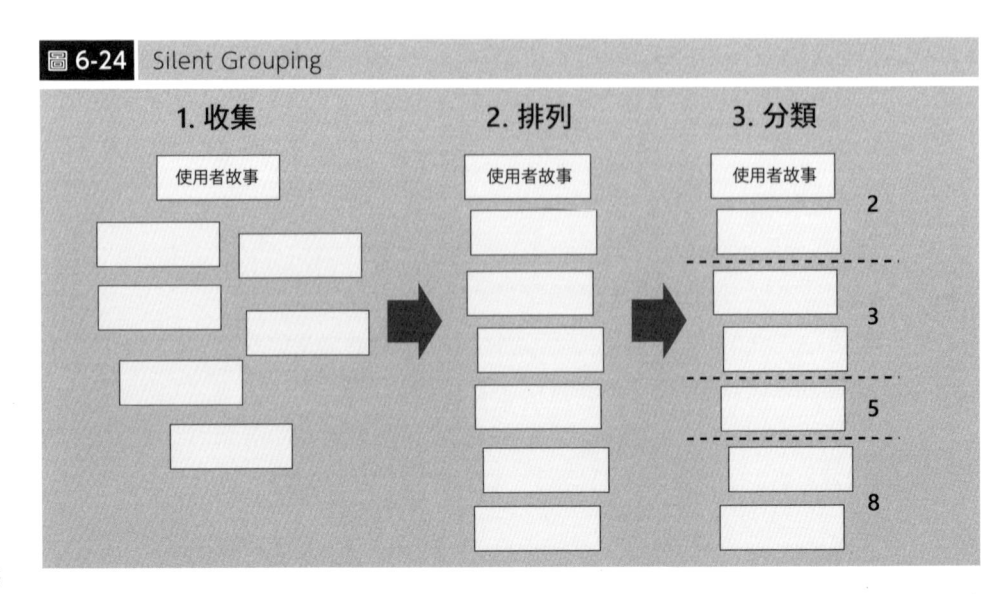

圖 6-24 Silent Grouping

1. 收集　2. 排列　3. 分類

使用者故事

2
3
5
8

大致分組，進行短期估算的實踐還有 James Grenning 提倡的 Planning Poker Party 6-13 。

🅿 燃起圖（Burn up Chart）

將工作進度視覺化的方法之中，有一種是用 0 ～ 100% 的數值來顯示進度達成率。如果進度達成率是由報告者主觀決定，隨著工作進展到後半階段，數字增加的速度會變慢，可能發生達到「進度 80%」就停滯的問題。這是因為無法有效掌握開發速度的實際狀況和需求變更，導致工時增加。因此，我們可以**利用估算工作規模時使用的單位，統計每個階段的完成實績，繪製成「燃起圖」，將實際的進度視覺化**，就可以預測未來的狀況（圖 6-25）。

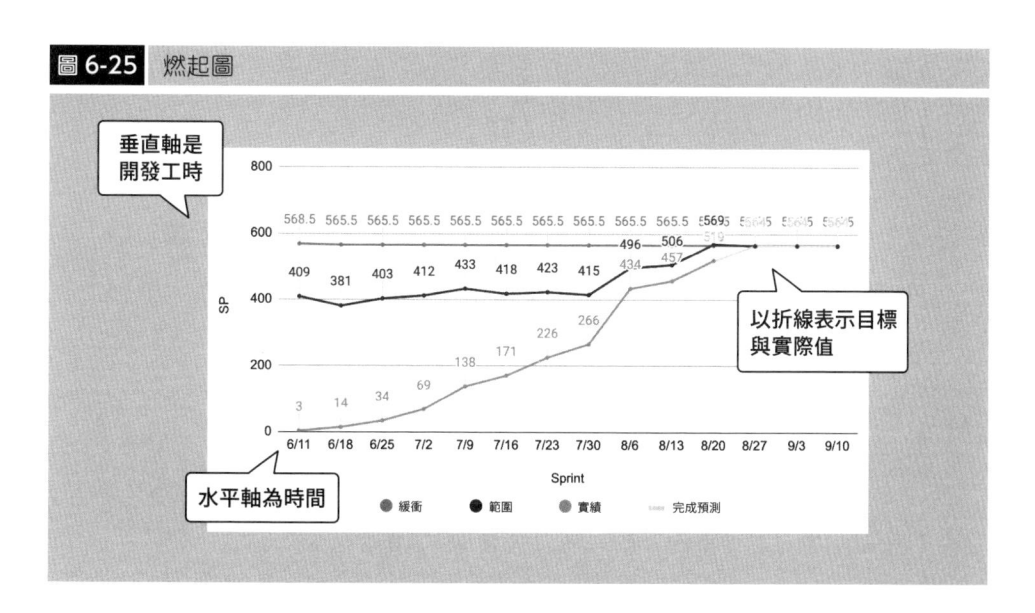

圖 6-25 燃起圖

垂直軸是開發工時

以折線表示目標與實際值

水平軸為時間

● 緩衝　● 範圍　● 實績　──── 完成預測

燃起圖的繪製方法如下：

1. 估算所有必要的使用者故事並把數字加總（＝範圍）
2. 把初期範圍乘以 1.5 倍後的數字當作固定緩衝值，作為增加過多需求時的標準（＝緩衝）
3. 在報告進度時統計完成的任務數字（＝實績）
4. 將範圍／緩衝／實績繪製成折線圖

開發進度可以用實績的斜率來表示。實績線與範圍的交叉點代表「開發完成」。按照這種方式繼續前進，可以利用實績線的延伸狀態輕易推測何時能結束開發工作。如果要盡早完成開發工作，必須提高實績的上升幅度或縮小範圍。不過，範圍通常都會擴大，燃起圖中的範圍線與緩衝線會逐漸接近。縮小範圍比較困難，因為這牽涉到利害關係，但是如果需求可能超過預設範圍的 1.5 倍，代表有過度膨脹的跡象。

最初的估算並不準確，實際開發後，可能會想重新估算。但是重新估算通常意義不大，有些估算值比預期大，有些比預期小，長期來看會互相抵銷。不論整體估算過大或過小，都是根據實績線來推測開發完成的時間，所以不會有太大偏差。

估算只是推測，不是承諾，無論進度是否順利，都要坦誠面對。

縮短產生構想到交付的時間

價值流程圖

即使可以縮短開發時間，但是從「產生構想」到「交付」為止，時間仍可能太長。繪製「價值流程圖（Value Stream Mapping）」 6-14 6-15 可以將整個業務流程視覺化，讓所有成員討論需要改善的地方。

價值流程圖的執行步驟如下：

1. 召集參與者
2. 決定要把價值流程中的哪個部分當作範圍
3. 列出步驟
4. 把構想與客戶記錄下來，排列步驟並用線連起來
5. 記錄每個步驟需要的時間與實際工作使用的時間
6. 將多個步驟分組並整理
7. 分析浪費
8. 記錄改善後的前置時間

以下逐一說明每個步驟。

1. 召集參與者

首先要召集參與者。廣泛邀請包括利害關係人在內的相關人員。**在繪製價值流程圖的過程中，可能會出現需要討論改善業務流程的情況，因此必須邀請有決定權或權限的人參與**。這是讓價值流程圖發揮效果的重要步驟，也是很困難的步驟。

2. 決定要把價值流程中的哪個部分當作範圍

接著要決定繪製價值流程圖的對象。建議以大型專案或最近有問題的開發工作為題材。這裡以處理電子報行銷活動為例。

3. 列出步驟

邊回想專案開始到結束的流程，邊列出工作與步驟（圖 6-26）。

4. 把構想與客戶記錄下來，排列步驟並用線連起來

把構想放在左上方，客戶放在右上方，並用線連接剛才列出的步驟（圖 6-27）。在步驟下方標示負責的人員或團隊。如果負責的人員或團隊一樣，

第 6 章
可以應用在「團隊合作」的實踐

就用實線連接,若不一樣,就用虛線表示,這樣能呈現步驟交接的情況。列出來的步驟可能有遺漏,建議從終點(客戶)往起點(構想)反向連接,比較容易發現漏掉的部分。

價值流程不只一條線,就像支流匯入河川再流向河口一樣,可能有許多提供價值的支流匯集在一起。

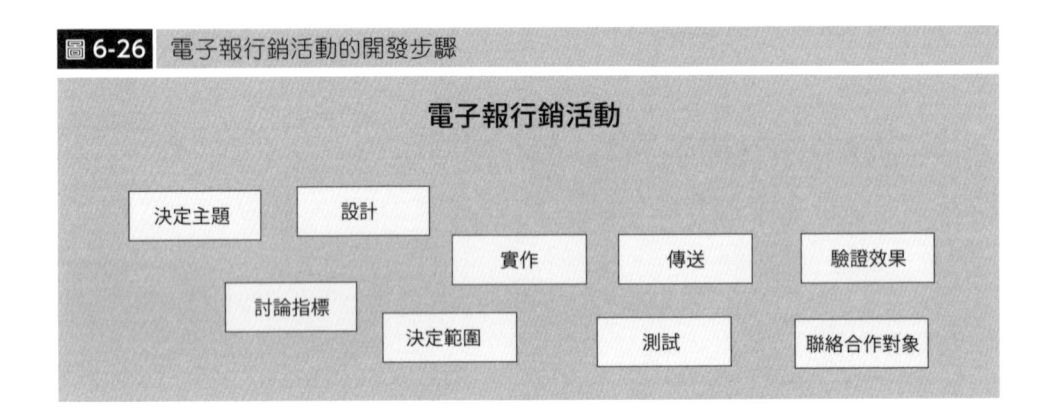

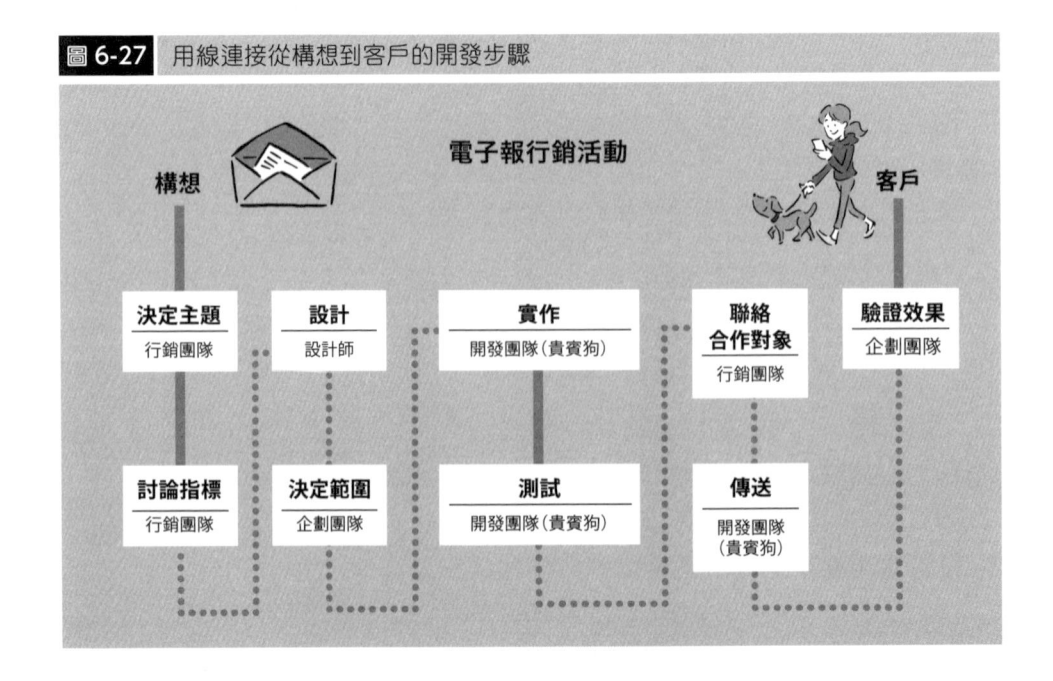

圖 6-26 電子報行銷活動的開發步驟

電子報行銷活動

決定主題　設計
　　　　　　　　實作　　傳送　　驗證效果
討論指標
　　　　決定範圍　　　　測試　　聯絡合作對象

圖 6-27 用線連接從構想到客戶的開發步驟

構想 → 電子報行銷活動 → 客戶

決定主題	設計	實作	聯絡合作對象	驗證效果
行銷團隊	設計師	開發團隊(貴賓狗)	行銷團隊	企劃團隊

討論指標	決定範圍	測試	傳送
行銷團隊	企劃團隊	開發團隊(貴賓狗)	開發團隊(貴賓狗)

278

5. 記錄每個步驟需要的時間與實際工作使用的時間

接著在每個步驟輸入工作時間（圖 6-28）。工作時間要輸入執行時間以及包含等待時間在內的前置時間。這個範例輸入的是日（Day）的數值，請根據小時（Hour）、週（Week）、月（Month）等範圍或步驟大小，選擇容易處理的單位。

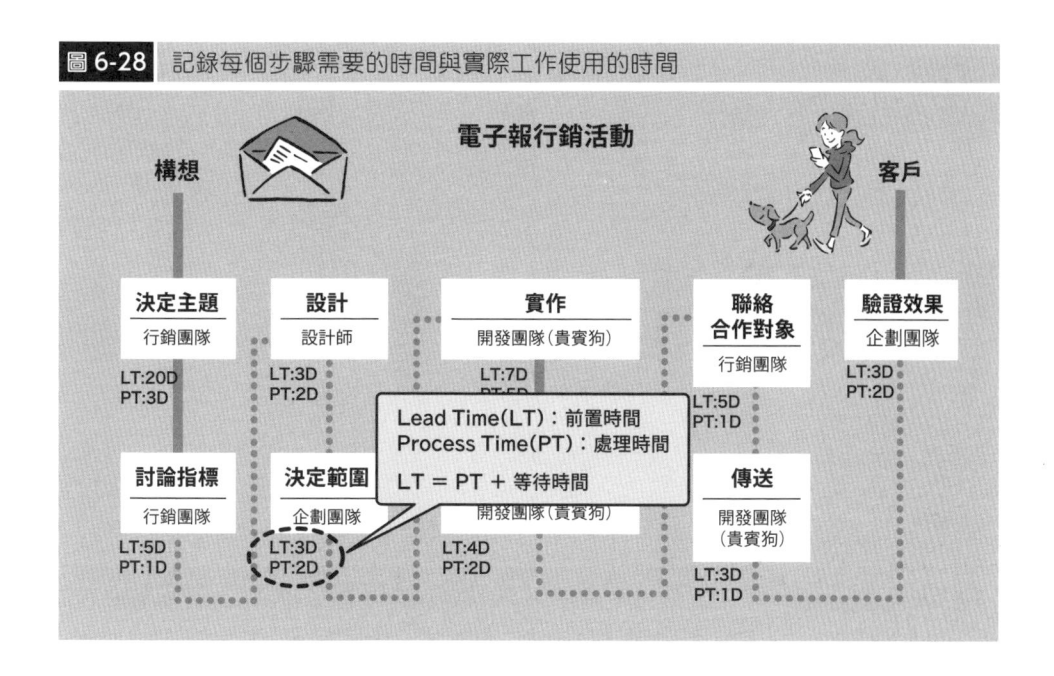

圖 6-28 記錄每個步驟需要的時間與實際工作使用的時間

電子報行銷活動

構想 → 客戶

決定主題	設計	實作	聯絡合作對象	驗證效果
行銷團隊	設計師	開發團隊（貴賓狗）	行銷團隊	企劃團隊
LT:20D PT:3D	LT:3D PT:2D	LT:7D PT:5D	LT:5D PT:1D	LT:3D PT:2D

討論指標	決定範圍		傳送
行銷團隊	企劃團隊	開發團隊（貴賓狗）	開發團隊（貴賓狗）
LT:5D PT:1D	LT:3D PT:2D	LT:4D PT:2D	LT:3D PT:1D

Lead Time(LT)：前置時間
Process Time(PT)：處理時間
LT ＝ PT ＋ 等待時間

6. 將多個步驟分組並整理

整合多個步驟，能以整體性的角度找出瓶頸。在群組輸入執行時間與前置時間（Lead Time），並統計整體的執行時間與前置時間。檢視圖 6-29 可以得知，電子報行銷活動從產生構想到交付需要 53 天，但是實際工作的時間只有 19 天，花費了兩倍以上的時間在等待，尤其企劃／發布的等待時間很長。

7. 分析浪費

開發流程取得共識後，所有成員包含利害關係人在內要一起討論改善之處。以下是可能成為改善契機的「浪費」種類（表 6-3）。

第 6 章
可以應用在「團隊合作」的實踐

圖 6-29 整合多個步驟並整理

電子報行銷活動
LT：53D
PT：19D

構想

企劃
LT：31D
PT：8D

開發
LT：11D
LT：7D

發布
LT：11D
LT：4D

客戶

決定主題
行銷團隊
LT:20D
PT:3D

設計
設計師
LT:3D
PT:2D

實作
開發團隊(貴賓狗)
LT:7D
PT:5D

聯絡合作對象
行銷團隊
LT:5D
PT:1D

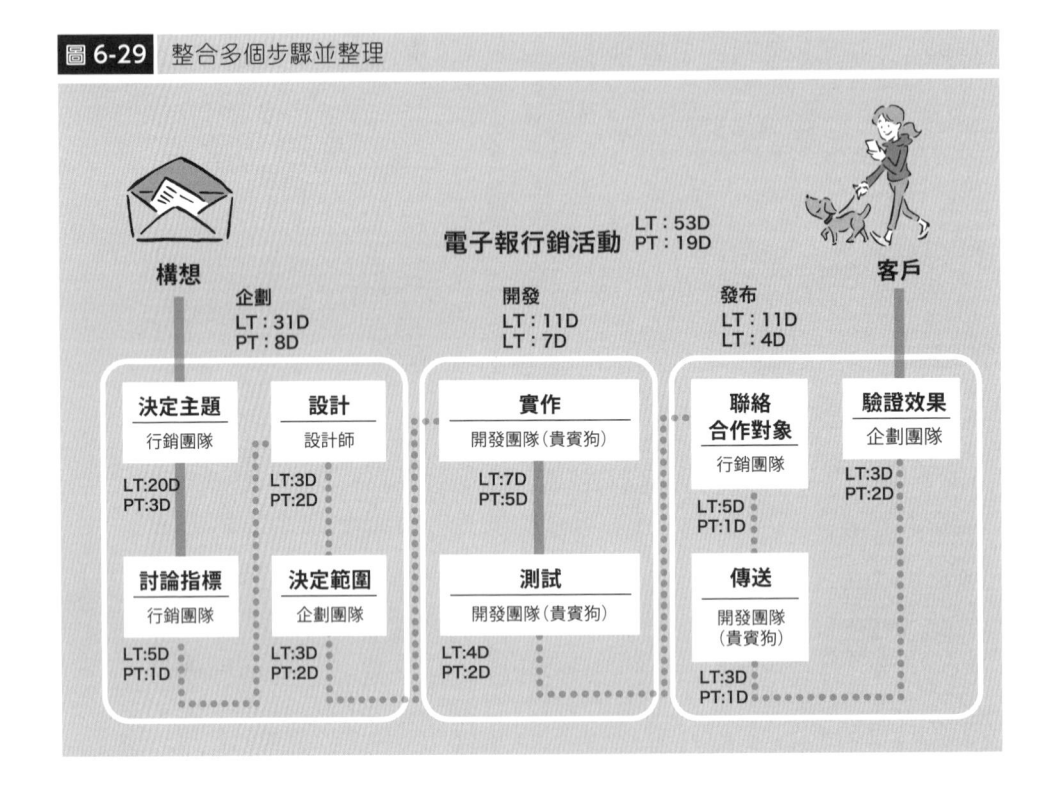

驗證效果
企劃團隊
LT:3D
PT:2D

討論指標
行銷團隊
LT:5D
PT:1D

決定範圍
企劃團隊
LT:3D
PT:2D

測試
開發團隊(貴賓狗)
LT:4D
PT:2D

傳送
開發團隊
(貴賓狗)
LT:3D
PT:1D

表 6-3 浪費的種類

浪費的種類	標示	定義	範例
缺陷浪費 （Defects）	D	有錯誤、遺漏、不透明的資訊或成果。會破壞系統，需要時間與人力才能解決	構建失敗、不正確的設定、不正確的要求
手動/動作浪費 （Manual/Motion、Handoffs）	M	與額外費用、協商、工作交接、設定或執行工作有關的非效率問題	開會、手動部署、團隊之間的工作交接
等待浪費 （Waiting）	W	延後開始或結束下一個有價值的步驟	等待核准、等待發布、等待預定的會議
半成品浪費 （Partially Done）	PD	未完成的工作或某些操作。需要別人輸入或操作，導致出問題、要切換任務或等待	還沒部署的程式碼、不完整的環境設計、執行中的批次處理
任務切換浪費 （Task Switching）	TS	切換任務導致昂貴的上下文交換，容易發生問題	因進度上限造成多餘的工作、因故障造成中斷、特殊要求

（接下頁）

6-5 透過工作坊取得共識

浪費的種類	標示	定義	範例
多餘流程浪費（Extra Process）	EP	沒有價值的步驟或流程。通常包括在正式、非正式的標準工作中	多餘的核准、多餘的文件、多餘的審核
多餘功能浪費（Extra Feature）	EF	通常是在實作階段增加的功能。這些功能沒有被要求，不符合商業需求，沒有顧客價值	不希望有「下次可能需要」的多餘更新或要求
英雄或英雌（Heroics）	H	為了完成工作或滿足客戶，讓某個人承擔過大的負擔而形成瓶頸	需要多天才能完成部署、需要多年的知識、需要極端調整

※ 這是根據 6-15 製作的表格，但是為了與精實生產和 Toyota 生產方式（價值流程圖的由來）使用的術語一致，而更改了部分描述。

我們可以得知，當作範例的電子報行銷活動有以下需要改善的地方（圖6-30）。

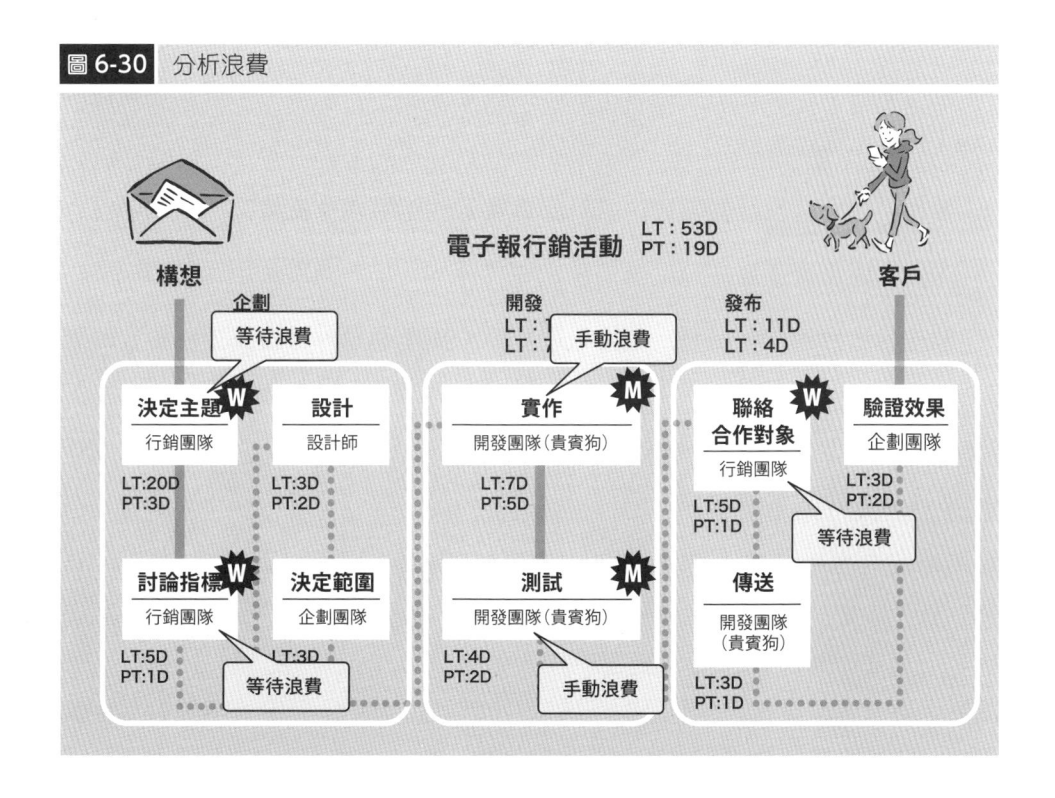

圖 6-30 分析浪費

電子報行銷活動
LT：53D
PT：19D

構想 — 企劃 — 開發 — 發布 — 客戶

企劃
等待浪費

開發
LT：7D
LT：7D
手動浪費

發布
LT：11D
LT：4D

決定主題 W　　設計
行銷團隊　　　設計師
LT:20D　　　LT:3D
PT:3D　　　　PT:2D

實作 M
開發團隊(貴賓狗)
LT:7D
PT:5D

聯絡合作對象 W
行銷團隊
LT:5D
PT:1D

驗證效果
企劃團隊
LT:3D
PT:2D
等待浪費

討論指標 W
行銷團隊
LT:5D
PT:1D
等待浪費

決定範圍
企劃團隊
LT:3D

測試 M
開發團隊(貴賓狗)
LT:4D
PT:2D
手動浪費

傳送
開發團隊(貴賓狗)
LT:3D
PT:1D

281

第 6 章
可以應用在「團隊合作」的實踐

- 等待浪費：在每週一次的例行會議上決定主題，所以需要三週
- 等待浪費：討論指標需要高層管理者確認／批准，在批准之前，後續工作停止
- 手動浪費：設計電子報時，設計師沒有與團隊討論，在實作時發生設計重工的問題
- 手動浪費：沒有整理傳送電子報的測試方法，因此這次負責的成員在工作時，還要自行調查
- 等待浪費：開發完全結束後，才與外部合作對象聯絡，導致必須等待三天，合作對象才完成準備

透過以下方式可以改善浪費。

- 決定主題：另外開會而不是在例行會議上討論
- 討論指標：先決定上層主管不在時的代理流程，如果確定不會影響後面的工作就先進行
- 實作：在評估設計的階段，設計師與團隊先討論實作概念
- 測試：先將電子報的測試步驟整理成文件
- 聯絡合作對象：在開發工作接近尾聲時，提早通知外部合作對象預定的傳送日期

8. 記錄改善後的前置時間

當所有改善方案都準備好後，寫上每個步驟預估可以縮短多少時間，並重新計算，這樣就完成價值流程圖（圖 6-31）。雖然不知道能不能按照預期進行，但是電子報行銷活動的前置時間大致可以縮短 13 天左右。如果只透過開發步驟來縮短交付時間，即使再努力，最多只能縮短 2 天，但是與利害關係人一起檢視整個業務，就能從各個方面找到改善之處。

圖 6-31　輸入改善後的前置時間

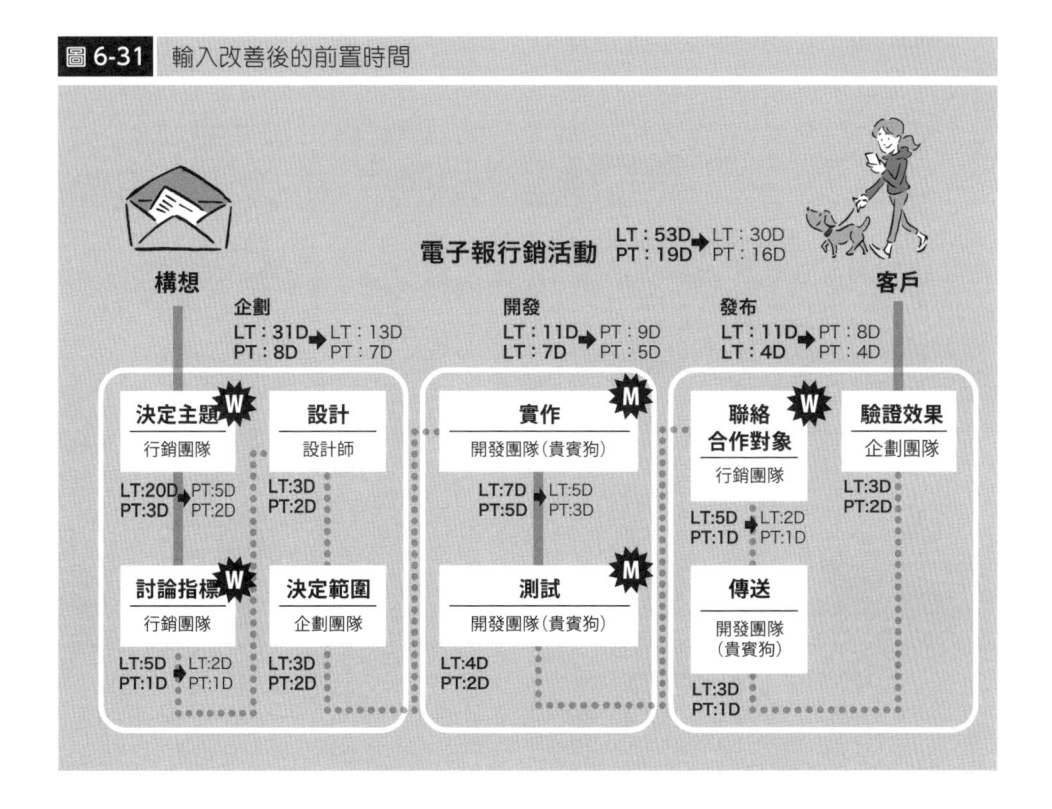

我們在繪製價值流程圖的過程中，已經與相關人員對產生構想到交付為止的流程、瓶頸以及改進方法達成共識，因此執行時就不會有人阻止。接下來只要在下次開發中進行改善即可。價值流程圖的前提條件可能會發生變化，畫完之後別過於固執，要隨時調整。

看到這裡，相信你已經瞭解了支持敏捷開發的技術實踐與應用，學會將其發揮在工作現場的能力了！最後將介紹一些資料來源，讓你可以找到更多實踐及其相關的內容。

第 6 章
可以應用在「團隊合作」的實踐

References

6-1 「Feature Team」Bas Vodde（featureteamprimer）
https://featureteamprimer.org/

6-2 「Feature Team Primer」Craig Larman、Bas Vodde（2010）
https://featureteams.org/feature_team_primer.pdf

6-3 《Large-Scale Scrum: More with LeSS (Addison-Wesley Signature Series (Cohn))》Craig Larman、Bas Vodde（2016，Addison Wesley）

6-4 《Organizational Patterns of Agile Software Development》James O. Coplien、Neil B.Harrison（2004，Pearson）

6-5 「Explore DORA's research program」（2020，DORA's research program）
https://www.devops-research.com/research.html

6-6 《ACCELERATE：精益軟體與 DevOps 背後的科學》Nicole Forsgren Ph.D.、Jez Humble、Gene Kim（2022，江少傑 譯，旗標科技）

6-7 「Coordination & Integration - Just Talk」（LeSS）
https://less.works/less/framework/coordination-and-integration

6-8 「Coordination & Integration - Travelers to exploit and break bottlenecks and create skill」（LeSS）
https://less.works/less/framework/coordination-and-integration

6-9 《Working Out Loud: For a better career and life》John Stepper（2015，Ikigai Press）

6-10 「Working Out Loud 大声作業（しなさい）、チームメンバー同士でのトレーニング文化の醸成」Masato Ohba（2018，studysapuri）
https://blog.studysapuri.jp/entry/2018/11/14/working-out-loud

6-11 《使用者故事對照：User Story Mapping》JeffPtton（2016，楊仁和 譯，O'Reilly）

6-12 「Using Silent Grouping to Size User Stories」Ken Power（2011，slidshare）
https://www.slideshare.net/kenpower/using-silent-grouping-to-size-user-stories-xp2011

6-13 「ノランニングポーカー・オブジェクトゲームでアジャイルゲーム！〜 Agile 2011 Conference」藤原大（2011，EnterpriseZine）
https://enterprisezine.jp/article/detail/3385

6-14 《Learning to See: Value Stream Mapping to Add Value and Eliminate MUDA》Mike Rother、John Shook（1999，Lean Enterprise Institute）

6-15 「ここはあえて紙とペン！ Value Stream Mapping で開発サイクルの無駄を炙り出せ！」小塚大介（2017，slideshare）
https://www.slideshare.net/TechSummit2016/app013

我們學到了很多
敏捷實踐，真的
獲益良多！
不客氣，
我也樂在工作中
話說，老手你是
從哪裡學到這些
實踐呢？
有些是我在其他工
作現場聽到的案例，
還有從網站或書本
裡學到的
看來我們還有很多不
知道的事情，大家一
起舉辦讀書會如何？
好耶！
我們一起找找團隊可以
執行的新敏捷實踐吧

結　語

本書介紹了可以在工作現場立即派上用場的實踐。但是除了書中提及的部分，還有其他各式各樣的實踐，隨著技術的進步，每天都有新的實踐出現。

以下將介紹幾個實用的網站，幫助你掌握敏捷開發中有用的實踐，以及實踐背後的思考方法。

尋找實踐的方法

下列網站介紹了與敏捷開發有關的實踐。

Subway Map to Agile Practices

這張圖把實踐比喻成地鐵車站，並利用地鐵的路線圖表示其根源與彼此的關係。這是為了在 2016 年的 Agile Japan 活動上，當作印刷品發送而製作的，也準備了日文翻譯版本。

- URL ▶ https://www.agilealliance.org/agile101/subway-map-to-agile-practices/
- URL ▶ https://2016.agilejapan.jp/image/AgileJapan2016-pre-0-0-MetroMap.pdf（日文版）

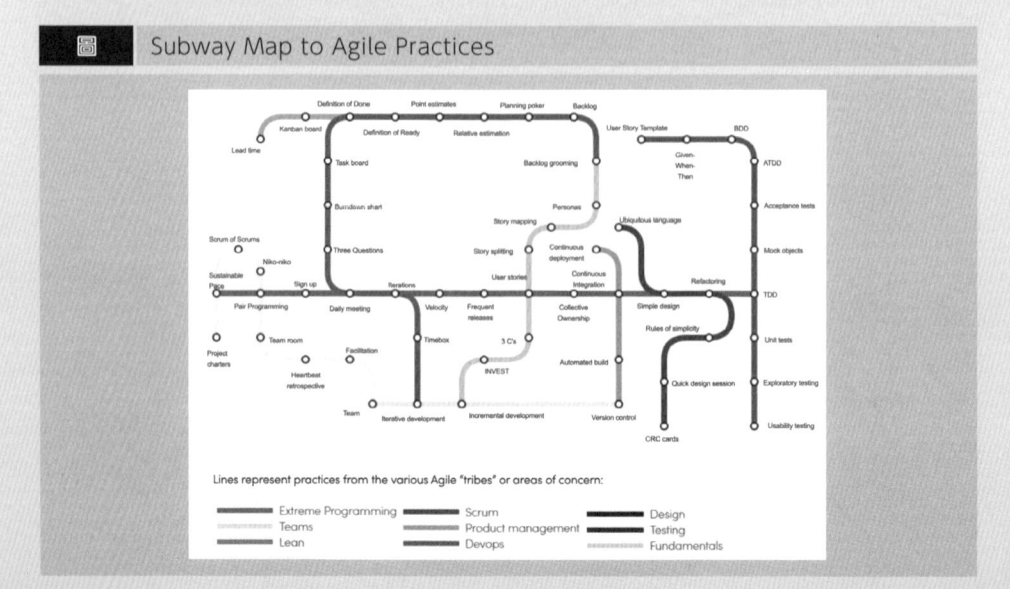

圖　Subway Map to Agile Practices

Technology Radar

這份報告整理了 Thoughtworks 公司對各種技術與實踐的見解。依照「Techniques」、「Tools」、「Platforms」、「Languages & Framework」等四個類別，把各個技術與實踐分類成「Hold」、「Assess」、「Trial」和「Adopt」四個階段。雖然報告中的項目可能會改變或受當時的流行影響，但是接觸未知的技術仍有助於瞭解其他人的看法。

URL https://www.thoughtworks.com/radar

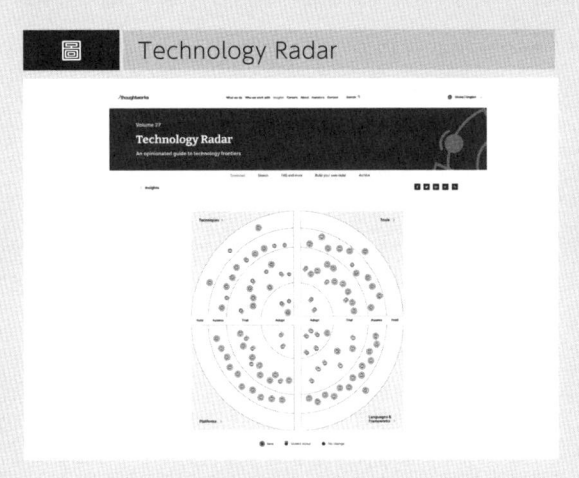

圖 Technology Radar

Open Practice Library

這是 RedHat Open Innovation Labs 經營的網站。在撰寫本書的當下（2023 年 6 月），有 124 位貢獻者介紹了 200 個實踐。

URL
https://openpracticelibrary.com

圖 Open Practice Library

結 語

101 ideas for agile teams

這個部落格整理了可以用在敏捷開發的改善方法。

URL https://medium.com/101ideasforagileteams

圖 101 ideas for agile teams

DevOps 的能力

這是 DevOps Research and Assessment（DORA）團隊針對改善交付與組織績效能力，進行調查與驗證的結果。

URL https://cloud.google.com/architecture/devops?hl=zh-cn

圖 DevOps 的能力

技術能力
- 雲端基礎架構
- 程式碼可維護性
- 持續交付
- 持續整合
- 測試自動化
- 資料庫更改管理
- 部署自動化
- 賦予團隊選擇工具的能力
- 鬆散耦合的架構
- 監控和可觀測化
- 更早將安全性納入軟體發展流程
- 測試資料管理
- 主幹開發
- 版本控制

流程能力
- 客戶回饋
- 監控系統以做出明智的業務決策
- 主動式故障通知
- 簡化變更審核流程
- 團隊實驗
- 價值流中的工作可視性
- 目視管理
- 進行中工作數限制
- 小批量工作方式

文化能力
- 生成式組織文化
- 工作滿意度
- 學習文化
- 變革型領導力

Scrum Patterns

這是讓 Scrum 運作的模式集（收集了解決特定情況重複出現的問題）。以書籍形式出版成《A Scrum Book: The Spirit of the Game》。

🔗 https://scrumbook.org/

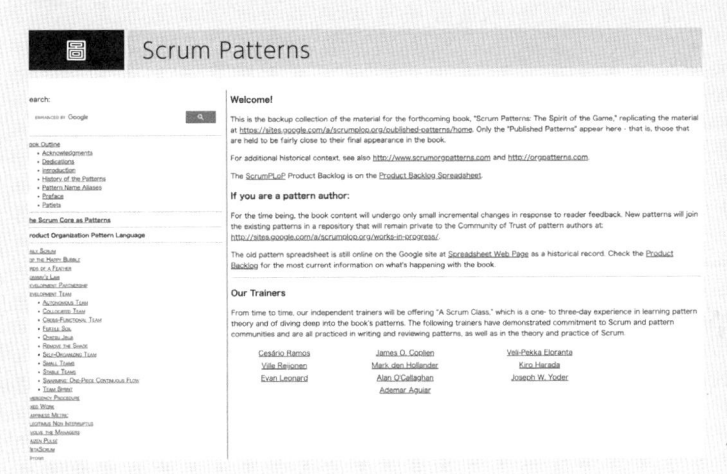

Martin Fowler's Bliki

這是 Martin Fowler 的網站，他是《敏捷軟體開發宣言》簽署人之一，也是《重構：改善既有代碼的設計》的作者。除了敏捷實踐之外，也介紹與軟體開發、架構等廣泛主題有關的內容。這個網站有志工翻譯成日文。

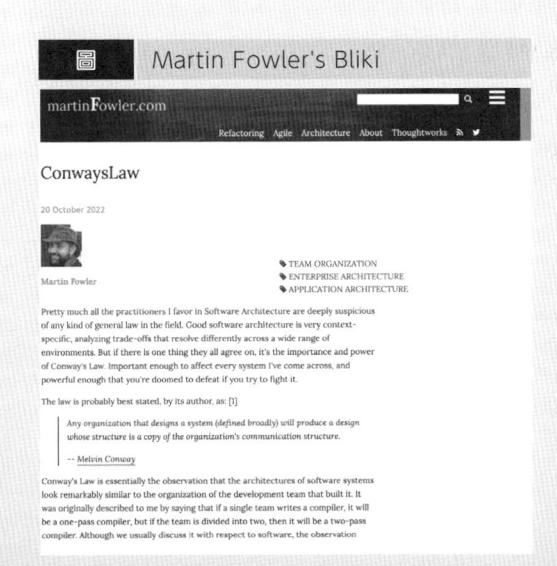

🔗 https://martinfowler.com/bliki/

🔗 https://bliki-ja.github.io/（日文版）

企業整理的內容

這些網站由提供、經營雲端平台或開發工具的企業整理。

[Google / Google Cloud]

- 什麼是開發運作：研究解決方案 Google Cloud
  URL https://cloud.google.com/devops?hl=zh-tw

- Google Engineering Practices Documentation
  URL https://google.github.io/eng-practices/

[Microsoft]

- ISE Code-With Customer/Partner Engineering Playbook
  URL https://github.com/microsoft/code-with-engineering-playbook

[Atlassian]

- 瞭解軟體開發的基本要素
  URL https://www.atlassian.com/zh/software-development

awesome-XXX

這是以「awesome-」為開頭，處理特定主題的策展清單。一般是以 GitHub 管理的 Markdown 檔案整理連結清單，透過拉取請求接受新增。只要在你想查詢的主題加上關鍵字「awesome」再搜尋就可以找到相關內容。由於數量龐大，因此也有專門整理 awesome 清單的頁面。

URL https://github.com/sindresorhus/awesome
URL https://github.com/topics/awesome（整理 awesome 清單的頁面）

● **探索實踐之旅**

本書介紹的實踐並非全都是新的方法,有些已經提倡了十幾年。這些實踐已經在許多工作現場試用過,效果也廣為人知,隨著週邊工具的發展而逐漸固定下來。現在只使用在部分工作現場的實踐,幾年後可能變得更簡潔、普遍。

人外有人,天外有天。的確有大量運用敏捷實踐,高生產力的開發現場存在。但是並非所有工作現場一開始就能一帆風順,都是一步一步嘗試實踐,找出讓實踐發揮效果的方法,提升自己的開發技能,才有這種成果。

希望本書的內容能幫助你在未來的開發工作上有更好的發展,期盼各位能面對工作現場的挑戰,找到更好的實踐方法。

結語

以漸進性思考 12 年的敏捷實踐

Deloitte Tohmatsu Consulting Co., Ltd.
執行董事
きょん
Kyon

12 年來，我的團隊在實踐 Scrum 與 DevOps 的過程中，結合了各種獨特手法與努力。我們從中認識到漸進性、整體與部分關係的重要性，並進行了組織設計、制定規則與啟蒙活動。以下將介紹其重要性與案例。首先，我可以觀察的範圍始終只是一部分，而這也是一個整體。例如，程式、測試、UI、任務、Sprint、目標、團隊、業務、業界動向、別的部門、員工、同事都是只一部分，也是一個整體。換句話說，我「以為的整體」往往只是「部分」。而這個「部分」的相關領域又與其他部分有關，彼此影響。其中有些可以用權利關係或位置關係來表示。

即使只看見一部分，卻可以預測整體的設計有著良好的擴充性。這種設計與一致性有關，包括我們熟悉的程式碼規範、命名規則、團隊原則等。本書也提到許多類似的案例。提高工作的可預測性具有降低團隊內外依賴特定人員的風險，容易激發出新的創意。

重要的是可以瞭解一致性並非完全一致，其本身也有漸進性。努力維持一致性固然重要，但是以一致性具有漸進性為前提來思考，將可提高整體的品質。而且，允許一致性有漸進性可以讓每個人自在地行動。

這種具有漸進性的設計可以意識到整體與部分的關係，是這 12 年來我持續實踐的方法之一。以下我將介紹一些實踐案例。

1. 瞭解團隊成員的技能水準不一致

雖然可以輕易導入敏捷實踐（Agile practices）、工具、規則、心態、程式設計、基礎建設等，但是所有成員的能力不見得一致。如果沒有假設有漸進性，通常會有許多思慮不周，導致後續進展不順利的情況。我們常看到，以為應該是這樣，實際上卻非如此，因而出現停止思考或焦慮的情況。瞭解這種技能的漸進性，並透過組織設計與規範改善形成完美的漸進性，團隊才能順利運作。

2. 結合碎形結構的 Sprint

團隊將 Sprint 變成碎形（Fractal）結構（圖 A）。一個月的 Sprint 包含三個一週

的 Sprint，一週的 Sprint 包含四個一天的 Sprint，一天的 Sprint 包含六個一小時的 Sprint，一小時的 Sprint 包含三個 15 分鐘的 Sprint。藉此將大任務分解成小任務，團隊成員就能有效率地進行處理。此外，每次完成子任務時，就整合成果，可以讓開發流程更順暢。在進行每個 Sprint 的 Scrum 活動時，大家比較容易思考與該 Sprint 有關的上、下層 Sprint。

一週的 Sprint 明明有五天，卻只放進四個一天的 Sprint，這是為了讓流程留白。美麗、充滿生命力的事物通常都有毫無目的的部分或留白的地方，並非所有構成元素都有合理的目的。「留白」對網頁而言也很重要，不是當作緩衝，而是因為有了留白，更突顯出有目的性的部分。

3. 涵蓋高階主管的 Scrum of Scrums（SoS）實踐

包括高階主管在內的團隊成員都一起實踐 Scrum of Scrums（SoS）。這樣能讓團隊間的溝通變好，輕易分享整個組織面臨的難題與目標。此外，高階主管的參與讓決策變得迅速，各個組織階層的意見能在組織內部順利傳達。

我們的團隊利用這些獨特的方法和努力，基於 Scrum 和 DevOps 的原則，創造出彈性且有效率的開發流程。我們認識到漸進性的重要性，透過組織設計、制定規則、進行啟蒙活動，形成完美的漸進性，讓團隊得到更上一層樓的成果。希望這篇文章能成為一盞明燈，指引所有致力敏捷開發的團隊成員踏上成功之路。

圖 A Sprint 的碎形結構

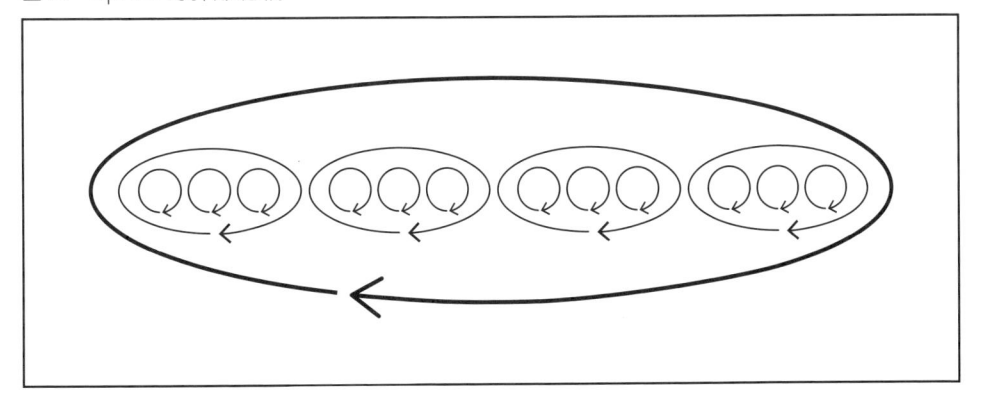

專欄作家簡介

椎葉光行 MITSUYUKI SHIIBA

Kakehashi（股）公司 軟體工程師

Kakehashi（股）公司的全端軟體工程師，負責自家公司的專案開發工作。到目前為止，曾領導過 EC 服務開發專案，以改善工程師的身分支援過團隊，參與 CI 服務的開發。另一方面，也從事敏捷開發及組織改善的工作，在 Scrum Fest Osaka 2021 擔任過主講人。著作有《Jest ではじめるテスト入門》（PEAKS）。

Twitter：@bufferings

安井 力 TSUTOMU YASUI

Yattomuya 有限公司 負責人

以自由敏捷教練的身分，在開發現場提供流程與技術方面的支援。負責設計、提供工作坊，尤其擅長利用遊戲加強察覺與學習。著作 / 譯作包括《アジャイルな見積りと計画づくり》（合譯）、《テスト駆動 Python》（監修）等。提供的遊戲包括「心理的安全性ゲーム」、「宝探しアジャイルゲーム」、「チームで勝て！」等。

大谷和紀 KAZUNORI OTANI

Splunk　Senior Sales Engineer, Observability

從事支援導入 Splunk Observability 的工作。在企業系統領域導入套裝軟體，曾是 VOYAGEGROUP（現為 CARTA HOLDINGS）廣告投放子公司的 CTO，也在 NewRelic 擔任過客戶成功（Customer Success）業務。是《オブザーバビリティ・エンジニアリング》的共同譯者。愛用的構建工具是 Make。

Twitter：@katzchang

吉羽龍太郎 RYUTARO YOSHIBA

Attractor（股）公司 執行董事 CTO / 敏捷教練

從事敏捷開發、DevOps、專案管理、組織改革等領域的諮詢與培訓工作。Scrum Alliance 認證的 Scrum Trainer（CST-R）以及 Certified Team Coach（CTC）。著作有《SCRUM BOOT CAMP THE BOOK》，譯作有《エンジニアリングマネージャーのしごと》、《チームトポロジー》、《プロダクトマネジメント》等。

Twitter：@ryuzee　　部落格：https://www.ryuzee.com

牛尾 剛 TSUYOSHI USHIO

Microsoft Senior Software Engineer

曾在日本擔任 SIer（系統整合商），之後獨立成為敏捷開發與 DevOps 顧問，隨後進入 Microsoft 公司擔任 Evangelist（佈道者），現在住在美國西雅圖，負責開發 Microsoft 雲端服

務 Azure 的無伺服器平台 Azure Functions。自認是一名「普通的程式設計師」，並非特別有才華。在與世界頂尖工程師共事的環境中，天天觀察、效法這些優秀的人才，夢想有朝一日自己也能成為一流的工程師，每天都過得非常愉快。

服部佑樹 YUUKI HATTORI

GitHub Customer Success Architect

主要負責為 GitHub 的企業客戶提供技術支援。在企業內導入開放原始碼的文化與實踐，也致力推廣「InnerSource」，解決企業的資料孤島問題。

透過這些活動，成為非營利組織「InnerSource Commons Foundation」的董事會成員，推動 InnerSource 的全球發展。

河野通宗 MICHIMUNE KOHNO

Microsoft Senior Software Engineer

在 Sony Computer Science Laboratories 擔任研究員，之後轉職進入日本 Microsoft 成為軟體工程師，負責開發 Windows7。隨後調往美國 Microsoft 總公司，自此一直在 Azure 開發團隊擔任工程師。在 Microsoft 見證了開發流程變遷歷史超過 15 年，自 App Service 團隊成立以來就是裡面的成員。工程學博士。

天野祐介 YUSUKE AMANO

Cybozu（股）公司 資深 ScrumMaster、敏捷教練
Scrum Fest 仙台執行委員會

2009 年畢業後進入公司成為工程師，參與 kintone 的開發工作。擔任過團隊領導者，2016 年以 ScrumMaster 的身分在 Cybozu 導入 Scrum。現在每週工作三天，擔任 ScrumMaster 的經理，同時也以獨立從業者的身分，從事敏捷教練的工作。2021 年從東京搬到仙台，在 2022 年成為 Scrum Fest 仙台執行委員，負責經營 Sukusuku Scrum 仙台網站。是《プロダクトマネジメント》與《SCRUMMASTER THE BOOK》書籍的翻譯審稿員。

きょん KYON

Deloitte Tohmatsu Consulting 有限公司 執行董事

自 2015 年起，在名為 47 機關的團隊正式導入敏捷開發，發現了幾種實踐。在 2023 年，以「Living Management」方法帶領團隊，採用 Semilattice 結構來管理經營階層與團隊。此外，還在新事業、大規模開發擔任敏捷教練，支援架構設計、測試自動化等。

自 2017 年起，在日本文科省產學合作專案 enPiT，擔任筑波大學、產業科技大學院大學的兼任講師，負責指導大三及碩士一年級的學生進行敏捷開發，共同著作有《システムテスト標準化ガイド》。

作者、監修者簡介

監修者簡介

川口恭伸　YASUNOBU KAWAGUTI

YesNoBut（股）公司 董事長
AgileRug Consulting（股）公司 資深敏捷教練
HoloLab（股）公司 資深敏捷教練
一般社團法人 Scrum Gathering Tokyo 執行委員會 代表董事
一般社團法人 DevOpsDays Tokyo 代表董事

完成北陸先端科學技術大學院大學的學業後，在金融資訊服務供應商 QUICK（股）公司從事資料維護 / 系統開發、產品 / 服務企劃開發、建置虛擬化基礎建設等工作。

2008 年接觸到 Scrum，開始領航員專案。2011 年成為 Innovation Sprint 執行委員長，2011 年開始擔任 Scrum Gathering 東京執行委員。2012-2018 年在樂天任職敏捷教練，也是樂天 Technology Conference 2012-2017 執行委員。

《Fearless Change》監譯、《ユーザーストーリーマッピング》監譯、《ジョイ・インク（Joy, inc）》共同翻譯、《SCRUMMASTER THE BOOK》共同翻譯、《アジャイルエンタープライズ》監修。是通過認證的 Scrum 專業人士。與 Jim Coplien、Jeff Patton、Ken Rubin 等人多次擔任認證 Scrum 培訓的聯合講師。

松元健　KEN MATSUMOTO

Agilergo Consulting（股）公司　資深敏捷教練
自營業者 / 中小企業顧問

在 NAMCO（股）公司（現為 Bandai Namco Entertainment）從事營業用娛樂設備、家用 / 手用用的數位內容開發工作約 14 年，是公司主要產品的工程師，負責支援各種大小專案的技術、團隊營運方面的工作。自 2008 年開始進行 Scrum。

之後轉調到企劃部門，負責提供與 Scrum 的實踐及調整有關的組織支援工作，培養適應性強的人才與組織，之後自行獨立。現在是 ScrumMaster 及中小企業顧問，提供陪伴式支援，協助個人、團隊、企業、組織增加適應性。

《SCRUMMASTER THE BOOK》共同翻譯、《ジョイ・インク（Joy,inc）》翻譯審稿員、《SCRUM BOOT CAMP THE BOOK》審稿員、一般社團法人敏捷團隊支援會 理事。

作者簡介

常松祐一 YUICHI TSUNEMATSU

Retty（股）公司 產品部門 執行董事 VPoE

透過工程組織管理與產品開發流程的敏捷改革，摸索「讓團隊共同努力，在短時間內發布對客戶有價值的產品開發體制」。

感謝所有協助審稿的人（省略敬稱）

小田中育生	森田和則	小迫明弘
藤原 大	伊藤潤平	池田直弥
大金 慧	山口鉄平	今井貴明
石毛琴恵	半谷充生	角 征典
粕谷大輔	飯田意己	（只有133頁的專欄）
守田憲司	今給黎隆	
岩瀬義昌	木本悠斗	
粉川貴至	渡辺涼太	

索引

數字

101 ideas for agile teams ········· 288

A/B/C

Amazon CloudWatch Logs ········· 184
AngularJS 專案 ········· 62
awesome-XXX ········· 290
AWS AppConfig ········· 56
Bucketeer ········· 56
ChatBot 框架 ········· 179
ChatOps ········· 179
CI/CD ········· 147
CI/CD 管道 ········· 148
Commitizen ········· 63

D/E/F

Danger JS ········· 81
Datadog ········· 184
Dependabot ········· 129
Design Doc ········· 225
　～包含的項目 ········· 226
DevOps 的能力 ········· 288
Diátaxis ········· 196
E2E testing ········· 149
E2E 測試自動化 ········· 162
EditorConfig ········· 81
Elasticsearch ········· 184
Firebase Remote Config ········· 56
Firebase Crashlytics ········· 184
Fluentd ········· 184
formatter ········· 78
Four Keys Metrics ········· 255

G/I/J

git-cz ········· 63
git-flow ········· 50
GitHub Codespaces ········· 76
GitHub Flow ········· 51
gitmoji ········· 63
Git 主機服務 ········· 76
Google Jamboard ········· 99
INVEST ········· 229
JSON 格式 ········· 188
JSTQB ········· 108

K/L/M

Kanban ········· 14, 36
Kanban 系統 ········· 14
Kibana ········· 184
LaunchDarkly ········· 56
linter ········· 78
log ········· 183
　～包含的內容 ········· 187
　輸出格式 ········· 188
log 等級 ········· 187
Logstash ········· 184
LTSV 格式 ········· 189
Martin Fowler's Bliki ········· 289
miro ········· 99
MURAL ········· 99

O/P/R

Open Practice Library ········· 287
Playbook ········· 195
　主要的記載內容 ········· 195
README 檔案 ········· 194
　主要的構成內容 ········· 194

Renovate	129
rebase 處理	66
Reviewdog	81
Runbook	195

S/T/U/W

SaaS	56
Scrum	12
ScrumMaster	12
Scrum Patterns	289
Scrum 指南	12
Silent Grouping	274
Sprint	13
Sprint 自省	13
Sprint 待辦清單	12
Sprint 計畫	13
Sprint 檢視	13
Subway Map to Agile Practices	286
super linter	78
Technology Radar	287
Unleash	56
WIP 限制	17, 38
Working Out Loud	261

3～6 劃

工作坊	268
工作協議	263
元件	vii
元件團隊	241
元件導師	245
分支保護	156
分支策略	49
分成小單位完成	9
分解使用者故事	228
反面例子	229
及早察覺	9
文件	193

主分支	23, 50
主幹開發	52
功能切換	55
功能開關	55
功能旗標	55
可觀測性	185
右翼	5
左翼	5
未完成的工作	45
本機開發環境	150
甘特圖	218
生成產出物	139
生產環境	151
目的團隊	240
交付	vii
交期	19
任務	vii
企業整理的內容	290
共同擁有原始碼	74
回歸測試	161
有效性確認	108
考量遠距工作的條件	264
自動化測試	110
自動生成文件的工具	144

7～10 劃

完成的定義	43
完成標準	42
技能地圖	250
技能傳承	252
每日站會	13
系統	vi
使用者故事	vii, 35
使用者故事對照	268
使用案例	211
協作工具	265
拆解任務	36

299

索 引

服務	vii
泳道	36
表格驅動測試	115
金絲雀發布	176
金絲雀環境	151
長生命週期的分支	57
非功能性需求	193
前綴	62
建立討論環境	214
持續交付	147
持續測試	165
持續審視	10
持續整合	139
指標	183
可以輕易作假	254
指標衡量	254
故事點	217
架構重組	125
流程效率	18
流程傳承	252
迭代	22
重構	71, 125
限制任務數量	18
修復分支	50
旅行者	259
特性分支	50
特性團隊	239, 242
追蹤	184
追蹤號碼	249

11～12 劃

參數化測試	115
基礎分支	58
探針調查	223
產品	vi
產品待辦清單	12
產品負責人	12

被審查者	84
軟體的相依性	127
通用語言	210
部署	vii
部署工具	178
部署策略	173
就地部屬	173
部署斷路器	175
提交	60
提交訊息	60
提交歷史記錄	64
重寫提交歷史記錄	66
修改最近的提交	65
修改任何一個提交	68
拉取請求	33, 82
拉取請求範本	85
測試先行	112
測試冰淇淋	161
測試金字塔	160
測試程式碼	114
反面模式	116
必要且足夠〜	117
測試環境	151
測試驅動開發	113
發布	vii
發布分支	50
發布火車	180
程式庫	vii
程式碼所有者	77
程式碼審查	74
〜時間過長的跡象	87
必須注意成本	76
童子軍規則	126
結對程式設計	95
虛設常式	109
虛擬碼程式設計	46
開發人員	12
開發分支	50

開發環境	150

13 ~ 23 劃

極限程式設計	13
準備就緒的定義	42
當作方法論的 Kanban	14
當作實作指南的註解	46
群體工作	103
群體程式設計	100
蜂擁模式	92
資料庫綱要	177
資料驅動測試	115
資源效率	18
鉤子腳本	141
自動設定的工具	142
滾動更新	174
構建軟體	139
監控	185
領航員	95
價值流程圖	276
儀表板	186
增量	12
增量式	21
審查者	84
～應該避免的行為	86
模擬物件	109
模擬環境	151
遷移工具	177
駕駛員	95
燃起圖	275
還原	174
職能團隊	240
藍綠部署	176
覆蓋率	117
變異測試	119
驗收標準	44
驗證	108

敏捷開發實踐指南

作　　者：常松 祐一
監　　修：川口 恭伸 / 松元 健
裝訂・文字設計：和田 奈加子
排　　版：山口 良二
插　　圖：龜倉 秀人
譯　　者：吳嘉芳
審　　校：余中平
企劃編輯：詹祐甯
文字編輯：江雅鈴
設計裝幀：張寶莉
發 行 人：廖文良

發 行 所：碁峰資訊股份有限公司
地　　址：台北市南港區三重路 66 號 7 樓之 6
電　　話：(02)2788-2408
傳　　真：(02)8192-4433
網　　站：www.gotop.com.tw
書　　號：ACL070100
版　　次：2025 年 07 月初版
建議售價：NT$550

授權聲明：アジャイルプラクティスガイドブック
(Agile Practice Guidebook:7672-7)
© 2023 Yuichi Tsunematsu, Yasunobu Kawaguti, Ken Matsumoto
Original Japanese edition published by SHOEISHA Co.,Ltd.
Traditional Chinese Character translation rights arranged with
SHOEISHA Co.,Ltd. through JAPAN UNI AGENCY, INC.
Traditional Chinese Character translation copyright © 2025 by
GOTOP INFORMATION INC.

國家圖書館出版品預行編目資料

敏捷開發實踐指南 / 常松祐一原著；吳嘉芳譯. -- 初版. -- 臺北
　市：碁峰資訊, 2025.07
　　面；　公分
　ISBN 978-626-324-958-5(平裝)
　1.CST：組織管理　2.CST：企業管理
494.2　　　　　　　　　　　　　　　　　113017523

商標聲明：本書所引用之國內外公司各商標、商品名稱、網站畫面，其權利分屬合法註冊公司所有，絕無侵權之意，特此聲明。

版權聲明：本著作物內容僅授權合法持有本書之讀者學習所用，非經本書作者或碁峰資訊股份有限公司正式授權，不得以任何形式複製、抄襲、轉載或透過網路散佈其內容。
版權所有・翻印必究

本書是根據寫作當時的資料撰寫而成，日後若因資料更新導致與書籍內容有所差異，敬請見諒。若是軟、硬體問題，請您直接與軟、硬體廠商聯絡。